移动Web开发
从入门到精通

王翠萍◎编著

中国铁道出版社
CHINA RAILWAY PUBLISHING HOUSE

内 容 简 介

本书循序渐进地讲解了在 Android、iOS、Windows Phone 等移动平台开发 Web 程序的方法，详细剖析了开发移动 Web 所需要的各种主流技术。本书共分为 20 章，从网页和网站制作基础开始讲起，依次讲解了搭建移动 Web 开发环境，移动 Web 开发的准备工作，HTML 基础，HTML 5 在移动设备中，CSS 基础，JavaScript 脚本语言，使用 jQuery Mobile 框架，使用 PhoneGap，开发移动设备网页，Web Sockets 实时数据处理，Web Workers 通信处理，页面数据离线处理，绘制三维图形图像，使用 Geolocation API，使用 JQTouch 框架，使用 Sencha Touch 框架，使用 node.js，记事本系统，Android 版的电话管理系统。在讲解每一个知识点时，都遵循了"理论结合实践"这一教学模式，通过具体的演示实例讲解了每一个知识点的用法。

本书适合 Web 设计人员、HTML 5 学习者、jQuery Mobile 学习者、PhoneGap 学习者、网站开发人员、网络维护人员、Android 开发人员、iOS 开发人员阅读学习，也可以作为相关培训学校和大专院校相关专业的教学用书。

图书在版编目（CIP）数据

移动 Web 开发从入门到精通 / 王翠萍编著. — 北京：
中国铁道出版社，2016.8
ISBN 978-7-113-21985-7

Ⅰ．①移⋯ Ⅱ．①王⋯ Ⅲ．①移动终端－应用程序－
程序设计 Ⅳ．①TN929.53

中国版本图书馆 CIP 数据核字(2016)第 146080 号

书　　名：**移动 Web 开发从入门到精通**
作　　者：王翠萍　编著

责任编辑：于先军	读者热线电话：010-63560056
责任印制：赵星辰	封面设计：MXK DESIGN STUDIO

出版发行：中国铁道出版社（北京市西城区右安门西街 8 号　　邮政编码：100054）
印　　刷：三河市兴达印务有限公司
版　　次：2016 年 8 月第 1 版　　　·2016 年 8 月第 1 次印刷
开　　本：787mm×1 092mm　1/16　印张：27.75　　字数：650 千
书　　号：ISBN 978-7-113-21985-7
定　　价：59.80 元

配套资源下载地址：
http://www.crphdm.com/2016/0624/12025.shtml

Foreword

随着移动设备的不断升级，智能手机已经步入了飞速发展的黄金时期。根据国外媒体报道，全球智能手机用户数量将于 2017 年达到 30 亿，其中许多人将用这些设备办公。因此，企业需要着力思索如何用手机产品吸引客户。本书循序渐进地讲解了开发移动 Web 所需要的各种主流技术，主要包括 HTML 5、jQuery Mobile 和 PhoneGap。

移动设备发展现状和未来趋势分析

移动设备的发展将成为改变传统计算的一个根本趋势，移动设备不仅仅是智能手机和传统的音乐播放器，更重要的是平板电脑及一些今天看来依然还不那么具有移动性的设备。移动设备的数量将超过我们今天所看到的所有台式机设备，甚至超过互联网用户数。这是一个新的市场机会，小型机正在取代大型机，机会的背后是 CPU 性能的积累性提高和无线互联网 Wi-Fi 的高速发展。未来，手机将会超越 PC，成为我们的信息处理中心，而其他设备可能会成为手机之外的辅助设备。

由 Apple iOS 和 Google Android 的发展过程及发展现状可以看出，未来的移动计算领域注定将以更加开放的形态发展。基于开放、免费并且互操作性很强的平台，开发方式将在移动应用的开发过程中扮演关键角色。

据国外媒体报道，到 2017 年，移动设备的数量将从 2015 年年初的 62 亿增长到 90 亿。到 2019 年，全球移动设备普及率将达到 125%。未来，将会有更多的用户开始使用 4G 网络。

本书的内容

本书循序渐进地讲解了在 Android、iOS、Windows Phone 等移动平台开发 Web 程序的方法，详细剖析了开发移动 Web 所需要的各种主流技术。全书共分为 20 章，从网页和网站制作基础开始讲起，依次讲解了搭建移动 Web 开发环境，移动 Web 开发的准备工作，HTML 基础，HTML 5 在移动设备中，CSS 基础，JavaScript 脚本语言，使用 jQuery Mobile 框架，使用 PhoneGap，开发移动设备网页，Web Sockets 实时数据处理，Web Workers 通信处理，页面数据离线处理，绘制三维图形图像，使用 Geolocation API，使用 JQTouch 框架，使用 Sencha Touch 框架，使用 node.js，记事本系统，Android 版的电话管理系统。在讲解每一个知识点时，都遵循了"理论结合实践"这一教学模式，通过具体的演示实例讲解了每一个知识点的用法。

本书上述内容几乎涵盖了移动 Web 开发技术中的所有主要内容，并且全书内容言简意赅，讲解详细、通俗易懂，不仅适合网页设计高手们学习参考，也特别有利于初学者系统地学习并消化。

本书特色

本书内容丰富，讲解细致，我们的目标是通过一本图书提供多本图书的价值，读者可以根据自己的需要有选择地阅读。在内容的编写上，本书具有以下特色：

（1）结构合理

从用户的实际需要出发，科学安排知识结构，内容由浅入深，叙述清楚。

（2）遵循"理论加实践"这一主线

为了使广大读者彻底弄清楚移动 Web 开发技术的精髓，在讲解每一个知识点时，都通过具体的演示实例讲解每一个知识点的具体用法。

（3）易学易懂

本书内容条理清晰、语言简洁，可以帮助读者快速掌握每个知识点。使读者既可以按照本书编排的章节顺序进行学习，也可以根据自己的需求对某一章节进行针对性的学习。

（4）实用性强

本书彻底摒弃枯燥的理论和简单的操作，注重实用性和可操作性，通过生动的语言和细腻的笔法，详细讲解了移动 Web 开发技术中各个知识点的基本内容。

（5）内容全面

本书涉及移动 Web 开发的所有内容，无论是传统网页开发的技术，还是数据存储、API 等知识，甚至 Android 和 iOS 移动 Web 的开发知识，在本书中都将一一展现在广大读者的面前。

读者对象

- 初学网页设计的自学者
- 网页设计师
- Web 开发人员
- 大中专院校的教师和学生
- 毕业设计的学生
- 移动 Web 设计人员
- Android 开发人员
- iOS 开发人员
- 相关培训机构的老师和学员
- 从事移动 Web 开发的程序员

本书在编写过程中得到了家人和朋友们的大力支持和帮助，在此对他们一并表示感谢。由于作者水平所限，如有纰漏和错误之处，诚请读者批评指正。

编　者

2016 年 6 月

配套资源下载地址：
http://www.crphdm.com/2016/0624/12025.shtml

Contents

Chapter 1 移动 Web 开发基础 1

1.1 认识网页和网站 1

    1.1.1 网页 1

    1.1.2 网站 2

1.2 网页的基本构成元素 2

1.3 制作网页的基本流程 4

1.4 制作网站的基本流程 5

    1.4.1 网站发展趋势 5

    1.4.2 网站制作流程 6

    1.4.3 网站设计原则 7

1.5 Web 标准开发技术介绍 7

    1.5.1 结构化标准语言 7

    1.5.2 表现性标准语言 8

    1.5.3 行为标准 8

1.6 移动 Web 开发概览 9

    1.6.1 主流移动平台介绍 9

    1.6.2 移动 Web 的特点 11

    1.6.3 设计移动网站时需要考虑的问题 12

    1.6.4 主流的移动设备屏幕的分辨率 12

    1.6.5 使用标准的 HTML、CSS 和 JavaScript 技术 13

1.7 移动 Web 开发技术必备 13

Chapter 2 搭建移动 Web 开发环境 15

2.1 安装 Dreamweaver CS6 15

2.2 安装 jQuery Mobile 19

    2.2.1 下载 jQuery Mobile 插件 19

    2.2.2 使用 URL 方式加载插件文件 20

2.3 搭建 PhoneGap 开发环境 20

    2.3.1 准备工作 20

    2.3.2 获得 PhoneGap 开发包 21

2.4 搭建测试环境 25

Chapter 3 移动 Web 开发的准备工作 27

3.1 创建通用网站的实现流程 27
3.1.1 确定应用程序类型 27
3.1.2 使用 CSS 改善 HTML 外观 28
3.1.3 加入移动 meta 标签 30

3.2 将站点升级至 HTML 5 31
3.2.1 确定何时升级和升级的具体方式 31
3.2.2 升级到 HTML 5 的步骤 33
3.2.3 将 HTML 5 特性作为额外内容添加至网站 33
3.2.4 使用 HTML 5 为移动 Web 提供的服务 34

3.3 将 Web 程序迁移到移动设备 34
3.3.1 选择 Web 编辑器 34
3.3.2 测试应用程序 35
3.3.3 为移动设备调整可视化的设计 35
3.3.4 HTML 5 及 CSS 3 检测 36

3.4 搭建 Android 开发环境 38
3.4.1 安装 Android SDK 的系统要求 38
3.4.2 安装 JDK 38
3.4.3 获取并安装 Eclipse 和 Android SDK 42
3.4.4 安装 ADT 45
3.4.5 设定 Android SDK Home 47
3.4.6 验证开发环境 48
3.4.7 创建并管理 Android 虚拟设备（AVD） 49
3.4.8 启动 AVD 模拟器 50

3.5 搭建 iOS 开发环境 51
3.5.1 开发前的准备——加入 iOS 开发团队 52
3.5.2 安装 Xcode 54
3.5.3 Xcode 介绍 54
3.5.4 下载并安装 Xcode 55
3.5.5 创建一个 Xcode 项目并启动模拟器 58

Chapter 4 HTML 基础 62

4.1 HTML 初步 62
4.1.1 HTML 概述 62
4.1.2 HTML 基本结构 63

4.2 HTML 标记详解 64
4.2.1 标题文字标记<h> 64
4.2.2 文本文字标记<font> 65

    4.2.3　字型设置标记 66
    4.2.4　段落标记<p> 67
    4.2.5　换行标记
 68
    4.2.6　超链接标记<a> 68
    4.2.7　设置背景图片标记<body background> 70
    4.2.8　插入图片标记<img> 70
    4.2.9　列表标记 71
    4.2.10　表格标记<table>、<tr>、<th>和<td> 75
  4.3　综合应用——制作一个简单网页 76

Chapter 5　HTML 5 在移动设备中 80
  5.1　把握未来的风向标 80
  5.2　用 HTML 5 设计移动网站前的准备 81
    5.2.1　为移动网站准备专用的域名 81
    5.2.2　准备测试环境 81
  5.3　全新的 HTML 5 82
  5.4　设置网页头部元素 83
    5.4.1　设置文档类型 83
    5.4.2　设置所有链接规定默认地址或默认目标 84
    5.4.3　链接标签 84
    5.4.4　设置有关页面的元信息 86
    5.4.5　定义客户端脚本 86
    5.4.6　定义 HTML 文档的样式信息 87
    5.4.7　设置页面标题 88
  5.5　设置页面正文 89
  5.6　注释 90
  5.7　和页面结构相关的新元素 91
    5.7.1　定义区段的标签 91
    5.7.2　定义独立内容的标签 91
    5.7.3　定义导航链接标签 92
    5.7.4　定义其所处内容之外的内容 93
    5.7.5　定义页脚内容的标签 93
  5.8　在网页中显示联系信息 94
  5.9　自动隐藏或显示网页中的文字 95
  5.10　综合应用——自动检测输入的拼音是否正确 96

Chapter 6　CSS 基础 98
  6.1　体验 CSS 的功能 98

6.2　基本语法 99

6.3　使用选择符 100

　　6.3.1　选择符的种类 100

　　6.3.2　实战演练——使用 id 选择符设置文字颜色 102

6.4　CSS 属性 103

6.5　几个常用值 104

　　6.5.1　颜色单位 104

　　6.5.2　长度单位 106

　　6.5.3　百分比值 107

　　6.5.4　URL 统一资源定位符 107

　　6.5.5　URL 默认值 108

6.6　在网页中使用 CSS 108

　　6.6.1　页面调用 CSS 方式 108

　　6.6.2　通用优先级实战 110

　　6.6.3　类型选择符和类选择符实战 112

　　6.6.4　id 选择符实战 113

　　6.6.5　最近优先原则实战 114

6.7　CSS 的编码规范 115

　　6.7.1　书写规范 115

　　6.7.2　命名规范 115

6.8　CSS 调试 116

　　6.8.1　设计软件调试 116

　　6.8.2　继承性和默认值带来的问题 117

6.9　综合应用——实现精致、符合标准的表单页面 119

Chapter 7　JavaScript 脚本语言 121

7.1　JavaScript 简介 121

　　7.1.1　JavaScript 格式 121

　　7.1.2　一个典型的 JavaScript 文件 121

7.2　数据类型 122

　　7.2.1　数据类型概述 122

　　7.2.2　JavaScript 常量 123

　　7.2.3　JavaScript 变量 123

7.3　表达式和运算符 124

　　7.3.1　JavaScript 表达式 124

　　7.3.2　JavaScript 运算符 125

7.4　JavaScript 循环语句 127

　　7.4.1　if 条件语句 127

　　7.4.2　for 循环语句 130

7.4.3 while 循环语句 131

7.4.4 do…while 循环语句 133

7.4.5 break 控制 134

7.4.6 switch 循环语句 134

7.5 JavaScript 函数 134

7.5.1 函数的构成 135

7.5.2 JavaScript 常用函数 136

7.6 JavaScript 对象 137

7.6.1 对象基础知识 137

7.6.2 JavaScript 常用对象和方法 139

7.7 JavaScript 事件 142

7.7.1 JavaScript 常用事件 142

7.7.2 事件处理程序 143

7.8 JavaScript 窗口对象 144

7.8.1 窗口对象 144

7.8.2 窗口对象的事件驱动 145

7.8.3 窗口对象中的属性 145

7.8.4 窗口对象的方法 145

7.8.5 JavaScript 窗口对象的应用 146

7.9 JavaScript 框架对象 148

Chapter 8 使用 jQuery Mobile 框架 150

8.1 jQuery Mobile 简介 150

8.1.1 jQuery 的优势 150

8.1.2 jQuery Mobile 的特点 151

8.1.3 jQuery Mobile 对浏览器的支持 151

8.1.4 jQuery Mobile 对移动平台的支持 152

8.2 jQuery Mobile 的四大优势 153

8.2.1 跨所有移动平台的统一 UI 153

8.2.2 简化的标记驱动的开发 153

8.2.3 渐进式增强 153

8.2.4 响应式设计 154

8.3 jQuery Mobile 语法基础 154

8.3.1 使用基本框架 155

8.3.2 多页面模板 158

8.3.3 设置内部页面的页面标题 160

8.3.4 设置外部页面链接 161

8.3.5 实现页面后退链接 161

8.3.6 使用 Ajax 修饰导航 162

8.3.7　使用函数 changePage() 165

8.4　预加载 166

8.5　页面缓存 167

8.6　页面脚本 169

Chapter 9　使用 PhoneGap 171

9.1　PhoneGap 基础 171

9.1.1　产生背景 171

9.1.2　PhoneGap 的发展历程 172

9.1.3　PhoneGap 移动 Web 开发的步骤 172

9.2　PhoneGap API 详解 173

9.2.1　应用 API 174

9.2.2　通知 API 175

9.2.3　设备 API 177

9.2.4　网络连接 API 178

9.2.5　加速计 API 180

9.2.6　地理位置 API 183

9.2.7　指南针 API 185

9.2.8　照相机 API 187

9.2.9　Capture 采集 191

9.2.10　Media API 193

9.3　综合应用——使用 Media 构造一个播放器 194

Chapter 10　开发移动设备网页 197

10.1　编写第一个适用于 Android 系统的网页 197

10.1.1　控制页面的缩放 200

10.1.2　添加 CSS 样式 201

10.1.3　添加 JavaScript 204

10.2　添加 Ajax 特效 206

10.3　打造一个 iOS+jQuery Mobile+PhoneGap 程序 212

10.4　综合演练——打造一个 Android+jQuery Mobile+ PhoneGap 程序 214

10.4.1　建立一个基于 Web 的 Android 应用 215

10.4.2　添加 Web 内容 216

10.4.3　利用 PhoneGap 封装成移动 Web 应用 217

10.4.4　修改权限文件 219

Chapter 11　Web Sockets 实时数据处理 221

11.1　安装 jWebSocket 服务器 221

11.2 实现跨文档传输数据 222

11.3 使用 WebSocket 传送数据 225

    11.3.1 使用 Web Sockets API 的方法 226

    11.3.2 实战演练 226

11.4 处理 JSON 对象 229

11.5 jWebSocket 框架 232

    11.5.1 jWebSocket 框架的构成 232

    11.5.2 创建 jWebSocket 服务器端的侦听器 232

11.6 jWebSocket 令牌详解 240

    11.6.1 令牌的格式 240

    11.6.2 令牌的常用术语 240

    11.6.3 系统令牌详解 241

11.7 综合应用——使用 jWebSocketTest 框架进行通信 247

Chapter 12　Web Workers 通信处理 **251**

12.1 Web Workers API 基础 251

    12.1.1 使用 HTML5 Web Workers API 251

    12.1.2 需要使用.js 文件 252

    12.1.3 与 Web Worker 进行双向通信 252

12.2 Worker 线程处理 254

    12.2.1 使用 Worker 处理线程 255

    12.2.2 使用线程传递 JSON 对象 258

    12.2.3 使用线程嵌套交互数据 259

    12.2.4 通过 JSON 发送消息 262

12.3 执行大计算量任务 263

    12.3.1 创建 Worker 264

    12.3.2 使用 Web Workers API 执行大计算量任务 264

12.4 综合应用——在后台运行耗时较长的运算 270

Chapter 13　页面数据离线处理 **274**

13.1 离线应用基础 274

    13.1.1 manifest 文件详解 274

    13.1.2 配置 IIS 服务器 275

    13.1.3 开发离线应用程序 276

13.2 检测本地缓存的更新状态 278

    13.2.1 updateready 事件 278

    13.2.2 update 方法 279

    13.2.3 使用 swapCache 方法 281

13.2.4　可能触发的其他事件 283

13.3　检测在线状态 285

13.3.1　使用 onLine 属性 285

13.3.2　使用 online 事件和 offline 事件 287

13.3.3　开发一个离线留言系统 289

13.4　综合应用——开发一个离线式日历提醒系统 292

Chapter 14　绘制三维图形图像 296

14.1　WebGL 基础 296

14.1.1　发展历程 296

14.1.2　WebGL 和 HTML 5 的关系 297

14.1.3　开发前的准备 297

14.2　使用 WebGL 298

14.2.1　绘制三角形和矩形 298

14.2.2　绘制有颜色的三角形和矩形 302

14.2.3　绘制三维动画 308

Chapter 15　使用 Geolocation API 316

15.1　Geolocation API 介绍 316

15.1.1　对浏览器的支持情况 316

15.1.2　使用 Geolocation API 317

15.2　获取当前地理位置 318

15.3　使用 getCurrentPosition()方法 321

15.4　在网页中使用地图 323

15.4.1　在网页中调用地图 323

15.4.2　在地图中显示当前的位置 325

15.4.3　在网页中居中显示定位地图 327

15.4.4　利用百度地图实现定位处理 329

15.5　综合应用——在弹出框中显示定位信息 331

Chapter 16　使用 jQTouch 框架 335

16.1　jQTouch 基础 335

16.1.1　jQTouch 的特点 335

16.1.2　体验 jQTouch 程序 336

16.2　开始使用 jQTouch 340

16.2.1　引入一段 jQTouch 代码 340

16.2.2　使用 jQuery 生成动态数据 342

16.2.3　使用 jQTouch 创建动态 UI 342

16.3　综合应用——使用 JQTouch 框架开发动画网页 346

Chapter 17 使用 Sencha Touch 框架 354

17.1 Sencha Touch 基础 354

   17.1.1 Sencha Touch 简介 354

   17.1.2 Sencha Touch 的特性 355

   17.1.3 Sencha Touch 的优势 355

17.2 搭建 Sencha Touch 开发环境 356

   17.2.1 获取 Sencha Touch 356

   17.2.2 搭建 Eclipse+Sencha Touch 开发环境 358

   17.2.3 调试 Sencha Touch 程序 362

17.3 Sencha Touch 界面布局 363

   17.3.1 Hbox 布局（水平布局） 364

   17.3.2 VBox 布局（垂直布局） 365

   17.3.3 Card 布局（卡片布局） 365

   17.3.4 Fit 布局（填充布局） 367

   17.3.5 Docking（停靠） 367

17.4 综合应用——实现一个手机通讯录 368

Chapter 18 使用 Node.js 378

18.1 Node.js 的特性 378

18.2 搭建 Node.js 开发环境 378

   18.2.1 获取并安装 Node.js 379

   18.2.2 第一段 Node.js 程序 381

18.3 Node.js 基本配置 382

   18.3.1 创建 HTTP 服务器 382

   18.3.2 配置模块系统 383

18.4 Node.js 的基本语法 385

   18.4.1 Node.js 事件 385

   18.4.2 Node.js 函数 387

   18.4.3 Node.js 路由 388

   18.4.4 Node.js 全局对象 390

18.5 综合应用——使用 Node.js+Socket 实现聊天室系统 393

Chapter 19 记事本系统 401

19.1 系统功能分析 401

19.2 系统模块划分 402

19.3 构建 jQuery Mobie 平台 402

19.4 页面实现 402

   19.4.1 实现系统首页 403

19.4.2　实现记事本类别列表页面 405

19.4.3　实现记事本列表页面 406

19.4.4　实现记事本详情和删除页面 408

19.4.5　实现记事本修改页面 409

19.4.6　实现添加记事本页面 411

19.5　系统样式文件 413

Chapter 20　Android 版的电话管理系统 415

20.1　需求分析 415

20.1.1　产生背景 415

20.1.2　功能分析 415

20.2　创建 Android 工程 417

20.3　实现系统主界面 417

20.4　实现信息查询模块 419

20.5　实现系统管理模块 421

20.6　实现信息添加模块 424

20.7　实现信息修改模块 427

20.8　实现信息删除模块和更新模块 430

移动 Web 开发基础

　　自从互联网推出以来，因其强大的功能和娱乐性而深受广大用户的青睐。随着硬件技术的发展和进步，各网络站点也纷纷采用不同的软件技术来实现不同的功能。这样，在互联网这个宽阔的舞台上，站点页面技术将变得更加成熟并稳定，将会推出更加绚丽的效果展现在广大用户面前。在本章内容中，将对网页和网站的制作方面的知识进行简要概述，并介绍移动 Web 开发技术的基本知识，为读者步入本书后面知识的学习打下基础。

1.1　认识网页和网站

　　本节将对网页和网站方面的内容进行简要介绍。

1.1.1　网页

　　网页是指我们在互联网上看到的丰富多彩的站点页面。从具体定义上来讲，网页是 Web 站点中使用 HTML 等语言编写而成的单位文档，它是 Web 中的信息载体。网页由多个元素构成，是这些构成元素的集合体。图 1-1 所示为 ESPN 网站的主页。

图 1-1　ESPN 网站主页

1.1.2 网站

网站是由网页构成的，是一系列页面构成的整体。一个网站可能由一个页面构成，也可能由多个页面构成，并且这些构成的页面相互间存在着某种联系。一个典型网站的具体结构如图 1-2 所示。

图 1-2　网站基本结构图

上述网站的基本结构在服务器中的具体存在方式如图 1-3 所示。

图 1-3　网站存储结构图

1.2　网页的基本构成元素

网页是构成站点的基本元素，是一个网络站点的基础。本节将对网页的各基本构成元素进行简要介绍。

下面将通过分析 ESPN 网站的主页来介绍网页基本的构成元素，具体说明如图 1-4 所示。

（1）文本

文本是网页中最重要的信息，在网页中可以通过字体、大小、颜色、底纹、边框等来设置文本的属性。在网页概念中的文本是指文字，而并非图片中的文字。在网页制作中，文本都可以方便地设置成各种字体的大小和颜色。

（2）图像

图像是页面中最为重要的构成部分。在网页中只有加入图像后才能使页面达到完美的显示效果，可见图像在网页中的重要性。在网页设计中用到的图像一般为 JPG 和 GIF 格式。

💡 注意：

　　虽然图像在网页中不可或缺，但也不能太多和太大。如果网页上插入了过多和过大的图像，则可能会很长时间打不开，并且如果布局不合理还会造成页面的混乱。

（3）超链接

超链接是指从一个网页指向另一个目的端的链接，是从文本图片或图形或图像映射到全球广域网上网页或文件的指针。在全球广域网上，超链接是网页之间和 Web 站点之中主要的导航方法。

Flash 动画

表单

超链接

页面文本

页面图像

图 1-4　页面构成元素

　　超链接是网站的灵魂，能够指向另一个网页或相同网页上的不同位置，这个目的端通常是另一个网页，但也可以是一幅图片、一个电子邮件地址、一个文件甚至一个程序。超链接广泛地存在于网页的图片和文字中，提供与图片和文字相关内容的链接，在超链接上单击，即可链接到相应地址（URL）的网页。将鼠标指向链接的地方，鼠标指标将变成小手形状。

　　（4）表格

　　表格是传统网页排版的灵魂，即使 CSS 标准推出后也能够继续发挥不可限量的作用。通过表格可以精确地控制各网页元素在网页中的位置。表格是页面语言中的一种元素，主要用于网页内容的排列，组织整个网页的外观，通过在表格中放置相应的图片或其他内容，即可有效地组合成符合设计效果的页面。有了表格的存在，网页中的元素得以方便地固定在设计的位置上。

（5）表单

表单是用来收集站点访问者信息的域集，是网页中站点服务器处理的一组数据输入域。当访问者单击按钮或图形来提交表单后，数据就会传送到服务器上。它是非常重要的通过网页与服务器之间传递信息的途径，表单网页可以用来获取浏览者的意见和建议，以实现浏览者与站点之间的互动。站点访问者可以通过表单的方式输入文本信息，选中单选按钮与复选框，以及从下拉菜单中选择选项进行具体的信息输入。在填好表单之后，可以将填写的数据发送出去。因此，表单是动态交互页面的基础。

（6）Flash 动画

Flash 一经推出后便迅速成为最重要的 Web 动画形式之一。Flash 利用其自身所具有的关键帧补间、运动路径、动画蒙版、形状变形和洋葱皮等动画特性，不仅可以建立 Flash 电影，而且可以把动画输出为不同的文件格式的播放文件。

（7）框架

框架是网页中的一种重要组织形式，它能够将相互关联的多个网页的内容组织在一个浏览器窗口中显示。框架是一个由框架网页所定义的浏览器初见窗区域，它通过框架网页实现。框架网页是一种特别的 HTML 网页，它可将浏览器视窗分为不同的框架，而每一个框架则可显示一个不同网页。例如，用户可以在一个框架内放置导航栏，另一个框架中的内容可以随着单击导航栏中的链接而改变，这样用户只要制作一个导航栏的网页即可，而不必将导航栏的内容复制到各栏目的网页中。例如，现实中常用的网站后台管理系统大多都采用框架的方式设计。

1.3 制作网页的基本流程

典型网页的基本制作流程如下。

（1）第 1 步：选题

选题要明确，确定此页面的真正目的和展示给浏览者的内容。例如，如果是主页就要考虑页面导航和广告位的位置。

（2）第 2 步：准备素材资料

根据页面选择的主题准备好素材，例如介绍的内容和需要展示的图片。

（3）第 3 步：规划布局

根据前两步确定的选题和准备的资料进行页面规划，确定页面的总体布局。上述工作可以通过画草图的方法实现，也可以直接在编辑器工具里直接规划，例如 Dreamweaver。

（4）第 4 步：插入素材资料

将处理过的素材和资料插入布局后页面的指定位置。

（5）第 5 步：添加链接

根据整体站点的需求在页面上添加超链接，实现站点页面的跨度访问。

（6）第 6 步：美化

将上面完成的页面进行整体美化处理。例如，利用 CSS 将表格线细化，设置文字和颜色，对图片进行滤镜和搭配处理等操作。

上述步骤的具体运行流程如图 1-5 所示。

图 1-5　网页设计流程图

💡 **注意：**

　　特殊页面可以脱离上述流程进行单独设计。例如，动态站点中的数据库链接文件，无须按照上述步骤进行，只需编写出链接代码即可。另外，在总体布局过程中不但要注重页面元素的协调性，还要注意颜色的搭配尺度，不要一味地追求花哨。因为网页的目的是向用户展示主题信息，也就是以最容易得到信息为主要的目标。怎样让用户方便、快捷地得到信息是设计者的目标，所以重点的栏目要在主页显眼位置显示出来，能让人一进网站就能看到。

1.4　制作网站的基本流程

　　在本节的内容中，将对网站的发展趋势进行简要介绍，并对其基本制作流程进行详细阐述。

1.4.1　网站发展趋势

　　在当前网站发展应用中，网站的整体发展趋势如下。

　　（1）纵深化

　　由于制约网络发展的瓶颈随着各种新技术的涌现和硬件的升级，使网站的发展深度得到了扩展。

　　（2）个性化

　　互联网的出现和发展对传统秩序造成了巨大冲击，为人们的个性张扬和创造力的发挥提供了一个广阔的平台。

　　（3）专业化

　　专业化趋势主要表现为如下两个方面：①面向个人消费者的专业化趋势。为满足消费者个性化的需求，提供专业化的服务至关重要，这也为网站设计者提出了更高的要求；②面向个人企业客户的专业化趋势。随着 B2B 电子商务模式的蓬勃发展，以大的行业为依托的网站平台前景十分看好。

（4）国际化

由于互联网本身的特点，决定了网站的跨地域特性，同时也将面临更多的发展机遇和更加强有力的挑战。

1.4.2　网站制作流程

了解了网站的发展趋势后，设计者在设计过程中应充分考虑发展趋势造成的影响。在网站设计流程中，网页设计始终贯穿于网站设计流程。为此，网站设计实质上是网页设计升级的制作规划，它实现了对整个站点各方面的一系列操作。

完整网站的制作流程分为站点设计流程和站点发布流程。其中站点设计流程的操作步骤如下。

第 1 步：初始商讨

确定站点的整体定位和主题，明确建立此网站的真正目的，并确定网站的发布时机。

第 2 步：需求分析

充分考虑确定用户的需求和站点拥有者的需求，确定当前的业务流程。重点分析浏览用户的思维方式，并对竞争对手的信息进行分析。

第 3 步：综合站点内容

确定各个页面所要展示的信息，进行页面划分。

第 4 步：网页设计。

根据页面内容进行对应的页面设计，在规划的页面上使内容合理地展现出来。

第 5 步：完整测试

对每个设计的分页进行浏览测试，在最后要对整个网站的页面进行测试。

站点发布流程的操作步骤如下。

第 1 步：申请域名

选择合理、有效的域名。

第 2 步：选择主机

根据站点的状况确定主机的方式和配置。

第 3 步：选择硬件

如果需要自己的站点体现出更为强大的功能，可以配置自己特定的设备产品。

第 4 步：选择软件

选择与自己购买的硬件相配套的软件，例如服务器的操作系统和安全软件等。

第 5 步：网站推广

充分利用搜索引擎和发布广告的方式对网站进行宣传。

上述步骤的具体运行流程如图 1-6 所示。

注意：

> 在上面发布流程的操作步骤中，（1）～（4）步操作可以在站点设计流程步骤前进行，也可以同时进行，此处要视设计者的具体状况而定。

图 1-6　网站制作流程图

1.4.3　网站设计原则

在设计网站时，需要遵循以下基本原则。

- 网页内容要便于阅读。
- 站点内容要精、专和及时更新。
- 注重整体的色彩搭配。
- 考虑带宽因素。
- 适当考虑不同浏览器、不同分辨率的情况。

另外还需要遵循网站设计的通用原则，其具体内容如下。

- 网站的设计目的决定设计方案。
- 浏览者的需求第一位。
- 页面的有效性。
- 页面布局保持统一性。
- 使用表格和适当的结构来设计网页。
- 谨慎使用图片。
- 平面设计意识。
- 减少 Java Applet 和其他多媒体的使用。

1.5　Web 标准开发技术介绍

为了保证 Web 程序能够在不同设备中的不同浏览器中运行，国际标准化组织制定了 Web 标准。顾名思义，Web 标准是所有站点在建设时必须遵循的一系列硬性规范。从页面构成来看，网页主要由三部分组成：结构（Structure）、表现（Presentation）和行为（Behavior）。

1.5.1　结构化标准语言

当前使用的结构化标准语言是 HTML 和 XHTML，下面将对这两种语言进行简要介绍。

（1）HTML

HTML 是 Hyper Text Markup Language（超文本标记语言）的缩写，是构成 Web 页面的主要元素，是用来表示网上信息的符号标记语言。通过 HTML，可以将所需要表达的信息按某种规则写成 HTML 文件，通过专用的浏览器来识别，并将这些 HTML 翻译成可以识别的信息，这就是所见到的网页。HTML 语言是网页制作的基础，是网页设计初学者必须掌握的内容。

（2）XHTML

XHTML 是 Extensible Hyper Text Markup Language 的缩写，是根据在 XML 标准建立起来的标识语言，是由 HTML 向 XML 的过渡性语言。

1.5.2　表现性标准语言

目前的表现性语言是本书讲的 CSS（Cascading Style Sheets，层叠样式表），当前最新的 CSS 规范是 W3C 于 2001 年 5 月 23 日推出的 CSS 3。通过 CSS 技术可以对网页进行布局，控制网页的表现形式。CSS 可以与 XHTML 语言相结合，实现页面表现和结构的完整分离，提高站点的使用性和维护效率。

1.5.3　行为标准

当前的行为标准是 DOM 和 ECMAScript。DOM 是 Document Object Model 文档对象模型的缩写，根据 W3C DOM 规范，DOM 是一种与浏览器、平台和语言的接口，使用户可以访问页面其他的标准组件。简单理解就是，DOM 解决了 Netscaped 的 Javascript 和 Microsoft 的 Jscript 之间的冲突，给予 Web 设计师和开发者一个标准的方法，让他们来访问他们站点中的数据、脚本和表现层对像。从本质上来讲，DOM 是一种文档对象模型，是建立在网页和 Script 及程序语言之间的桥梁。

ECMAScript 是 ECMA（European Computer Manufacturers Association）制定的标准脚本语言（JavaScript）。

上述 Web 标准间的相互关系如图 1-7 所示。

上述标准大部分由 W3C 组织起草和发布，也有一些是其他标准组织制定的标准，比如 ECMA 的 ECMAScript 标准。

注意：

> 从上述内容中可以看出，Web 标准并不是某一技术的规范，而是构成页面三大要素的规范的集合体。只有充分对上述 3 个标准分别了解，并融会贯通后才能掌握住其中的真谛。

图 1-7　Web 标准结构关系图

1.6　移动 Web 开发概览

说起移动 Web 就不得不说传统桌面 Web，传统桌面 Web 是指在台式机和笔记本电脑中运行的 Web 程序，随着互联网技术的兴起和发展，我们所说的 Web 通常就是指桌面 Web。而随着近年来智能手机和平板电脑等可移动设备的发展和兴起，人们纷纷在可移动设备中浏览网页，这就推动了移动 Web 技术的发展。在本节的内容中，将详细讲解主流移动平台和移动 Web 的基本特点。

1.6.1　主流移动平台介绍

在当今市面上有很多智能手机系统，形成了百家争鸣的局面。但是最受大家欢迎的当属塞班、Android、iOS（苹果）、微软和黑莓。下面将对 5 个主流移动平台进行简要介绍。

（1）塞班（Symbian）

塞班（Symbian）作为昔日智能手机的王者，在 2005—2010 年曾一度风骚，街上大大小小拿的很多都是诺基亚的 Symbian 手机，N70—N73—N78—N97，诺基亚 N 系列曾经被称为"N=无限大"的手机。对硬件要求的水平低，操作简单，省电，软件资源多是 Symbian 系统手机的重要特点。

在国内软件开发市场内，基本每一个软件都会有对应的塞班手机版本。而塞班开发之初的目标是要保证在较低资源的设备上能长时间稳定可靠地运行，这导致了塞班的应用程序开发有着较为陡峭的学习曲线，开发成本较高。但是程序的运行效率很高。比如 5800 的 128MB 的 RAM，后台可以同时运行十几个程序而操作流畅（多任务功能是特别强大的），即使几天不关机它的剩余内存也保持稳定。

由于对新兴的社交网络和 Web 2.0 内容支持欠佳，塞班占智能手机的市场份额日益萎缩。2010 年年末，其市场占有量已被 Android 超过。自 2009 年年底开始，包括摩托罗拉、三星电子、LG、索尼爱立信等各大厂商纷纷宣布终止塞班平台的研发，转而投入 Android 领域。

2011 年年初，诺基亚宣布将与微软成立战略联盟，推出基于 Windows Phone 的智能手机，从而在事实上放弃了经营多年的塞班，塞班退市已成定局。

（2）Android

Android 一词最早出现于法国作家利尔亚当在 1886 年发表的科幻小说《未来夏娃》中，在里面将外表像人的机器起名为 Android。Android 机型数量庞大，简单易用，相当自由的系统能让厂商和客户轻松地定制各样的 ROM，定制各种桌面部件和主题风格。简单而华丽的界面得到广大客户的认可，对手机进行刷机也是不少 Android 用户所津津乐道的事情。

可惜 Android 版本数量较多，市面上同时存在着 1.6、2.0、2.1、2.2、2.3 等各种版本的 Android 系统手机，应用软件对各版本系统的兼容性对程序开发人员是一种不小的挑战。同时由于开发门槛低，导致应用数量虽然很多，但是应用质量参差不齐，甚至出现不少恶意软件，导致一些用户受到损失。同时 Android 没有对各厂商在硬件上进行限制，导致一些用户在低端机型上体验不佳。另外，因为 Android 的应用主要使用 Java 语言开发，其运行效率和硬件消耗一直是其他手机用户所诟病的地方。

目前 Android 已经更新到 7.0 版本。

（3）iOS

iOS 作为苹果移动设备 iPhone 和 iPad 的操作系统，在 App Store 的推动之下，成为世界上引领潮流的操作系统之一。原本这个系统名为"iPhone OS"，直到 2010 年 6 月 7 日 WWDC 大会上宣布改名为"iOS"。iOS 的用户界面的概念基础上能够使用多点触控直接操作。控制方法包括滑动、轻触开关及按键。与系统交互包括滑动（Swiping）、轻按（Tapping）、挤压（Pinching，通常用于缩小）及反向挤压（Reverse Pinching or unpinching 通常用于放大）。此外，通过其自带的加速器，可以令其旋转设备改变其 y 轴以令屏幕改变方向，这样的设计令 iPhone 更便于使用。

优秀系统设计及严格的 App Store，iOS 作为应用数量最多的移动设备操作系统，加上强大的硬件支持及最新 iOS5 内置的 Siri 语音助手，无疑使得用户体验得到更大的提升，感受科技带来的好处。

（4）Windows Phone

早在 2004 年时，微软就开始以"Photon"的计划代号开始研发 Windows Mobile 的一个重要版本更新，但进度缓慢，最后整个计划都被取消了。直到 2008 年，在 iOS 和 Android 的冲击之下，微软才重新组织了 Windows Mobile 的小组，并继续开发一个新的行动操作系统。Windows Phone，作为 Windows Mobile 的继承者，把网络、个人电脑和手机的优势集于一身，让人们可以随时随地享受到想要的体验。内置的 Office 办公套件和 Outlook 使得办公更加有效和方便。

（5）Blackberry OS（黑莓）

Blackberry 系统，即黑莓系统，是加拿大 Research In Motion（简称 RIM）公司推出的一种无线手持邮件解决终端设备的操作系统，由 RIM 自主开发。它和其他手机终端使用的 Symbian、Windows Mobile、iOS 等操作系统有所不同，Blackberry 系统的加密性能更强，更安全。安装有 Blackberry 系统的黑莓手机，指的不仅仅是一部手机，而是由 RIM 公司所推出，包含服务器（邮件设定）、软件（操作接口）及终端（手机）大类别的 Push Mail 实时电子邮件服务。

黑莓系统稳定性非常优秀，其独特定位也深受商务人士所青睐。可是也因此在大众市场上没有优势，国内用户和应用资源也较少。

1.6.2 移动 Web 的特点

其实移动 Web 和传统的 Web 并没有本质的区别，都需要 Web 标准制定的开发规范，都需要利用静态网页技术、脚本框架、样式修饰技术和程序联合打造出的应用程序。无论是开发传统桌面 Web 程序还是移动 Web 应用程序，都需要利用 HTML、CSS、JavaScript 和动态 Web 开发技术（如 PHP、JSP、ASP.NET 等）等技术。

移动 Web 是在传统桌面 Web 的基础上，根据手持移动终端资源有限的特点，经过有针对性的优化，解决了移动终端资源少和 Web 浏览器性能差的问题。与传统 Web 相比，移动 Web 的主要特点如下。

（1）随时随地

因为智能手机和平板电脑等设备都是可移动设备，所以用户可以利用这些设备随时随地地浏览运行的移动 Web 程序。

（2）位置感应

因为智能手机和平板电脑等可移动设备具备 GPS 定位功能，所以可以在这些设备中创建出具有定位功能的 Web 程序。

（3）传感器

因为智能手机和平板电脑等可移动设备中内置了很多传感器，例如温度传感器、加速度传感器、湿度传感器、气压传感器和方向传感器等，所以可以创造出气压计、湿度仪器等 Web 程序。

（4）量身定做的屏幕分辨率

因为市面中的智能手机和平板电脑等可移动设备的产品种类繁多，屏幕的大小和分辨率也不尽相同，所以在开发移动 Web 程序时，需要考虑不同屏幕分辨率的兼容性问题。

（5）高质的照相和录音设备

因为智能手机和平板电脑等可移动设备具有摄像头和麦克风等硬件设备，所以可以开发出和硬件相结合的 Web 程序。

在当前 Web 设计应用中，移动 Web 的内容应当包括以下特点。

- 简短：设备越小，单次下载的内容就应当越简短。因此，在 iPad 或桌面电脑上可能一次性下载完的一篇整页的文章，在功能手机上下载时应当分割为几部分下载，或仅仅下载标题。
- 直接：要在小型设备上迅速吸引读者的注意力，因此所有与主题无关的内容都应删除。
- 易用：在功能手机上单击返回键比填写表单要容易得多。因此要让移动内容，特别是针对小型设备的移动内容尽可能简单易用。
- 专注于用户需求：设备越小，越应该注意仅向用户提供他们所需的最基本功能。另外，不要只考虑需要移除的内容，还应当考虑在页面上加入什么样的功能，以使移动用户的任务处理更为便捷。可以加入移动页面的功能包括以下一些。
  - ◆ 回到首页链接：方便用户随时可以返回到首页。
  - ◆ 电子邮件链接：加入邮件链接可以让访问者将页面的某些部分邮寄给自己或其他

人。这样做一方面推广了页面，另一方面由于在计算机上读取网站比在功能手机上简单得多，实际上也提高了移动用户的使用效率。

◆ 附加服务：加入 Mobilizer、Read It Later 及 Instapaper 这类附加服务链接可以让移动用户将内容保存起来，并在方便的时候再进行阅读。

1.6.3　设计移动网站时需要考虑的问题

对于网页设计师们来说，不要为移动网站设计所迷茫，尽管移动设备的种类与日俱增，包括手机、平板电脑、网络电视设备，甚至一些图像播放设备。在为这些不同设备创建移动网站时，首先需要确保设计的网站能够适用于所有浏览器及操作系统，也就是说可以在尽量多的浏览器及操作系统中运行。除此之外，在为移动设备创建网站时，还需要考虑以下的问题。

- 移动设备的屏幕尺寸和分辨率。
- 移动用户需要的内容。
- 使用的 HTML、CSS 及 JavaScript 是否有效且简洁。
- 网站是否需要为移动用户使用独立域名。
- 网站需要通过怎样的测试。

1.6.4　主流的移动设备屏幕的分辨率

在当前的市面上，智能手机的屏幕尺寸主要包括以下几种标准。

- 128×160 像素
- 176×220 像素
- 240×320 像素
- 320×480 像素
- 400×800 像素
- 480×800 像素
- 960×800 像素
- 1 280×980 像素
- 1080×1 920 像素
- 1 920×1 280 像素

就手机的尺寸而言，Android 给出了一个具体的统计，详情请参阅 http://developer.android.com/resources/dashboard/screens.html。在目前市面中主要是以分辨率为 1 280×980 像素和 1 920×1 280 像素的手机用户居多。另外，作为另一种主流移动设备的平板电脑来说，它不仅拥有更大的屏幕尺寸，而且在浏览方式上也有所不同。例如，大部分平板电脑（以及一些智能手机）都能够以横向或纵向模式进行浏览。这样即使在同一款设备中，屏幕的宽度有时为 1 024 像素，有时则为 800 像素或更少。但是一般来说，平板电脑为用户提供了更大的屏幕空间。事实证明，在平板电脑中可以很轻松地以标准格式浏览大部分网站，这是因为其浏览器使用起来就像在计算机显示器上使用一样简单，并且通过 Android 系统中的缩放功能可以放大难以阅读的微小区域。

1.6.5　使用标准的 HTML、CSS 和 JavaScript 技术

在开发移动网站时，只有使用正确的、标准格式的 HTML、CSS 和 JavaScript 技术，才能让页面在大部分移动设备中适用。另外，设计师可以通过 HTML 的有效验证来确认它是否正确，具体验证方法是登录 http://validator.w3.org/，使用 W3C 验证器检查 HTML、XHTML 及其他标记语言。除此之外，它还可以验证 CSS、RSS，甚至是页面上的无效链接。

在为移动设备编写网页时，需要注意以下 5 个"慎用"。

（1）慎用 HTML 表格

由于移动设备的屏幕尺寸很小，使用水平滚动相对困难，从而导致表格难以阅读，请尽量避免在移动布局中使用表格。

（2）慎用 HTML 表格布局

在 Web 页面布局中，建议不使用 HTML 表格，而且在移动设备中，这些表格会让页面加载速度变慢，并且影响美观，尤其是在它与浏览器窗口不匹配时。另外，在页面布局中通常使用的是嵌套表格，这类表格会让页面加载速度更慢，并且让渲染过程变得更困难。

（3）慎用弹出窗口

通常来讲，弹出窗口很讨厌，而在移动设备上它们甚至能让网站变得不可用。有些移动浏览器并不支持弹出窗口，还有一些浏览器则总是以意料之外的方式打开它们（通常会关闭原窗口，然后打开新窗口）。

（4）慎用图片布局：与在页面布局中使用表格类似，加入隐藏图像以增加空间及影响布局的方法经常会让一些老的移动设备死机或无法正确显示页面。另外，它们还会增加下载时间。

（5）慎用框架及图像地图（image maps）

在目前的许多移动设备中，都无法支持框架及图像地图特性。其实从适用性上来看，HTML 5 的规范中已经摈弃了框架（iframe 除外）。

因为移动用户通常需要为浏览网站而耗费流量并需要付费的，所以在设计移动页面时应尽可能地确保少使用 HTML 标签、CSS 属性和服务器请求。

1.7　移动 Web 开发技术必备

除了前面介绍的 HTML、XHTML、CSS、JavaScript、DOM 和 ECMAScript 技术之外，开发移动 Web 还需要掌握以下技术。

（1）HTML 5

HTML 5 是当今 HTML 语言的最新版本，将会取代 1999 年制定的 HTML 4.01、XHTML 1.0 标准，以期望能在互联网应用迅速发展时，使网络标准达到符合当代的网络需求，为桌面和移动平台带来无缝链接的丰富内容。

（2）jQuery Mobile

jQuery Mobile 是 jQuery 在手机上和平板设备上的版本。jQuery Mobile 不仅会给主流移动平台带来 jQuery 核心库，而且会发布一个完整统一的 jQuery 移动 UI 框架。支持全球主流的移动平台。jQuery Mobile 开发团队说：能开发这个项目，我们非常兴奋。移动 Web 太需要一个跨浏览器的框架，让开发人员开发出真正的移动 Web 网站。

（3）PhoneGap

PhoneGap 是一个基于 HTML、CSS 和 JavaScript 的，创建移动跨平台移动应用程序的快速开发平台。PhoneGap 使开发者能够利用 iPhone、Android、Palm、Symbian、WP 7、WP 8、Bada 和 Blackberry 智能手机的核心功能，包括地理定位、加速器、联系人、声音和振动等，此外 PhoneGap 拥有丰富的插件供开发者调用。

（4）Node.js

Node.js 是基于 Chrome JavaScript 运行时建立的一个平台，用来方便地搭建快速的易于扩展的网络应用。Node.js 借助事件驱动，非阻塞 I/O 模型变得轻量和高效，非常适合运行在分布式设备上数据密集型的实时应用中。

（5）JQTouch

JQTouch 是一个 JQuery 的插件，主要为手机 Webkit 浏览器实现一些包括动画、列表导航、默认应用样式等各种常见 UI 效果的 JavaScript 库。支持包括 iPhone、Android 等手机，是提供一系列功能为手机浏览器 WebKit 服务的 JQuery 插件。

（6）Sencha Touch

Sencha Touch 和 JQTouch 密切相关，是基于 JavaScript 编写的 Ajax 框架 ExtJS，将现有的 ExtJS 整合 JQTouch、Raphaël 库，推出适用于最前沿 Touch Web 的 Sencha Touch 框架，该框架是世界上第一个基于 HTML 5 的 Mobile App 框架。同时，ExtJS 更名为 Sencha，JQTouch 的创始人 David Kaneda，以及 Raphaël 的创始人也已加盟 Sencha 团队。

当然，除了上述主流移动 Web 开发技术之外，还有其他营利性商业组织推出的第三方框架，这些框架都方便了开发者的开发工作。读者可以参阅相关资料，了解并学习这些框架的知识。

Chapter

2

搭建移动 Web 开发环境

"工欲善其事，必先利其器"，意思是想要高效地完成一件事，需要有一个合适的工具。对于移动 Web 开发人员来说，开发工具同样至关重要。作为一项新兴技术，在进行开发前首先要搭建一个对应的开发环境。在本章的内容中，详细讲解搭建移动 Web 开发环境的基本知识。

2.1 安装 Dreamweaver CS6

Dreamweaver 是最常用的网页设计工具之一，Adobe Dreamweaver CS6 是当前最常用的一个版本，对移动 Web 开发提供了良好的支持。下面将以安装 Dreamweaver CS6 的过程为例，介绍安装 Dreamweaver 的方法。Dreamweaver CS6 的安装步骤如下。

（1）下载完安装文件后，双击打开安装图标，弹出解压缩界面，在此选择一个保存解压缩安装文件的路径，如图 2-1 所示。

（2）单击"下一步"按钮，弹出"正在准备文件"界面，如图 2-2 所示。

图 2-1 选择一个保存解压缩安装文件的路径　　　图 2-2 "正在准备文件"界面

（3）进度完成后，弹出"欢迎"界面，在此选择"安装"选项，如图 2-3 所示。

（4）弹出"Adobe 软件许可协议"界面，在此单击"接受"按钮，如图 2-4 所示。

图 2-3 "欢迎"界面

图 2-4 "Adobe 软件许可协议"界面

（5）弹出"序列号"界面，输入合法的序列号，并单击"下一步"按钮，如图 2-5 所示。

图 2-5 "序列号"界面

（6）在弹出的"选项"界面中选择安装目录，然后单击"安装"按钮，如图 2-6 所示。

图 2-6 "选项"界面

（7）在弹出的"安装"界面中显示安装进度条，如图 2-7 所示。

图 2-7 "安装"界面

（8）进度条完成，弹出"安装完成"界面，如图 2-8 所示。

图 2-8 "安装完成"界面

（9）当第一次打开 Dreamweaver CS6 时，会弹出"默认编辑器"对话框，在此可以选择常用的文件类型，如图 2-9 所示。

（10）单击"确定"按钮，进入"启动"界面，如图 2-10 所示。

图 2-9 "默认编辑器"对话框   图 2-10 "启动"界面

（11）启动 Dreamweaver CS6 后的界面效果如图 2-11 所示，在此可以选择新建页面的类型。

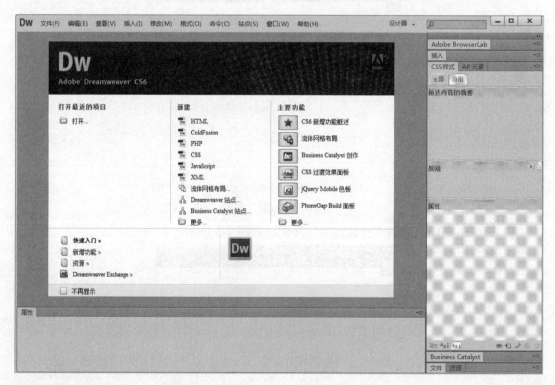

图 2-11 启动 Dreamweaver CS6 后的界面效果

💡 注意：

在安装 Dreamweaver CS6 之前，一定要确保在本地计算机上没有安装过 Dreamweaver。如果已经安装过其他的版本，请确保卸载干净，否则会安装 Dreamweaver CS6 失败。

2.2 安装 jQuery Mobile

在移动 Web 开发应用中，jQuery Mobile 框架的作用十分重要，能够实现 JavaScript 特效效果。本节将详细讲解安装 jQuery Mobile 的基本知识。

2.2.1 下载 jQuery Mobile 插件

想要正确运行 jQuery Mobile 移动应用页面，至少需要包含以下两个文件。

- jQuery.Mobile-1.4.5.min.js：jQuery Mobile 框架插件，目前的最新版本为 1.4.5。
- jQuery.Mobile-1.4.5.min.css：与 jQuery Mobile 框架相配套的 CSS 样式文件，目前的最新版本为 1.4.5。

下载 jQuery.Mobile 插件的基本流程如下。

（1）登录 jQuery Mobile 官方网站（http://jquerymobile.com），如图 2-12 所示。

图 2-12 jQuery Mobile 的官方网站界面

（2）单击右侧导航条中的 "Custom download" 超链接，进入文件下载页面，如图 2-13 所示。

图 2-13 文件下载页面

（3）单击 "Select branch" 下拉列表框，可以选择一个版本，此时最新版本是 1.4.5。单击下方的 Zip 文件链接可以下载，如图 2-14 所示。

图 2-14　下载 1.4.5 版本

（4）下载成功后会获得一个名为"jquery.mobile-1.4.5.zip"的压缩包，解压后会获得 CSS、JS 和图片格式的文件，如图 2-15 所示。

图 2-15　解压后的效果

2.2.2　使用 URL 方式加载插件文件

除了可以在官方下载页面下载对应的 jQuery Mobile 文件外，还可以使用 URL 方式从 jQuery CDN 下载插件文件。CDN 的全称是 Content Delivery Network，用于快速下载跨 Internet 常用的文件，只要在页面的<head>元素中加入下列代码，同样可以执行 jQuery Mobile 移动应用页面。加入的代码如下：

```
<link rel="stylesheet" href="http://code.jquery.com/mobile/1.4.0/jquery.mobile-1.4.0.min.css" />
<script src="http://code.jquery.com/mobile/1.4.0/jquery.mobile-1.4.0.min.js"></script>
```

通过 URL 加载 jQuery Mobile 插件的方式，可以使版本的更新更加及时，但由于是通过 jQuery CDN 服务器请求的方式进行加载，在执行页面时必须时时保证网络的畅通，否则不能实现 jQuery Mobile 移动页面的效果。

2.3　搭建 PhoneGap 开发环境

在移动 Web 开发应用中，PhoneGap 框架的作用也十分重要。在使用 PhoneGap 进行移动 Web 开发之前，需要先搭建 PhoneGap 开发环境。本节将详细讲解搭建 PhoneGap 开发环境的基本知识。

2.3.1　准备工作

在安装 PhoneGap 开发环境之前，首先需要安装以下框架。

- Java SDK

- Eclipse
- iOS SDK
- ADT Plugin

2.3.2 获得 PhoneGap 开发包

在编写本书时，PhoneGap 的最新版本是 3.6.3。在 2.9.0 及其以前的版本中，读者可以登录 PhoneGap 的官方网站 http://www.phonegap.com 在线下载 PhoneGap。

下面以获得 PhoneGap 2.9.0 为例，讲解获得 PhoneGap 2.9.0 及其以前的版本开发包的基本流程如下。

（1）登录 PhoneGap 的官方网站：http://phonegap.com/download/，如图 2-16 所示。

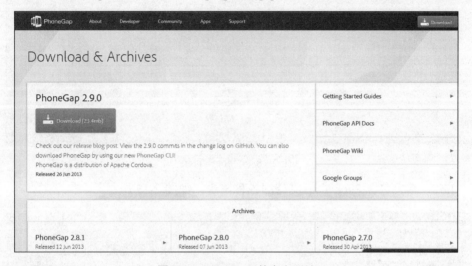

图 2-16　PhoneGap 的官方网站

（2）单击最新版本下方的 ![Download(23.4mb)] 按钮下载 PhoneGap 开发包，下载成功后的压缩包名为 "phonegap-2.9.0.zip"。

（3）解压缩文件 phonegap-2.9.0.zip，假设解压到本地硬盘的 "D" 目录下，解压后的根目录名为 "phonegap-2.9.0"，双击打开后的效果如图 2-17 所示。

图 2-17　"phonegap-2.9.0" 的根目录

对图 2-17 中的各个子目录的具体说明如下。

- "doc"：在其中包含 PhoneGap 的源代码文档，如图 2-18 所示。

图 2-18　"doc"目录

- "lib"：其中包含 PhoneGap 支持的各种平台，如图 2-19 所示。

图 2-19　"lib"目录

- "changelog"：一个日志文件，保存了更改历史记录信息和作者信息等。
- "LICENSE"：Apache 软件许可证（v2 版本）。
- "VERSION"：版本信息。
- "README.md"：帮助文档。

从 2.9.0 以后版本开始，PhoneGap 使用 NodeJS 进行管理，获得 PhoneGap 2.9.0 以后版本开发包的基本流程如下。

（1）登录 http://nodejs.org 下载 NodeJS，如图 2-20 所示。

图 2-20　登录 http://nodejs.org

（2）http://nodejs.org 页面会自动识别当前机器的操作系统版本和位数（32 位或 64 位），单击"INSTALL"按钮后将自动下载适用当前机器的版本。下载界面如图 2-21 所示。

图 2-21　下载 NodeJS 界面

（3）双击下载的文件 node-v0.12.0-x64.msi，在弹出的欢迎界面中单击"Next"按钮，如图 2-22 所示。

（4）在弹出的协议接受界面中勾选"I accept…"复选框，然后单击"Next"按钮，如图 2-23 所示。

图 2-22　欢迎界面　　　　　　　　图 2-23　协议接受界面

（5）在弹出的安装路径界面中设置安装路径，然后单击"Next"按钮，如图 2-24 所示。

（6）在弹出的典型设置界面中单击"Next"按钮，如图 2-25 所示。

（7）在弹出的准备安装界面中单击"Install"按钮开始安装，如图 2-26 所示。

（8）在弹出的安装界面中显示安装进度条，如图 2-27 所示。

图 2-24　安装路径界面　　　　　　　　　　　图 2-25　典型设置界面

图 2-26　准备安装界面　　　　　　　　　　　图 2-27　安装界面

（9）在弹出的完成界面中单击"Finish"按钮完成安装操作，如图 2-28 所示。

（10）接下来开始使用 NodeJS 获得 PhoneGap，选择开始菜单中的"Node.js command prompt"选项，启动 NodeJS，如图 2-29 所示

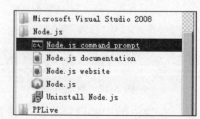

图 2-28　完成安装　　　　　　　　　　图 2-29　启动 NodeJS

（11）在弹出的命令行界面中输入命令"npm install -g phonegap"进行安装，此时系统会自动检测并安装当前最新版本的 PhoneGap，如图 2-30 所示。

图 2-30　安装命令行界面

（12）通过安装命令行界面可知，获取后的文件保存在"C:\Users\用户名\AppData\Roaming\npm\node_modules"目录下，如图 2-31 所示。

图 2-31　安装路径

注意：

当使用 nodejs 安装 PhoneGap 时，解决提示"not found git"的问题

首先登录 http://nodejs.org/下载安装 nodejs，然后执行命令：

```
npm install -g phonegap
```

有时会报错，提示"没有安装 git"。解决方法是下载 msysgit 并安装，然后设置系统环境变量，把 git 安装目录的*\bin 目录添加到 PATH 中。如果提示缺少 libiconv-2.dll，则单独需要下载 libiconv-2.dll，并放到 bin 目录即可（git 做些简单的配置）。

2.4　搭建测试环境

移动 Web 的开发过程是网页开发的过程，与传统网页开发相比，唯一的差别是这些网页需要在移动设备中运行。有时开发者不具备 iOS、Android 等软硬件测试平台，此时可以尝试借助于第三方工具进行简单的测试，例如 Opera Mobile Emulator。在开发过程中，搭建 Opera Mobile Emulator 移动 Web 测试环境的基本流程如下。

（1）登录 Opera 官方网站，如图 2-32 所示。

图 2-32　Opera 官方网站

（2）下载 Opera Mobile Emulator，下载完成后会获得一个可运行文件，笔者获得的是：Opera_Mobile_Emulator_12.1_Windows.exe，如图 2-33 所示。

图 2-33　获得的可运行文件

（3）双击上述可运行文件进行安装，安装成功后双击"Opera Mobile Emulator"图标运行，初始运行界面如图 2-34 所示。此处选择"简体中文"选项。

（4）单击"确定"按钮，在新界面中可以进行相关设置，在此只需使用默认设置即可，如图 2-35 所示。

图 2-34　选择语言

（5）单击"启动"按钮后，成功运行测试工具 Opera Mobile Emulator，如图 2-36 所示。

图 2-35　设置界面

图 2-36　Opera Mobile Emulator 运行效果

移动 Web 开发的 准备工作

前面已经详细讲解了搭建移动 Web 开发环境技术的基本知识。在本章中，将详细讲解在当今最主流移动设备平台 Android 和 iOS 系统中创建移动 Web 程序的方法。

3.1 创建通用网站的实现流程

想要设计一个好的移动 Web 页面或应用程序，关键在于不要仅针对移动设备设计。W3C 将此称为"Design For One Web"，就是"一次设计，能在所有设备运行"之意。在设计一个 Web 时，不应该只针对智能手机浏览器、平板电脑浏览器或桌面浏览器，好的设计应考虑到所有的设备类型。

在规划一个站点时，常规步骤是从桌面版开始，然后进入移动设备版。如果要设计一个移动设备应用程序，可以先从想要支持的移动设备浏览器开始规划，在完成移动设备网站设计后，再将其改进或改变为桌面浏览器版本。

3.1.1 确定应用程序类型

事前计划是网站及移动设备 Web 应用程序开发的关键。许多人常常坐下来就开始动手写代码，其实这是一种错误的做法。通过计划，将会更清楚地了解到自己想要的是一个怎样的网站，以及如何将它实现。在具体开始之前，我们需要明白以下 7 个问题。

（1）要开发的 Web 应用程序的用途是什么？

（2）开发这个应用程序目标是什么？

（3）应用程序的用户会是哪些人？

（4）该应用程序的竞争对手有哪些？

（5）对潜在的竞争者进行尽可能多的调查。他们产品的盈利是多少？市场占有率为多少？他们的优点和缺点分别是什么？

（6）还有什么其他风险可能影响到应用程序的成功？

（7）开发进度是怎样安排的？

在计划好应用程序的用途之后，接下来要设计应用程序的外观。例如，绘制一个应用程序在智能手机或平板电脑上应有外观的简单原型。这里绘制步骤不需要任何美化操作，甚至不需要有颜色或图片，只要能够表现出页面外观的基本思路即可。

3.1.2　使用 CSS 改善 HTML 外观

在进行了应用程序功能及外观的基本规划后，可以开始设计页面布局。大多数设计者较倾向于先设计智能手机页面布局，因为它使用单列布局，而且 HTML 也很简单。

原始的 HTML 文档外观是很沉闷的，颜色为黑白色，没有图像或色彩，甚至没有调整各部分在布局中的位置。文本以长单列的方式按其在 HTML 中的顺序显示在页面上。但可以通过 CSS 来改变字体族及颜色，添加背景色和图像，甚至更改页面布局。

（1）更改字体

更改标题及正文文本的字体大小和字体族是经常要完成的设置。读者可能会认为由浏览器自动选择字体大小即可，但这是不行的——绝大多数计算机都以默认的 16px 来显示字体。对于在移动设备上运行的网站或应用程序来说，像素不能作为尺寸单位。正确的做法是根据浏览器来使用 ems 或百分比作为单位。

HTML 文档中的 em 相当于当前默认字体大小。因此，不带任何样式的 1 em 相当于 16px，但这个字体大小实在是太大了，许多开发者希望能将它缩小。尽管可以只是给字体一个小一点的 em 尺寸（如 0.8em），但是将默认尺寸减小然后再使用 em 是更便捷的做法。

例如，将默认字体尺寸从 16px 减少到 10px（这是完成乘除算法最简便的数字），只需在样式表中添加如下代码即可：

```
body {
  font-size: 62.5%;
}
```

> **注意：**
>
> 这里用的是百分比数字，16px 的 62.5%就是 10px。当需要使用 14px 字体时，将段落标签设为 1.4 ems（14px 除以 10 为 1.4）。

```
p {
  font-size: 1.4em;
  line-height: 1.8em;
}
```

使用 ems 指定行高度也是一个不错的方法。漂亮的文本应当在行与行之间有合适的宽度，这样会使页面更易于阅读。笔者通常将字体大小再加上 5～7px 作为行高。因此对于基本大小为 10px 的字体来说，相当于再增加 0.5ems。在前面的代码中，只在字体大小基础上增加了 0.4ems 作为行高。

（2）加入颜色及背景图像

可以使用许多方法为应用程序或网站选择颜色。一些人的做法是选择一种最喜欢的颜色，或者从一幅图片的调色板中取色。若无法确定想用哪种颜色，网站 ColourLovers（www.colourlovers.com/）可以提供一些灵感，它们对 Web 调色板、模型及颜色进行了充分的讨论。

在前面的解谜程序中，使用蓝色和白色作为基本色，并为设计加入一些其他颜色。下面是应用程序中经常用到的一些颜色。

- #3c6ac3-用于基本蓝色。
- #3c3cc3-用于强调的深蓝色。
- #c3963c-用于标注的棕褐色。
- #000000-用于文本的黑色。
- #fffffF-用于背景的白色。

logo 区域会用到一个拼图碎片的图片，多准备几张图片是不错的主意，这样可以定期更换。如下所示，可以使用 color 属性来更改字体颜色。

```
color:#000000;
```

更改背景颜色使用的是 background-color 属性。

```
background-color: #3c6ac4;
```

还可以使用 CSS 通过 background-image 来设定背景图像。该图像通过指定 URL 导入。

```
background-image: url('background.png');
```

这个语句将图片平铺贴片至背景。需要避免重复贴片，可以使用 background-repeat 属性，然后使用 background-position 属性定义图片位置。还可以单独使用属性 background 来设置背景的图像、颜色、平铺及位置。

在白色背景中加入一个背景图像，不重复，位于容器元素左上角往下往右各 1em 时，可以写为：

```
background: #fff url(background.png) no-repeat 1em 1em;
```

（3）设置布局样式

在平板电脑等大的屏幕上，需要通创建双列布局，增加包含其他信息的页脚，这样做在设计上的好处是加重了页面底部，吸引用户往下看，从而浏览整个页面。此类布局的有趣之处在于它如何处理移动设备及非移动设备页面。通常希望在小于 480 像素的设备窗口中阅读单列布局，而在更大的浏览区域上阅读双列布局（以及四列页脚）。而在拥有宽度小于 320 像素的浏览区域的设备上，还希望去掉图片，这样页面能显示得更快，并且不会占据许多空间。

当使用 CSS3 媒体查询时，应当忽略会在不同设备上保持一致的样式。主 CSS 样式表应包括媒体类型 all 或 screen，以便让所有设备读取。因此可以使用媒体查询样式表来修改主样式。

接下来将学习如何在 Web 应用程序中加入媒体查询，以支持特定手机、智能手机、平板电脑及计算机浏览器。这里的平板电脑及浏览器使用相同的样式表，但是也可以为平板电脑设计一个专用样式表。

第 1 步：在文档的<head>中链接主样式表。

第 2 步：在该样式表中为小于 320 像素宽的特定手机加入第一个媒体查询样式表。

```
<link rel="stylesheet" href="styles-320.css" media="only screen and
(max-width:320px)">
```

第 3 步：为宽度为 320～480 像素的智能手机加入媒体查询。

```
<link rel="stylesheet" href="styles-480.css" media="only screen and
(min-width:320px) and (max-width:480px)">
```

可以将 Web 浏览器宽度调整至小于 320 像素宽及 320～480 像素宽之间，然后检测样式表的工作情况。之后刷新页面，页面会随之变化。此处需要注意的是：如果在 iPhone 或 Nexus 这类设备中进行测试，看到的是网站的完整版而非智能手机版。这是因为这类设备的实际 DPI 的宽度大于 480 像素。

3.1.3 加入移动 meta 标签

加入移动 meta 标签的目的是更有效地创建 HTML 5 页面，在按照之前的引导创建网站移动设备版的过程中，读者可能已经意识到现代智能手机不会显示单列布局。这是因为当媒体查询询问浏览器宽度时，Android 手机会根据它的分辨率报告宽度，将会看到完全版的双列布局样式，这种布局对小屏幕并不友好。虽然在 Android 上可以进行缩放，但那是一个额外的操作。在这种情况下，可以使用 meta 标签来通知浏览器以设备宽度而非 DPI 宽度作为 width 值。可以使用 viewport meta 标签来做到这一点，例如：

```
<meta name="viewport" content="width=device-width">
```

可以使用如下的 meta 标签来让 Web 应用程序对移动设备更加友好。

- mobileOptimized：此标签为 Pocket IE 设计。它用于指定内容的宽度（单位为 px）。当此标签存在时，浏览器强制将布局设为单列。
- handheldFriendly：AvantGo 和 Palm 最初使用此标签来标记不应在移动设备上被缩放的内容。该内容在移动设备页面上的值为 true，非移动设备页面值则为 false。
- Viewport：此标签用来控制浏览器窗口的尺寸及缩放比例。
- apple-mobile-Web-app-capable：如果此标签的 content 属性为 "yes"，则 Web 应用程序以全屏模式运行；若为 "no" 则反之。
- apple-mobile-Web-app-status-bar-style：如果应用程序运行于全屏模式下，可以将移动设备上的状态栏改为 "black" 或 "black-translucent"。
- format-detection：此标签用于开关相关电话号码的自动侦测，其值可为 telephone=no，默认为 telephone= yes。
- apple-touch-startup-image：其实这并不是一个 meta 标签，而是一个<link>。可以用它来指定应用程序启动时显示的启动画面。
- apple-touch-icon 和 apple-touch-icon-precomposed：也不属于 meta 标签，当将<link rel= "apple-touch-icon" href= "/icon.png">添加至文档后，可以指定一个图标将应用程序保存至主界面。

> 💡 **注意：**
>
> 在 Android 1.6 及以前的版本中，并不能很好地支持上面介绍的 meta 标签。在大部分情况下，必须加入应用程序的 meta 标签仅有 viewport。使用此标签的最好方法是将应用程序宽度设置为与设备宽度相同。这样应用程序可以在浏览器下缩放，而用户不需要放大后才能看清该程序。

在使用 viewport 标签时，可以调整以下的属性。

- width：vlewport 的像素宽度，默认值为 980。其范围为 200～10 000。
- height：viewport 的像素高度。它的默认值根据宽度及设备屏幕纵横比而定。其范围为 223～10 000。
- initial-scale：应用程序启动时的缩放比例。用户可以在此之后再自行缩放。
- minimum-scale：viewport 的最小缩放值。默认值为 0.25，其范围为 0～10.0。

- maximum-scale：viewport 的最大值。默认值为 1.6，其范围为 0～10.0。
- user-scalable：可以通过设定其值开启或关闭用户的缩放权限。默认值为 "yes"，将它设置为 "no" 则不允许缩放。
- device-width 和 device-height：用于定义输出设备的可见宽度及高度。

可以通过在 meta 标签中以逗号分隔的方式设置多个 viewport 选项。例如：

```
<meta name="viewport"content="width=device -width, user - scalable=no">
```

3.2 将站点升级至 HTML 5

网站建设工作是一个需要付出很多努力的工作，其中最大的挑战之一就在于什么时候应该把现有站点升级至新技术。本节将简要讲解 HTML 5 和 HTML 4 之间的不同，以及哪些浏览器支持什么特性。但浏览器是否支持也并非唯一决定因素。HTML 5 的一些特性可以让网站变得更好，即使不能获得所有浏览器支持。一些特性甚至可以将一个标准网站转化为专业级移动设备应用程序。

3.2.1 确定何时升级和升级的具体方式

自从 1990 年以来，HTML 4 和 HTML 4.01 都已获得许多浏览器的支持，并在 1998 年成为标准。使用一种已完成标准的好处在于它的浏览器支持带有普遍性，或者至少是应当具有普遍性。

但在考虑长期保持 HTML 4 之前，应当考虑以下几点。

- HTML 4 的浏览器支持并非如想象般广泛，其实当今最流行的浏览器并不支持此标准。
- 许多设备用的浏览器并不支持全部的 HTML 4，甚至只是最低限度地支持它。
- 许多设备用的浏览器能很好地支持 HTML 5，而它们的使用率正在增长。
- 如果计划在未来几年开发一个 Web 产品，停留在 HTML 4 会是一个不太好的决定。

HTML 5 比 HTML 4 提供更多的特性及功能，而且使用它的设备正在逐渐普及。

1．现有标准的通行浏览器支持

截至 2012 年年底，IE 浏览器是市面中最受欢迎的浏览器之一。除此之外，其他流行的浏览器包括 Firefox、Chrome 和 Safari。流行的移动设备浏览器包括 Opera、Android 和 iOS Safari。虽然移动设备浏览器在 HTML 5 支持方面并没有走得太远，但至少它们表现得比 IE 浏览器要好。桌面浏览器包括 Firefox、Safari、ChroIrie 和 Opera 等都能提供良好的 HTML 5 支持，能支持超过 70%的 HTML 5 标准特性。移动设备浏览器对 HTML 5 的支持稍微逊色。例如，Android 3.0 及 Opera Mobile 11.5 支持超过 HTML5 60%的特性，而 Android 2.3 仅支持不到 50%的特性。由此可见，在使用 HTML 5 设计页面时，唯一需要担心的浏览器是 IE。

2．一步一步地升级

最好的升级网站的做法是逐渐进行的，它也被称为"迭代设计"（Iterative Design）。迭代设计是在大量测试的基础上，让网站缓慢而逐渐变化的过程。与其设计一个标新立异的网站，不如使用迭代设计不断增添几乎不为用户察觉的细微变化。

在考虑升级到 HTML 5 时，可以考虑以下因素。

- 访问网站的浏览器类型。
- 访问网站的移动设备数量。
- 网站可以从 HTML 5 升级中得到什么好处。
- 需要为主要设计提供什么资源。

网站的逐渐升级应当从访问量最少的冷门页面开始。如果在升级过程中出现大问题，它对用户造成的影响也会相对较少，这样修复问题所做的工作也会相对轻松。

在站点上逐渐添加 HTML 5 时，可以使用隔离测试（让一些用户使用旧版本，另一些用户使用新版本），这样将两者相比较就可以观察出新特性的运作情况，也非常利于研究和改进自己的升级手段。可以使用 Google Website Optimizer（www.google.com/Websiteoptimizer/b/index.html）在网站上进行隔离测试。

3．调查来访浏览器的类型

在升级网站时，首先需要考虑的是什么样的浏览器能支持将要使用的技术。可以访问 W3Counter.com 这类网站，然后发现拥有最大市场占有率的浏览器仍是 IE，从而放弃使用 HTML 5。如前文所述，许多开发者正是这样做的。

但 W3Counter.com 仅仅提供了它所追踪的网站数据。它确实追踪了许多网站，但还有许多别的网站，如 Apple.com。尽管可能会有一些使用 IE 的用户访问了 Apple.com，但在该站上的浏览器市场占有率应该与 W3 Counter.com 上的截然不同。也许一个网站会有 76%的 Firefox 用户，这类网站的开发者便不需要考虑 IE 支持。

由此可见，网站不可能同时良好地兼容所有的浏览器，因此在改动网站之前，先参考一下网站访问统计数据，确定最常见的 10 种访问站点的浏览器及对应版本都是什么。鉴于大部分网站的移动设备访问用户数量完全无法与普通浏览器访问用户数量相比，建议将移动设备浏览器访问用户另行统计，这样可以更清楚地了解站点上的浏览器使用类型的变化及需要考虑的浏览器类型。

在知道了 10 款访问最多的桌面浏览器及移动设备浏览器都是哪些之后，可以开始设计要在网站中添加何种 HTML 5 特性。

4．总结移动互联网浏览趋势

在了解到访问网站的常见浏览器类型后，可能会针对它们来设计网站。但浏览器的使用率一直在改变，网站现在并没有很多来自移动设备的访问，并不意味着将来也会如此。2010年 12 月，美国及英国只有 20%的互联网用户从不通过移动设备浏览网站，而在非洲和亚洲，这个比例是 50%。定期使用移动设备浏览网站的人群数量正在增长，而随着平板电脑日趋普及，这种增长会越来越明显。所有网站的移动设备用户在未来都会持续增长，如果编写支持移动设备的页面，网站将会屹立于时代潮流前沿。

HTML 5 非常适合支持移动设备。Android 设备正在日趋普及，因此开发基于标准并在这两种系统上运行的应用程序，也会越来越具性价比。HTML 5 作为一个正在这些平台上积累支持的标准语言，它的发展是一个自然的进程。

3.2.2　升级到 HTML 5 的步骤

将现有的 Web 页面从 HTML 4.01 升级至 HTML 5 的步骤如下。

（1）将 doctype 改为新的 HTML 5 doctype：<!doctype html>。这个操作不会对浏览器造成任何影响，若该 doctype 无法被浏览器识别，浏览器只会将其忽略。新的 doctype 更小，能够帮助用户节省需要加载的字节。

（2）使用新的字符集 meta 标签：<meta charset utf-8>标签已经被所有主流浏览器支持。

（3）简化< script>和<style>标签：不再需要为 JavaScript（ECMAScript）或是层叠样式表特意指定 type 属性，因此关闭此属性将使 HTML 变得更流畅。

（4）链接整个区块而非区块中的文本：把<a>标签围绕在<p>周围不会给浏览器带来问题，而将整个段落进行链接比单击其中 1～2 个词更容易，这种链接包括该段落区块中的所有元素。

（5）使用表单输入类型。在需要电话号码时使用 type=tel，需要电子邮件地址时使用 type=email。不支持这些类型的浏览器会像平时一样显示文本输入字段，支持此类型的浏览器将提供额外的功能。

（6）使用<video>及<audio>标签添加视频及音频，并为旧浏览器提供回退方案。

（7）即便不使用 HTML 5 标签，也可以使用区块元素作为文档的 class 名。例如，可以使用<div class= "header" >代替<header>。

（8）在所有合适的地方使用语义标签。例如，<mark>及<time>这类标签为内容提供额外信息，无法辨识此类标签的浏览器仅仅只会将它们忽略。

3.2.3　将 HTML 5 特性作为额外内容添加至网站

为网站添加 HTML 5 特性的一个办法，是把它们当作额外内容进行添加。如果浏览器不支持，用户还是可浏览原本的内容。而在浏览器支持它们时，用户就能将享受到额外的好处。下面是一些现在就可以添加至页面的 HTML 5 元素。

- figure 和 figcaption：功能是定义所包含的内容区块。
- Mark：功能是高亮显示一段文字。
- Small：这是一个 HTML 4 标签，在 HTML 5 中不仅可以表示小字号文本，还可以用来定义小注。
- Time：功能是定义日期及时间。

除了使用上述元素外，还可以使用其他方法来借助 HTML 5 改进网站。具体说明如下。

- 不需要为属性加上引号。如果属性内不包含空格，则可以去掉引号。这种做法简化了代码并减少需要下载的字符数。
- 使用新的 doctype:<!doctype html>格式，新格式更短，而且完全不会影响浏览器的处理。
- 不需要考虑大小写。HTML 5 对标签和属性的大小写没有任何要求。

下面是一些新的 HTML 5 表单特性。

- 使用占位符属性。占位符文本用于提示表单区域该如何填写的伟大创新。
- 定义必填字段，并始终在服务器端及客户端同时验证该字段。无法支持此特性的浏览器会将它忽略。

- 设置自动焦点。自动焦点会将光标放置在第一个表单元素中。通常会使用 JavaScript 米实现这个功能，因此加入 autofocus 属性不会造成任何影响。
- 本地存储检查选项。本地存储为数据提供更多空间，从而改进表单及应用程序。
- CSS3——很多浏览器支持 CSS3。使用它能够使网站得到很大的改善。
- SVG——可伸缩矢量图能被 Android 2.3 以外的所有浏览器的当前版本支持。

另外，还有一些实际上并不属于 HTML 5 的特性，但它们同样能给网站增添更多活力。

3.2.4 使用 HTML 5 为移动 Web 提供的服务

HTML 5 不仅能改进面向桌面浏览器的网站，它的一些特性更是为移动设备量身打造的，具体说明如下。

- 地理定位：这是一个 HTML 5 独有的 API，移动设备非常需要定位服务。
- 离线应用程序：因为移动设备经常处于移动中，而且并非始终在线，而离线应用程序在无论是否存在网络连接时都可以使用，因此十分适合移动设备。
- 语音识别：HTML 5 将 speech 属性加入表单标签中，而对手机说话比在上面写字要简单得多。
- 新输入类型：新的表单输入类型让表单在移动设备上变得更容易填写。
- 标签 canvas-canvas：此标签十分适合用来在移动设备应用程序中添加动画、游戏及图像。
- 视频及音频标签：这两种标签在 Android 及 iOS 下都能获得很好的支持，可以使用它们来轻松地在 Web 应用程序中添加视频及音频。
- 移动设备事件 touchstart 和 touchmove：此事件是专为触屏式移动设备设计的。

3.3 将 Web 程序迁移到移动设备

开发移动 Web 应用程序需要很多时间和精力，其中最重要的是让该网站或应用程序变得尽可能具有普遍的适应性。其实在日常应用中，有许多软件工具及开发技巧可以让开发的移动设备应用程序或者将现有网站转化为移动网站。在本节的内容中，将详细讲解检测现有文档的移动设备支持的工具，并介绍了在使用基本元素设计应用程序过程中用到的一些技巧。

3.3.1 选择 Web 编辑器

在开发移动 Web 应用程序的过程中经常用到 Web 编辑器工具，通过专业的 Web 编辑器或是集成开发环境可以为设计人员提供更丰富的功能。专业 Web 编辑器及 IDE 提供了以下特性。

- 代码校验。
- 浏览器预览。
- 网站文件管理。
- 项目管理。
- 脚本调试。

- 与其他工具的集成。

在当前的市面应用中，最常用的移动应用程序 Web 编辑器如下。

- Dreamweaver：Dreamweaver CS 的最新版本集成了 PhoneGap。
- Komodo IDE：支持许多不同编程语言，它也是一款使用 iQuery 来创建 HTML 5 应用程序的很不错的文本编辑器。
- TopStyle：TopStyle（www.topstyle4.com/）是一款用于 Windows 的 CSS 编辑器，包含了许多 HTML。它提供的功能包括移动设备预览及移动用户脚本，是用来编辑移动 Web 应用程序的很不错的一种选择。
- SiteSpinner Pro：是一个 WYSIWYG（What You See Is What You Get，所见即所得）的 Windows 编辑器，它提供作用于移动设备上的脚本及预览。

读者们可以选择一款 Web 编辑器用来创建 Web 应用程序，或者将现有网站转换为移动版。如果已经有正在使用的 Web 编辑器，那么也没有必要进行改变。但是如果你还在使用非专业 HTML 的文本编辑器（例如，Notepad 或 TextEdit）来编辑 Web 页面，那么应当改为使用 Web 编辑器，以便让开发工作的效率变得更高，而且更加顺利。

3.3.2　测试应用程序

测试应用程序的第一步是看应用程序目前在移动支持方面的状况。首先在尽可能多的移动设备上记录测试结果，即便只测试一台移动设备也比什么都没有要好。在大多数情况下，测试时的最大问题是发现网站对移动设备不够友好，下面列出了常见的不够友好的原因。

- 标题尺寸偏小。
- 移动网站不应该有两级导航。
- "Recent Posts"标题占用空间太大。
- 实际颜色与设计时挑选的颜色有偏差。

测试 Web 页面及应用程序的最好的工具之一是验证器，可以选择许多不同的 Web 应用程序验证器，主要包括以下几种。

- HTML 验证器：功能是确认 HTML 是否正确。
- 可访问性验证器：功能是检查 Web 页面是否能被屏幕阅读器正常读取。
- 编码验证器：功能是检查脚本、CSS 及 API 调用。它也被称为 lint，例如 JS lint 用来检查 JavaScript。
- 移动验证器：功能是针对如何面向移动设备改进页面提供建议，经常带有模拟器功能。

3.3.3　为移动设备调整可视化的设计

移动设计有许多共通之处，但不幸的是，其中最大的共通之处在于它们都十分丑陋。其中原因在于人们接受了本章之前提到的理念，并将它理解为应当"以最低标准进行设计"。但事实上这是最为错误的理解，可视化设计的核心理念不在于让网站在所有环境下看起来雷同，而在于让网站在目标客户眼中美轮美奂，在其他大部分设备上至少也该做到功能正常。

在移动设计应用中有一些常见的典型设计，这些设计让应用程序变得更具亲和力，而且更容易使用。具体说明如下。

- 要尽量简单，特别是在针对功能手机的设计中，有必要将图片数量尽可能控制在最小。

尽量在一页里提供足够的内容，这样用户就不用频繁地单击新页面。

- 按钮通常在屏幕顶端，位于标题旁边，用于帮助移动用户进行导航。此类按钮包括下一页（通常位于右侧）、上一页（通常位于左侧）、更多信息、信息目录，以及所有对当前页面有意义的东西。
- 确保列表阅读起来比段落要轻松得多，并且列表应尽量简短，在功能手机上每栏 3～5 个字，在智能手机上每栏 5～10 个字。
- 宣传图片通常位于标题处，可能包括一个单行简介及一个单击便可阅读全文的箭头。需要在小屏幕上展示许多项目时，这是一个很好的做法。
- 移动设备上的菜单可以十分复杂，而最常见的菜单图案为单列选项（通常长度为一两个字），在单击时可以展开次级菜单。
- 鉴于大部分网站都将移动网站的内容分为许多页，需要为页面之间的切换设计一种简单的方法。常见做法是在内容下方加入一个水平列表，当前页面显示为粗体且不带链接，而其他页面的数字两侧有"上一页"及"下一页"。即便页面数量大于 3～5 页，也应当在列表中显示最多 3～5 个页面数字。
- 连续页面在用户滑动至页面底部时持续加长。这种做法加快下载速度，并让用户可以在不单击任何东西的情况下连续阅读。
- 选项卡是一种应用广泛的导航设计，在桌面设计上的使用率和移动设计上差不多。它们可以被放在同一行中，因此十分适合作为顶级导航存在。
- 可以将内容隐藏在触发按钮下，这样可以让页面包含更多内容且不会让用户感觉阅读吃力。这个功能对于移动设备来说非常好，因为页面加载的同时所有内容已下载，即便其属于显示隐藏状态亦是如此。
- 将移动页面设计为先加载内容，再加载广告及导航。如果某些内容对于移动用户来说并没有太大必要——侧边栏，那么可以将它隐藏起来。
- 虽然说让移动设计的外观与计算机设计外观保持完全相同并没有必要，但至少这两者应该尽量相似，具体体现在 Logo、颜色及版权信息等，这些信息应在两种网站上都一致。

3.3.4　HTML 5 及 CSS 3 检测

要开发 HTML5 网站或应用程序，Modernizr 是一款最好的工具之一。这是一个小型 JavaScript 库，用来检查 CSS3 及 HTML 5 支持，并为不支持相关功能的浏览器提供回退方案。

读者可以从 www.modernizr.com/上下载 modernizr-x.x.min.js 脚本，然后将文件加入网站目录中，通过如下格式将脚本添加至文档的 head 部分。

```
<script src="modernizr-#.#.min.js"></script>
```

然后通过如下格式加入 no-js 类。

```
<html class="no-js">
```

这样 Modernizr 就安装完成了。它将自动加载并检测 40 多种 CSS 3 和 HTML 5 函数。还可以添加当前并不包含在 Modernizr 中的检测内容。但是 Modernizr 并不能检测所有内容，还是要为一些特征加入标准浏览器嗅探、浏览器判断（例如，当存在 document.all 这种指定特性时，浏览页面的浏览器就必须为指定类型），或者为所有浏览器提供一个回退机制。

Modernizr 不能检测以下内容。

- 网页表单中的日期及拾色器功能。
- Android 移动设备上的 contenteditable 属性，用于允许用户编辑指定内容。
- 音频及视频中的 preload 属性支持。
- 软连字符（&shy；）及<wbr>标签支持。
- HTML 实体的解析。
- PNG 透明度。

至于其他无法检测的内容，读者可以登录以下的地址查看。

`https://github.com/Modernizr/Modernizr/wiki/Undetectables`

1．多设备支持

面向整个互联网设计网站是个美好的愿望，这也是 W3C 的理想。但实际上如果想让应用程序在各种的设备上可用，就要为不同的设备及浏览器预留空间。

框架是一种解决办法，它将复杂技术整合在一起作为对象供人使用。典型的 HTML 框架会提供布局网格、排版，以及导航、表单、链接这类对象。可以使用一些 HTML 5 移动框架来创建可同时在 iOS 及 Android 这两种移动设备上使用的 HTML 5 应用程序。下面是一些值得推荐的 HTML 5 移动框架。

（1）Sencha Touch-Sencha Touch

这是一种 JavaScript 框架，可以利用它来创建应用程序，这类应用程序在 iOS、Android 及 Blackberry 上看起来像本地应用程序。

（2）jQuery Mobile

源自 jQuery，用于为 iOS、Android、Blackberry、WebOs 及 Windows 手机开发页面。

（3）PhoneGap

PhoneGap 不仅仅是一款框架，它可以创建移动应用程序，还可以用它来将 HTML 5 应用程序转换为原生移动应用程序。通过 PhoneGap 可以将上述任何一款框架转换为可以在 Android 及 Apple 电子市场上出售的应用程序。如果只使用一种框架，最好选择 PhoneGap。

2．在其他设备上进行测试

应用程序测试是开发过程中的一个重要环节，应当先在自有设备上进行测试，然后在其他设备上测试。通常来说，可以通过以下 3 种方法在自己没有的设备上进行测试。

- 购买或租赁设备。
- 请求他人帮助。
- 使用模拟器。

3．桌面模拟器测试

在测试应用程序时，也可以使用模拟器来测试。最好的模拟器是可以在桌面计算机上运行的模拟器，Android 模拟器可以从 http://developer.android.com/sdk/index.html 获取。

4．在线模拟器

在线模拟器的效果比不上桌面模拟器，因为它们的功能更少，不过使用起来很方便。通常有以下在线模拟器。

- Opera Mini Simulator（www.opera.com/mobile/dem0/）。
- DeviceAnywhere（www.tryphone.com/）。
- BrowserCam（www.browsercam.com/）。

3.4 搭建 Android 开发环境

搭建 Android 开发环境的过程不仅是搭建应用开发环境的过程，而且还是搭建移动 Web 开发环境的过程。本节的将详细讲解搭建 Android 移动 Web 开发环境的基本知识。

3.4.1 安装 Android SDK 的系统要求

在搭建之前，一定先确定基于 Android 应用软件所需要开发环境的要求，具体如表 3-1 所示。

表 3-1　开发系统所需求参数

项目	版本要求	说明	备注
操作系统	Windows XP 或 Vista Mac OS X 10.4.8+Linux Ubuntu Drapper	根据自己的计算机自行选择	选择自己最熟悉的操作系统
软件开发包	Android SDK	选择最新版本的 SDK	最常用的版本是 5.0 和 6.0，最新版本是 7.0
IDE	Eclipse IDE+ADT	Eclipse3.3 (Europa), 3.4 (Ganymede) ADT(Android Development Tools)开发插件	选择"for Java Developer"
其他	JDK Apache Ant	Java SE Development Kit 5 或 6 Linux 和 Mac 上使用 Apache Ant 1.6.5+，Windows 上使用 1.7+版本	不能只安装 JRE，必须安装 JDK

Android 工具是由多个开发包组成的，具体说明如下。

- JDK：可以到网址 http://java.sun.com/javase/downloads/index.jsp 处下载。
- Eclipse（Europa）：可以到网址 http://www.eclipse.org/downloads/ 下载 Eclipse IDE for Java Developers。
- Android SDK：可以到网址 http://developer.android.com 下载。
- 还有对应的开发插件。

3.4.2 安装 JDK

JDK（Java Development Kit）是整个 Java 的核心，包括 Java 运行环境、Java 工具和 Java 基础的类库。JDK 是学好 Java 的第一步，是开发和运行 Java 环境的基础，当用户要对 Java 程序进行编译时，必须先获得对应操作系统的 JDK，否则将无法编译 Java 程序。在安装 JDK 之前需要先获得 JDK，获得 JDK 的操作流程如下。

（1）登录 Oracle 官方网站，网址为 http://www.oracle.com/technetwork/java/index.html，如图 3-1 所示。

图 3-1　Oracle 官方下载页面

（2）选择当前较新的版本 Java 7，下载页面如图 3-2 所示。

（3）单击 JDK 下方的"Download"按钮，在弹出的新界面中选择将要下载的 JDK，笔者在此选择的是 Windows X86 版本，如图 3-3 所示。

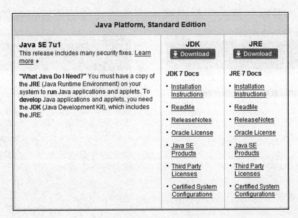

图 3-2　JDK 下载页面

Java SE Development Kit 7u1		

You must accept the Oracle Binary Code License Agreement for Java SE to download this software.

   ○ Accept License Agreement   ◉ Decline License Agreement

Product / File Description	File Size	Download
Linux x86	77.27 MB	⬇ jdk-7u1-linux-i586.rpm
Linux x86	92.17 MB	⬇ jdk-7u1-linux-i586.tar.gz
Linux x64	77.91 MB	⬇ jdk-7u1-linux-x64.rpm
Linux x64	90.57 MB	⬇ jdk-7u1-linux-x64.tar.gz
Solaris x86	154.78 MB	⬇ jdk-7u1-solaris-i586.tar.Z
Solaris x86	94.75 MB	⬇ jdk-7u1-solaris-i586.tar.gz
Solaris SPARC	157.81 MB	⬇ jdk-7u1-solaris-sparc.tar.Z
Solaris SPARC	99.48 MB	⬇ jdk-7u1-solaris-sparc.tar.gz
Solaris SPARC 64-bit	16.27 MB	⬇ jdk-7u1-solaris-sparcv9.tar.Z
Solaris SPARC 64-bit	12.37 MB	⬇ jdk-7u1-solaris-sparcv9.tar.gz
Solaris x64	14.68 MB	⬇ jdk-7u1-solaris-x64.tar.Z
Solaris x64	9.38 MB	⬇ jdk-7u1-solaris-x64.tar.gz
Windows x86	79.46 MB	⬇ jdk-7u1-windows-i586.exe
Windows x64	80.24 MB	⬇ jdk-7u1-windows-x64.exe

图 3-3　选择 Windows X86 版本

（4）下载完成后双击下载的".exe"文件开始进行安装，将弹出"安装向导"对话框，单击"下一步"按钮，如图 3-4 所示。

（5）弹出"安装路径"对话框，选择文件的安装路径，在此设置安装路径为"C:\Program Files\Java\jdk1.7.0_01\"，如图 3-5 所示。

图 3-4　"安装向导"对话框　　　　　　　　　图 3-5　"安装路径"对话框

（6）然后单击"下一步"按钮，开始在安装路径解压缩下载的文件，如图 3-6 所示。

（7）完成后弹出"目标文件夹"对话框，选择要安装的位置，如图 3-7 所示。

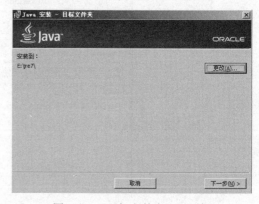

图 3-6　解压缩下载的文件　　　　　　　　　图 3-7　"目标文件夹"对话框

（8）单击"下一步"按钮后开始正式安装，如图 3-8 所示。

（9）完成后弹出"完成"对话框，单击"完成"按钮后完成整个安装过程，如图 3-9 所示。

图 3-8　继续安装　　　　　　　　　　　　　图 3-9　完成安装

技巧：检测 JDK 是否安装成功

完成安装后可以检测是否安装成功，检测方法是依次单击"开始"→"运行"，在运行框中输入"cmd"并按下回车键，在打开的 CMD 窗口中输入 java –version，如果显示如图 3-10 所示的提示信息，则说明安装成功。

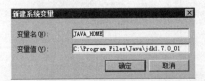

图 3-10　CMD 窗口

技巧：解决安装失败的方法

如果检测没有安装成功，需要将其目录的绝对路径添加到系统的 PATH 中。具体做法如下。

（1）依次单击"我的电脑"→"属性"→"高级"，单击下面的"环境变量"，在下面的"系统变量"处选择新建，在变量名处输入"JAVA_HOME"，变量值中输入刚才的目录，比如设置为 "C:\Program Files\Java\jdk1.7.0_01"，如图 3-11 所示。

（2）新建一个变量名为 classpath，其变量值如下。

```
.;%JAVA_HOME%/lib/rt.jar;%JAVA_HOME%/lib/tools.jar
```

单击"确定"按钮找到 PATH 的变量，双击或单击编辑，在变量值最前面添加如下值。

```
%JAVA_HOME%/bin;
```

具体如图 3-12 所示。

图 3-11　设置系统变量　　　　　　　　图 3-12　设置系统变量

（3）再依次单击"开始"→"运行"，在运行框中输入"cmd"并按下回车键，在打开的 CMD 窗口中输入 java –version，如果显示如图 3-13 所示的提示信息，则说明安装成功。

图 3-13　CMD 界面

 注意：

上述变量设置中，是按照笔者的安装路径设置的，笔者安装的 JDK 的路径是 C:\Program Files\Java\jdk1.7.0_01。

3.4.3 获取并安装 Eclipse 和 Android SDK

在安装好 JDK 后，接下来需要安装 Eclipse 和 Android SDK。Eclipse 是进行 Android 应用开发的一个集成工具，而 Android SDK 是开发 Android 应用程序所必须具备的框架。在 Android 官方公布的最新版本中，已经将 Eclipse 和 Android SDK 这两个工具进行了集成，一次下载即可同时获得这两个工具。获取并安装 Eclipse 和 Android SDK 的具体步骤如下。

（1）登录 Android 的官方网站 http://developer.android.com/index.html，如图 3-14 所示。

（2）单击"Get the SDK"超链接，如图 3-15 所示。

（3）在弹出的新页面中单击"Download the SDK"按钮，如图 3-16 所示。

（4）在弹出的"Get the Android SDK"界面中勾选"I have read and agree with the above terms and conditions"复选框，然后在下面的单选按钮中选择系统的位数。例如，笔者的机器是 32 位的，所以选中"32-bit"单选按钮，如图 3-17 所示。

图 3-14　Android 的官方网站

图 3-15　单击"Get the SDK"超链接

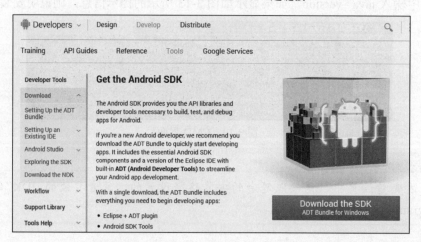

图 3-16　单击"Download the SDK"按钮

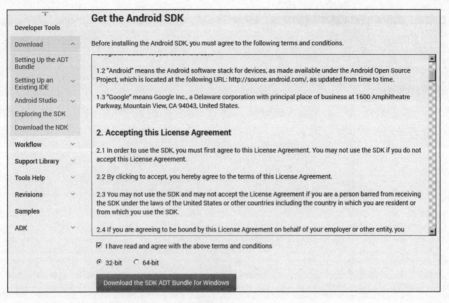

图 3-17　"Get the Android SDK"界面

（5）单击 Download the SDK ADT Bundle for Windows 按钮后开始下载工作，下载的目标文件是一个压缩包，如图 3-18 所示。

图 3-18　开始下载目标文件压缩包

（6）将下载得到的压缩包进行解压，解压后的目录结构如图 3-19 所示。

图 3-19　解压后的目录结构

由此可见，Android 官方已经将 Eclipse 和 Android SDK 实现了集成。双击"eclipse"目录中的"eclipse.exe"可以打开 Eclipse，界面效果如图 3-20 所示。

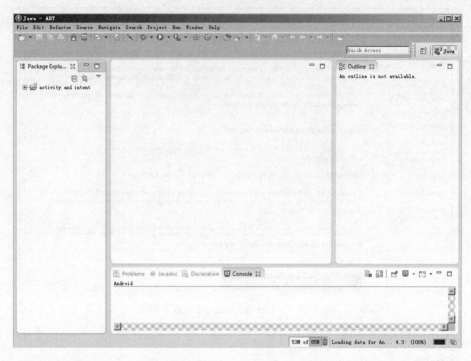

图 3-20　打开 Eclipse 后的界面效果

（7）打开 Android SDK 的方法有两种，第一种是双击下载目录中的"SDK Manager.exe"文件，第二种是在 Eclipse 工具栏中单击 图标。打开后的效果如图 3-21 所示。

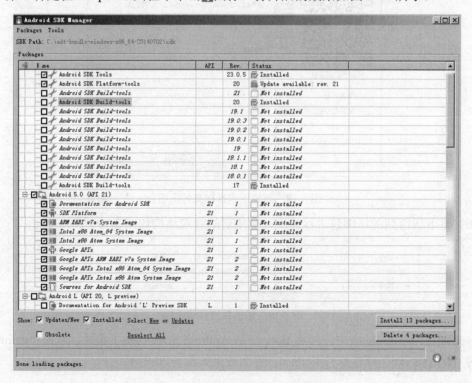

图 3-21　打开 Android SDK 后的界面效果

3.4.4　安装 ADT

Android 为 Eclipse 定制了一个专用插件 Android Development Tools（ADT），此插件为用户提供了一个强大的开发 Android 应用程序的综合环境。ADT 扩展了 Eclipse 的功能，可以让用户快速地建立 Android 项目，创建应用程序界面。要安装 Android Development Tools plug-in，首先打开 Eclipse IDE。然后进行如下操作：

（1）打开 Eclipse 后，依次选择菜单栏中的"Help"→"Install New Software..."选项，如图 3-22 所示。

（2）在弹出的对话框中单击"Add"按钮，如图 3-23 所示。

图 3-22　添加插件

图 3-23　添加插件

（3）在弹出的"Add Site"对话框中分别输入名字和地址，名字可以自己命名，例如"123"，但是在 Location 中必须输入插件的网络地址 http://dl-ssl.google.com/Android/eclipse/，如图 3-24 所示。

图 3-24　设置地址

（4）单击"OK"按钮，此时在"Install"界面将会显示系统中可用的插件，如图 3-25 所示。

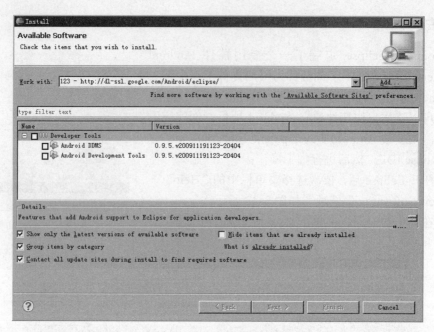

图 3-25　插件列表

（5）勾选"Android DDMS"和"Android Development Tools"复选框，然后单击"Next"按钮来到安装界面，如图 3-26 所示。

图 3-26　插件安装界面

（6）选中"I accept..."单选按钮，单击"Finish"按钮，开始进行安装，如图 3-27 所示。

图 3-27　开始安装

💡 注意：

在以上步骤中，可能会发生计算插件占用资源的情况，过程有点慢。完成后会提示重启 Eclipse 来加载插件，重启后即可使用。并且不同版本的 Eclipse 安装插件的方法和步骤是不同的，但是都大同小异，读者可以根据操作提示自行解决。

3.4.5　设定 Android SDK Home

当完成上述插件装备工作后，此时还不能使用 Eclipse 创建 Android 项目，还需要在 Eclipse 中设置 Android SDK 的主目录。

（1）打开 Eclipse，在菜单中依次选择"Windows"→"Preferences"选项，如图 3-28 所示。

（2）在弹出的界面左侧可以看到"Android"项，选择"Android"后，在右侧设置 Android SDK 所在目录为 SDK Location，单击"OK"按钮完成设置，如图 3-29 所示。

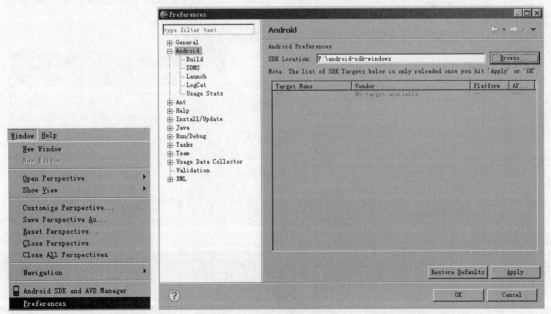

图 3-28　选择"Preferences"选项　　　　图 3-29　"Preferences"对话框

3.4.6　验证开发环境

经过前面步骤的讲解，一个基本的 Android 开发环境算是搭建完成了。都说实践是检验真理的唯一标准，下面通过新建一个项目来验证当前的环境是否可以正常工作。

（1）打开 Eclipse，在菜单中依次选择"File"→"New"→"Project"选项，在弹出的对话框中可以看到 Android 类型的选项，如图 3-30 所示。

图 3-30　新建项目

（2）选择"Android"，单击"Next"按钮后，打开"New Android Application"对话框，如图 3-31 所示，在对应的文本框中输入必要的信息。

（3）输入信息完成后单击"Finish"按钮，Eclipse 会自动完成项目的创建工作。最后会看到如图 3-32 所示的项目结构。

图 3-31　"New Android Application"对话框

图 3-32　项目结构

3.4.7 创建并管理 Android 虚拟设备（AVD）

我们都知道程序开发需要调试，只有经过调试之后才能知道我们的程序是否正确运行。作为一款手机系统，我们如何在计算机平台上调试 Android 程序呢？不用担心，谷歌提供了模拟器来解决我们担心的问题。所谓模拟器，是指在计算机上模拟安卓系统，可以用这个模拟器来调试并运行开发的 Android 程序。开发人员不需要一个真实的 Android 手机，只需通过计算机即可模拟运行手机，以及开发出应用在手机上的程序。

AVD 全称为 Android 虚拟设备（Android Virtual Device），每个 AVD 模拟了一套虚拟设备来运行 Android 平台，这个平台至少要有自己的内核，系统图像和数据分区，还可以有自己的 SD 卡和用户数据及外观显示等。创建 AVD 的基本步骤如下。

（1）单击 Eclipse 菜单中的图标，如图 3-33 所示。

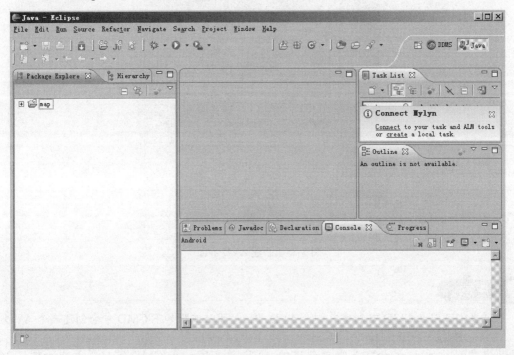

图 3-33　Eclipse

（2）在弹出的"Android Virtual Device Manager"界面的顶部导航中选择"Android Virtual Devices"选项，如图 3-34 所示。

在"Virtual device"列表中列出了当前已经安装的 AVD 版本，我们可以通过右侧的按钮来创建、删除或修改 AVD。主要按钮的具体说明如下。

- New...：创建新的 AVD，单击此按钮在弹出的界面中可以创建一个新 AVD，如图 3-35 所示。
- Edit...：修改已经存在的 AVD。
- Delete...：删除已经存在的 AVD。
- Start...：启动一个 AVD 模拟器。

图 3-34 "Android Virtual Device Manager"界面

图 3-35 新建 AVD 界面

注意：

我们可以在 CMD 中创建或删除 AVD。例如，可以按照如下 CMD 命令创建一个 AVD。

```
android create avd --name <your_avd_name> --target <targetID>
```

其中"your_avd_name"是需要创建的 AVD 的名字，在 CMD 窗口界面中如图 3-36所示。

图 3-36 CMD 界面

3.4.8 启动 AVD 模拟器

对于 Android 程序的开发者来说，模拟器的推出给开发者在开发上和测试上带来了很大的便利。无论是在 Windows 还是 Linux 下，Android 模拟器都可以顺利运行。并且官方提供了 Eclipse 插件，可以将模拟器集成到 Eclipse 的 IDE 环境。Android SDK 中包含的模拟器的功能非常齐全，电话本、通话等功能都可以正常使用（当然你没办法真的从这里打电话）。甚至其内置的浏览器和 Maps 都可以联网。用户可以使用键盘输入，单击模拟器按键输入，甚至还可以使用单击、鼠标拖动屏幕进行操纵。模拟器在计算机上模拟运行的效果如图 3-37 所示。

图 3-37　模拟器

在调试时需要启动 AVD 模拟器，启动 AVD 模拟器的基本流程如下。

（1）选择图 3-34 中名为"mm"的 AVD，单击 Start 按钮后弹出"Launch Option"界面，如图 3-38 所示。

（2）单击"Launch"按钮后，将会运行名为"mm"的模拟器，运行界面效果如图 3-39 所示。

图 3-38　"Launch"对话框

图 3-39　模拟运行成功

3.5　搭建 iOS 开发环境

想要成为一名 iOS 开发人员，首先需要拥有一台 Intel Macintosh 台式计算机或笔记本电脑，并运行苹果的操作系统，例如 Snow Leopard 或 Lion。硬盘至少有 6GB 的可用空间，并且开发系统的屏幕越大越好。对于广大初学者来说，建议购买一台 Mac 机器，因为这样的开发效率更高，更加能获得苹果公司的支持，也避免一些因为不兼容所带来的调试错误。除此之外，还需要加入 Apple 开发人员计划。本节将详细讲解搭建 iOS 开发环境的基本知识。

3.5.1 开发前的准备——加入 iOS 开发团队

对于绝大多数读者来说，其实无须任何花费即可加入 Apple 开发人员计划（Developer Program），然后下载 iOS SDK（软件开发包）、编写 iOS 应用程序，并且在 Apple iOS 模拟器中运行它们。但是毕竟收费与免费之间还是存在一定的区别：免费会受到较多的限制。例如，想要获得 iOS 和 SDK 的 beta 版，必须是付费成员。要将编写的应用程序加载到 iPhone 中或通过 App Store 发布它们，也需支付会员费。

💡 **注意：**

> 本书的大多数应用程序都可在免费工具提供的模拟器中正常运行。如果不确定成为付费成员是否合适，建议读者先不要急于成为付费会员，而是先成为免费成员，在编写一些示例应用程序并在模拟器中运行它们后再升级为付费会员。因为，模拟器不能精确地模拟移动传感器输入和 GPS 数据等应用，所以建议有条件的读者成为付费会员。
>
> 如果读者准备选择付费模式，付费的开发人员计划提供了两种等级：标准计划（99 美元）和企业计划（299 美元），前者适用于要通过 App Store 发布其应用程序的开发人员，而后者适用于开发的应用程序要在内部（而不是通过 App Store）发布的大型公司（雇员超过 500 人）。其实无论是公司用户还是个人用户，都可选择标准计划（99 美元）。在将应用程序发布到 AppStore 时，如果需要指出公司名，则在注册期间会给出标准的"个人"或"公司"计划选项。

无论是大型企业还是小型公司，无论是要成为免费成员还是付费会员，都要先登录 Apple 的官方网站，并访问 Apple iOS 开发中心（http://www.apple.com.cn/developer/ios/index.html）注册成为会员，如图 3-40 所示。

图 3-40 Apple iOS 的开发中心页面

如果通过使用 iTunes、iCloud 或其他 Apple 服务获得了 Apple ID，可以将该 ID 用作开发账户。如果目前还没有 Apple ID，或者需要新注册一个专门用于开发的新 ID，可通过注册的方法创建一个新 Apple ID。注册界面如图 3-41 所示。

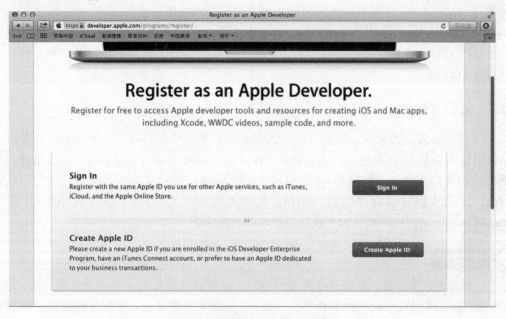

图 3-41　注册 Apple ID 的界面

单击"Create Apple ID"按钮后，可以创建一个新的 Apple ID 账号，注册成功后输入登录信息登录，登录成功后的界面如图 3-42 所示。

图 3-42　使用 Apple ID 账号登录后的界面

在成功登录 Apple ID 后，可以决定是否加入付费的开发人员计划还是继续使用免费资源。要加入付费的开发人员计划，需要再次将浏览器指向 iOS 开发计划网页（http://developer.apple.com/programs/ios/），并单击 "Enron New" 超链接可以马上加入。阅读说明性文字后，单击 "Continue" 按钮按照提示加入。当系统提示时选择 "I'm Registered as a Developer with Apple and Would Like to Enroll in a Paid Apple Developer Program"，再单击 "Continue" 按钮。注册工具会引导用户申请加入付费的开发人员计划，包括在个人和公司选项之间做出选择。

3.5.2　安装 Xcode

对于程序开发人员来说，好的开发工具能够达到事半功倍的效果，学习 iOS 开发也是如此。如果使用的是 Lion 或更高版本，下载 iOS 开发工具将会变得非常容易，只需通过简单的单击操作即可。具体方法是在 Dock 中打开 Apple Store，搜索 Xcode 并免费下载它，然后等待 Mac 下载大型安装程序（约 3GB）。如果使用的不是 Lion，可以从 iOS 开发中心（http://developer.apple.com/ios）下载最新版本的 iOS 开发工具。

💡 **注意：**

> 如果是免费成员，登录 iOS 开发中心后，很可能只能看到一个安装程序，它可安装 Xcode 和 iOS SDK（最新版本的开发工具）；如果是付费会员，可能看到指向其他 SDK 版本（6.0、7.0 等）的链接。

3.5.3　Xcode 介绍

要开发 iOS 的应用程序，需要有一台安装 Xcode 工具的 Mac OS X 计算机。Xcode 是苹果提供的开发工具集，提供了项目管理、代码编辑、创建执行程序、代码调试、代码库管理和性能调节等功能。这个工具集的核心就是 Xcode 程序，提供了基本的源代码开发环境。

Xcode 是一款强大的专业开发工具，可以简单快速、而且以我们熟悉的方式执行绝大多数常见的软件开发任务。相对于创建单一类型的应用程序所需要的能力而言，Xcode 要强大得多，它的设计目的是使我们可以创建任何想象得到的软件产品类型，从 Cocoa 及 Carbon 应用程序，到内核扩展及 Spotlight 导入器等各种开发任务，Xcode 都能完成。通过使用 Xcode 独具特色的用户界面，可以帮助我们以各种不同的方式来漫游工具中的代码，并且可以访问工具箱下面的大量功能，包括 GCC、javac、jikes 和 GDB，这些功能都是制作软件产品需要的。Xcode 是一个由专业人员设计的、由专业人员使用的工具。

由于能力出众，Xcode 已经被 Mac 开发者社区广为采纳。而且随着苹果电脑向基于 Intel 的 Macintosh 迁移，转向 Xcode 变得比以往的任何时候更加重要。这是因为使用 Xcode 可以创建通用的二进制代码，这里所说的通用二进制代码是一种可以把 PowerPC 和 Intel 架构下的本地代码同时放到一个程序包的执行文件格式。事实上，对于还没有采用 Xcode 的开发人员，转向 Xcode 是将应用程序连编为通用二进制代码的第一个必要的步骤。

3.5.4 下载并安装 Xcode

其实对于初学者来说,只需安装 Xcode 即可完成大多数的 iOS 开发工作。通过使用 Xcode,不但可以开发 iPhone 程序,而且也可以开发 iPad 程序。并且 Xcode 还是完全免费的,通过它提供的模拟器就可以在计算机上测试自己的 iOS 程序。如果要发布 iOS 程序或在真实机器上测试 iOS 程序的话,则需要花费 99 美元。

1. 下载 Xcode

(1)首先注册成为一名开发人员,来到苹果开发页面主页 https://developer.apple.com/,如图 3-43 所示。

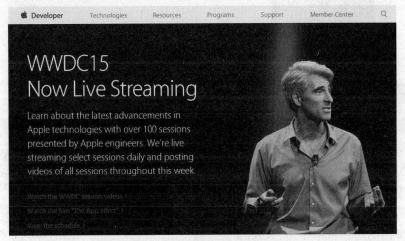

图 3-43　苹果开发页面主页

(2)Xcode 的官方地址是:https://developer.apple.com/xcode/,如图 3-44 所示。

图 3-44　Xcode 的官方地址

在界面的下方介绍了 Xcode 7 的新功能,如图 3-45 所示。

What's new in Xcode 7.

Xcode 7 includes everything you need to create amazing apps for iPhone, iPad, Mac, and Apple Watch. The Swift programming language has been updated and is now faster than ever, with great features that make your code even easier to read and write. And with the new playgrounds you can experiment with new APIs or author gorgeous interactive documentation using embedded resources, additional source code, and rich text comments. Xcode's user interface testing feature can even record your app in action and generate tests for you.

Now everyone can get their app on their Apple device.

图 3-45　Xcode 7 的新功能

 注意：

> 我们可以使用 App Store 来获取 Xcode，这种方式的优点是完全自动，操作方便。

2. 安装 Xcode

（1）下载完成后单击打开下载的 ".dmg" 格式文件，然后双击 Xcode 文件开始安装。

（2）在弹出的对话框中单击 "Continue" 按钮，如图 3-46 所示。

（3）在弹出的欢迎界面中单击 "Agree" 按钮，如图 3-47 所示。

图 3-46　单击 "Continue" 按钮

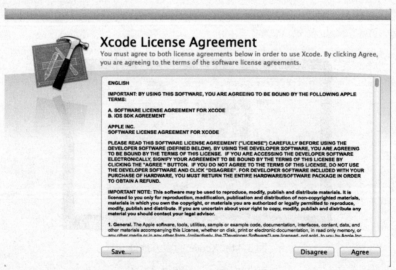

图 3-47　单击 "Agree" 按钮

（4）在弹出的对话框中单击"Install"按钮，如图 3-48 所示。

图 3-48　单击"Install"按钮

（5）在弹出的对话框中输入名称和密码，然后单击"好"按钮，如图 3-49 所示。

图 3-49　单击"好"按钮

（6）在弹出的新对话框中显示安装进度，进度完成后的界面如图 3-50 所示。单击"Start Using Xcode"按钮后开始使用 Xcode 工具。

图 3-50　进度完成后的界面

注意：

（1）考虑到很多初学者是学生用户，如果没有购买苹果机的预算，可以在 Windows 系统上采用虚拟机的方式安装 OSX 系统。

（2）无论你是已经有一定 Xcode 经验的开发者，还是刚刚开始迁移的新用户，都需要对 Xcode 的用户界面及如何用 Xcode 组织软件工具有一定的理解，这样才能真正高效地使用这个工具。这种理解可以大大加深你对隐藏在 Xcode 背后的哲学的认识，并帮助你更好地使用 Xcode。

（3）建议读者将 Xcode 安装在 OSX 的 Mac 机器上，也就是装有苹果系统的苹果机上。通常来说，在苹果机器的 OSX 系统中已经内置了 Xcode，默认目录是"/Developer/Applications"。

3.5.5　创建一个 Xcode 项目并启动模拟器

Xcode 是一款功能全面的应用程序，通过此工具可以轻松输入、编译、调试并执行 Objective-C（是开发 iOS 项目的最佳语言）程序。如果想在 Mac 上快速开发 iOS 应用程序，则必须学会使用这个强大的工具的方法。接下来将简单介绍使用 Xcode 创建项目，并启动 iOS 模拟器的方法。

（1）Xcode 位于"Developer"文件夹内中的"Applications"子文件夹中，快捷图标如图 3-51 所示。

（2）启动 Xcode，在 File 菜单下选择"New Project"选项，如图 3-52 所示。

（3）此时出现一个窗口，如图 3-53 所示。

（4）在 New Project 窗口的左侧，显示了可供选择的模板类别，因为我们的重点类别是 iOS Application，所以在此需要确保选择了它。而在右侧显示了当前类别中的模板以及当前选定模板的描述。在此单击模板"Empty Application（空应用程序）"，再单击"Next（下一步）"按钮。窗口界面效果如图 3-54 所示。

Xcode

图 3-51　Xcode 快捷图标

图 3-52　启动一个新项目

图 3-53　启动一个新项目：选择应用程序类型

图 3-54　单击模板"Empty Application（空应用程序）"

（5）单击"Next"按钮后，在新界面中 Xcode 将要求用户指定产品名称和公司标识符。产品名称就是应用程序的名称，而公司标识符创建应用程序的组织或个人的域名，但按相反的顺序排列。这两者组成了程序标识符，它将用户的应用程序与其他 iOS 应用程序区分开，如图 3-55 所示。

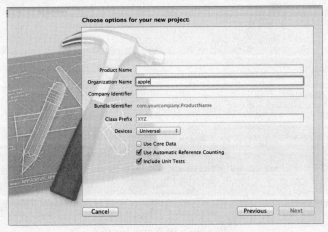

图 3-55　Xcode 文件列表窗口

例如，将要创建一个名为 Hello 的应用程序，这是产品名。设置域名是 teach.com，因此将公司标识符设置为 com.teach。如果没有域名，开始开发时可使用默认标识符。

（6）将产品名设置为"Hello"，再提供用户选择的公司标识符。文本框 Class Prefix 可以根据自己的需要进行设置，例如输入易记的"XYZ"。从下拉列表 Devices 中选择使用的设备（iPhone 或 iPad），默认值是 Universal（通用），并确保勾选 Use Automatic Reference Counting（使用自动引用计数）复选框。不要勾选 Include Unit Tests（包含单元测试）复选框，界面效果将类似于如图 3-56 所示。

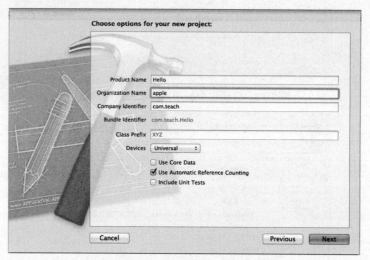

图 3-56　指定产品名和公司标识符

（7）单击"Next"按钮后，Xcode 将要求用户选择项目的存储位置。切换到硬盘中合适的文件夹，确保没有勾选 Source Control 复选框，再单击"Create（创建）"按钮。Xcode 将创建一个名称与项目名相同的文件夹，并将所有相关联的模板文件都放到该文件夹中，如图 3-57 所示。

图 3-57　选择保存位置

（8）在 Xcode 中创建或打开项目后，将出现一个类似 iTunes 的窗口，可以使用它来完成所有的工作，从编写代码到设计应用程序界面。如果是第一次接触 Xcode，会发现有很多复杂的按钮、下拉列表和图标。下面介绍该界面的主要功能区域，如图 3-58 所示。

图 3-58　Xcode 界面

（9）运行 iOS 模拟器的方法十分简单，只需单击左上角的 按钮即可。例如，iPhone 模拟器的运行效果如图 3-59 所示。

图 3-59　iPhone 模拟器的运行效果

Chapter 4

HTML 基础

HTML 即超文本标记语言，是 Hyper Text Mark-up Language 的缩写。HTML 按一定格式来标记普通文本文件、图像、表格和表单等元素，是文本及各种对象能够在用户的浏览器中，显示出不同风格的标记性语言，从而实现各种页面元素的组合。通过使用 Dreamweaver CS6，可以更加快捷地生成 HTML 代码，提高了设计网页的效率。在本章的内容中，将简要讲解 HTML 标记语言的基本知识。

4.1 HTML 初步

用 HTML 语言编写的网页，可以在任何操作系统的浏览器上以相同的方式显示。在浏览器中显示前也不需要进行编译，而只解释显示其内容。在本节的内容中，简要介绍 HTML 的基础知识。

4.1.1 HTML 概述

在客户机上所能看到的.htm（或.html）文件结尾的 Web 页面，全部是由 HTML 语言写成的。并且可以在浏览器的效果界面中，右击并依次选择"查看"→"源文件"命令获取页面对应的源文件代码。

HTML 语言不但可以在任何文本编辑器中编辑，还可以在可视化网页制作软件中制作网页时自动生成，不用自己在文本编辑器中编写；在文档中可以直接嵌入视频剪辑、音效片断和其他应用程序等。

HTML 语言文档包含两种信息：一是页面本身的文本；二是表示页面元素、结构、格式和其他超文本链接的 HTML 标记。HTML 由各种标记元素组成，用于组织文档和指定内容的输出格式。每个标记元素都有自己可选择的属性。所有 HTML 标记及属性都放在特殊符号"<…>"中。其中语句不分大小写，甚至可以混写，还可以嵌套使用。

HTML 的主要特点如下。

（1）HTML 表示的是超文本标记语言（Hyper Text Markup Language）。

（2）HTML 文件是一个包含标记的文本文件。

（3）HTML 的标记确保在浏览器怎样显示这个页面。

（4）HTML 文件必须具有 htm 或者 html 格式扩展名。

（5）HTML 文件可以使用一个简单的文本编辑器创建。

4.1.2 HTML 基本结构

HTML 元素相当多，主要由标记、元素名称、属性组成。标记用来界定各种单元，大多数 HTML 单元有起始标记，单元内容，结束标记。起始标记由 "<" 和 ">" 界定，结束标记由 "</" 和 ">" 界定，单元名称和属性由起始标记给出，有些单元没有结束标记，有些单元结束标记可以省略。元素名称放在起始标记 "<" 后，不允许有空格。属性用来提供进一步信息，它一般由属性名称、等号和属性值三部分组成。

HTML 语言主要有如下 3 种表示方法。

- <元素名>元素体</元素名>，例如<title>网页</title>。
- <元素名 属性名 1=属性值 1 属性名 2=属性值 2 …>元素体</元素名>。
- <元素名 属性名 1=属性值 1 属性名 2 =属性值 2 …>。

实例 4-1	讲解一个 HTML 源码中的标记元素
源码路径	daima\4\1.html

实例文件 1.html 具体实现流程如下。

```html
<html>
<head>
<title>无标题文档</title>
<link href="xiala.css" type="text/css" rel="stylesheet" />
<script            language="JavaScript1.2"            type="text/javascript"
src="nn.js"></script>
</head>
<body>
<div class="main">
 <div class="mm">
     <ul class="STYLE1" id="nn">
      <li style="left:auto"><a href="#">导航栏目 1</a>
          <ul >
              <li><a href="#">下拉栏目 1</a></li>
              <li><a href="#">下拉栏目 2</a></li>
              <li><a href="#">下拉栏目 3</a></li>
              </ul>
      </li>
      <li><a href="#">导航栏目 2</a>
          <ul>
          <li><a href="#">下拉栏目栏目 1</a></li>
          <li><a href="#">下拉栏目栏目 2</a></li>
          <li><a href="#">下拉栏目栏目 3</a></li>
          </ul>
      </li>
      <li><a href="#">导航栏目 3</a>
          <ul>
          <li><a href="#">下拉栏目栏目 1</a></li>
          <li><a href="#">下拉栏目栏目 2</a></li>
          <li><a href="#">下拉栏目栏目 3</a></li>
          </ul>
      </li></ul>
```

```
    </div>
    </div>
    </body>
    </html>
```

上述代码的功能是在网页制作实现一个列表效果，在上述代码中列出了很多 HTML 标记，例如`<body>`、`<li>`和`<a href="#">`等，正是这些标记帮助 HTML 实现了显示网页元素的功能。

4.2　HTML 标记详解

HTML 的核心功能是通过众多的标记实现的，本节将详细讲解 HTML 语言中的主要标记。

4.2.1　标题文字标记`<h>`

网页设计中的标题是指页面中文本的标题，而不是 HTML 中的`<title>`标题。标题在浏览器的正文中显示，而不是在浏览器的标题栏中显示。在 Web 页面中，标题是一段文字内容的概览和核心，所以通常使用加强效果表示。现实网页中的信息不但可以进行主、次分类，而且可以通过设置不同大小的标题，为文章增加条理。在页面中使用标题文字的语法格式如下。

```
<hn align=对齐方式 > 标题文字 </hn>
```

其中，"hn"中的 n 可以是 1～6 的整数值。取 1 时文字的字体最大，取 6 时最小。align 是标题文字中的常用属性，其功能是设置标题在页面中的对齐方式。align 属性值的具体说明如表 4-1 所示。

表 4-1　align 属性值列表

向导值	描　　述
left	设置文字居左对齐
center	设置文字居中对齐
right	设置文字居右对齐

在此需要注意的是，`<h>`…`</h>`标记的默认显示字体是宋体，在同一个标题行中不能使用不同大小的字体。

实例 4-2	讲解标题文字的具体设置方法
源码路径	daima\4\2.html

实例文件 2.html 具体实现流程如下。

```
<html>
<head>
<title>无标题文档</title>
</head>
<body>
  <h1>1 级标题</h1>                        <!--一级标题-->
  <h2> 2 级标题</h2>                       <!--二级标题-->
```

```
        <h3>3 级标题</h3>                          <!--三级标题-->
</body>
</html>
```

上述实例文件的执行效果如图 4-1 所示。

图 4-1 实例执行效果图

4.2.2 文本文字标记<font>

HTML 标记语言不但可以给文本标题设置大小，而且还可以给页面内的其他文本设置显示样式，如字体大小、颜色和所使用的字体等。在网页中为了增强页面的层次，其中的文字可以用<font>标记以不同的大小、字体、字型和颜色显示。<font>标记具体使用的语法格式如下。

```
<font size =数字 face=字体名 color=颜色> 被设置的文字 </font >
```

其中，"size"的功能是设置文本字体的大小，取值为数字；"face"的功能是设置文本所使用的字体，例如宋体、幼圆等；"color"的功能是设置文本字体的颜色。

实例 4-3	讲解<font>标记的具体使用方法
源码路径	daima\4\3.html

实例文件 3.html 的主要代码如下。

```
<html>
<head>
<title>无标题文档</title>
</head>
<body>
<p>
  <font size="+5" color="#666666" face="黑体">字体的样式</font>    <!--设置首行
                                                                   文本文字-->
</p>
<p>
  <font size="+2" color="#990033" face="宋体">字体的样式</font>    <!--设置末行
                                                                   文本文字-->
</p>
</body>
</html>
```

上述实例文件的执行效果如图 4-2 所示。

图 4-2　实例执行效果图

一定要声明正确的文档类型（DocType）

DOCTYPE 定义在HTML标签出现之前，它告诉浏览器这个页面包含的是HTML、XHTML，还是两者混合出现，这样浏览器才能正确地解析标记。在此建议读者首先做如下两件事：

（1）验证 CSS 文件，解决所有可见的错误。

（2）加上文档类型 Doctype。

通常有如下四种文档类型可供选择：

```
<!DOCTYPE HTML PUBLIC "-//W3C//DTD HTML 4.01//EN" "http://www.w3.org/TR/
html4/strict.dtd">
<!DOCTYPE HTML PUBLIC "-//W3C//DTD HTML 4.01 Transitional//EN" "http://www.w3.
org/TR/html4/loose.dtd">
<!DOCTYPE html PUBLIC "-//W3C//DTD XHTML 1.0 Transitional//EN" "http://www.w3.
org/TR/xhtml1/DTD/xhtml1-transitional.dtd">
<!DOCTYPE html PUBLIC "-//W3C//DTD XHTML 1.0 Strict//EN" "http://www.w3.org/
TR/xhtml1/DTD/xhtml1-strict.dtd">
```

关于该使用什么样的文档类型声明，一直有不同的说法。通常认为使用最严格的声明是最佳选择，但研究表明，大部分浏览器会使用普通的方式解析这种声明，所以很多人选择使用 HTML4.01 标准。选择声明的底线是，它是不是真的适合用户，所以用户要综合考虑来选择适合自己的项目的声明。

4.2.3　字型设置标记

网页中的字型是指页面文字的风格，如文字加粗、斜体、带下画线、上标和下标等。现实中常用字型标记的具体说明如表 4-2 所示。

表 4-2　常用字型标记列表

字　型　标　记	描　　　述
\<B>\</B>	设置文本加粗显示
\<I>\</I>	设置文本倾斜显示
\<U>\</U>	设置文本加下画线显示

字 型 标 记	描 述
<TT></TT>	设置文本以标准打印字体显示
	设置文本下标
	设置文本上标
<BIG><BIG>	设置文本以大字体显示
<SMALL></SMALL>	设置文本以小字体显示

实例 4-4	讲解页面字型的具体设置方法
源码路径	daima\4\4.html

实例文件 4.html 具体实现代码如下。

```
<html>
<head>
<title>无标题文档</title>
</head>
<body>
  <p><strong>字体的样式 1 </strong></p>          <!--设置首行文本加粗显示-->
  <p><em>字体的样式 2</em></p>              <!--设置末行文本倾斜显示-->
</body>
</html>
```

除了表 4-2 中的标记外，在 HTML 中还有以下常用标记。

- 粗体：粗体。
- <i>斜体</i>：斜体。
- <u>底线</u>：底线。
- ^{上标}：上标。
- _{下标}：下标。
- <tt>打字机</tt>：打字机。
- <blink>闪烁</blink>：（ie 没效果）闪烁。
- 强调：强调。
- 加强：加强。
- <samp>范例</samp>：范例。
- <code>原始码</code>：原始码。
- <var>变数</var>：变数
- <dfn>定义</dfn>：定义。
- <cite>引用</cite>：引用。
- <address>所在地址</address>：所在地址。

4.2.4 段落标记<p>

在 HTML 标记语言中，段落标记<p>的功能是定义一个新段落的开始。标记<P>不但能使后面的文字换到下一行，还可以使两段之间多一空行。由于一段的结束意味着新一段的开始，所以使用<P>也可省略结束标记。使用段落标记<P>的具体格式如下：

```
<P align = 对齐方式>
```

其中，属性 align 的功能是设置段落文本的对齐方式。属性 align 有以下三个取值。

- left：设置文本居左对齐。
- right：设置文本居右对齐。
- center：设置文本居中对齐。

实例 4-5	讲解段落标记<P>的具体使用方法
源码路径	daima\4\5.html

实例文件 5.html 具体实现代码如下。

```
<html>
<head>
<title>无标题文档</title>
</head>
<body>
  <p align="left">字体的样式1</p>                <!--设置首行文本居左显示-->
  <p align="center">字体的样式 2 </p>            <!--设置首行文本居中显示-->
</body>
</html>
```

4.2.5　换行标记

在 HTML 中，强制换行标记
的功能是使页面的文字、图片、表格等信息在下一行显示，而又不会在行与行之间留下空行，即强制文本换行。换行标记
通常放于一行文本的最后。由于浏览器会自动忽略原代码中空白和换行的部分，使得
成为最常用的页面标记之一。

使用换行标记
的具体格式如下。

文本

实例 4-6	讲解换行标记 的具体使用方法
源码路径	daima\4\6.html

实例文件 6.html 的主要代码如下。

```
<html xmlns="http://www.w3.org/1999/xhtml">
<head>
<meta http-equiv="Content-Type" content="text/
html; charset=utf-8" />
<title>无标题文档</title>
</head>
<body>
  字体的样式 1<br>字体的样式 2
<!--设置 br 换行-->
  <p>字体的样式 3</p>
<!--设置 p 换行-->
</body>
</html>
```

文件 6.html 的执行效果如图 4-3 所示。

图 4-3　显示效果图

4.2.6　超链接标记<a>

在网页中，链接是唯一从一个 Web 页到另一个相关 Web 页的物理途径，它由两部分组成：锚链和 URL 引用。当单击一个超链接时，浏览器将装载由 URL 引用给出的文件或文档。一个链接的锚链可以是一个单词或一张图片。一个锚链在浏览器中的表现模式取决于它是什么类型的锚链。

在 HTML 语言中，网页中的超级链接功能是由<a>标记实现的，它可以在网页上建立超文本链接，通过单击一个词、句或图片从此处转到目标资源，并且这个目标资源有唯一的 URL 地址。标记<a>具体使用的语法格式如下。

```
<a href=地址 name=字 符 串 target=打开窗口方式> 热点 </A>
```

- href：为超文本引用，取值为一个 URL，是目标资源的有效地址。在书写 URL 时需要注意，如果资源放在自己的服务器上，可以写相对路径。否则应写绝对路径，并且 href 不能与 name 同时使用。
- name：功能是指定当前文档内一个字符串作为链接时可以使用的有效目标资源地址。
- target：功能是设定目标资源所要显示的窗口，其主要取值的具体说明如表 4-3 所示。

表 4-3　target 属性值列表

取　值	描　述
target="_blank"或 target="new"	将链接的画面内容，显示在新的浏览器窗口
target="_parent"	将链接的画面内容，显示在直接父框架窗口中
target="_self"	默认值，将链接的画面内容，显示在当前窗口中
target="_top"	将框架中链接的画面内容，显示在没有框架的窗口中
target="框架名称"	只运用于框架中，若被设定则链接结果将显示于该"框架名称"指定的框架窗口中，框架名称是事先由框架标记所命名的

根据目标文件的不同，链接可以分为多种，而内部链接是指链接到当前文档内的一个锚链上。

实例 4-7	讲解使用内部链接的方法
源码路径	daima\4\7.html

实例文件 7.html 的具体实现代码如下。

```
<html>
<head>
  <meta http-equiv="Content-Type" content="text/html; charset=gb2312">
  <title>无标题文档</title>
</head>
<body>
  <a href="mm.html">看我的链接</a>                     <!--设置的内部链接-->
</body>
</html>
```

执行后的效果如图 4-4 所示，单击"看我的链接"超链接后，进入如图 4-5 所示的新页面。

图 4-4　执行效果

图 4-5　进入新页面

4.2.7 设置背景图片标记\<body background\>

本节讲的背景图片就如同衣服布料的花纹一样，是指在网页设计过程中为满足特定需求而将一幅图片作为背景的情况。无论是背景图片还是背景颜色，都可以通过\<BODY\>标记的相应属性来设置。

在 HTML 标记语言中，使用\<body\>标记的 background 属性，可以为网页设置背景图片。具体设置的语法格式如下。

```
<body background=图片文件名>
```

其中，"图片文件名"是指图片文件的存放的路径，可以是相对路径，也可以是绝对路径。图片文件可以是 GIF 格式也可以是 JPEG 格式。

实例 4-8	将指定图片 "1.jpg" 作为网页的背景
源码路径	daima\4\8.html

实例文件 8.html 的主要代码如下。

```
<html>
<head>
<title>无标题文档</title>
</head>
<body background="1.jpg">    <!--设置的背景图片-->
</body>
</html>
```

执行后的效果如图 4-6 所示。

图 4-6　执行效果

4.2.8 插入图片标记\<img\>

在 HTML 中，可以使用图片标记\<img\>把一幅图片加入网页中。使用图片标记后，可以设置图片的替代文本、尺寸、布局等属性。标记\<img\>具体使用的语法格式如下。

```
<img src=文件名 alt=说明 width=x height=y border=n hspace=h vspace=v align=对齐方式>
```

上述<img>标记中常用属性的具体说明如下。

- src：指定要加入图片的文件名，即"图片文件的路径\图片文件名"格式。
- alt：在浏览器尚未完全读入图片时，在图片位置显示的文字。
- width：图片的宽度，单位是像素数或百分比。通常为避免图片失真只设置其真实大小，若需要改变大小最好事先使用图片编辑工具进行处理。
- height：设定图片的高度，单位是像素数或百分比。
- hspace：设定图片边沿空白和左右的空间水平方向空白像素数，以免文字或其他图片过于贴近。
- vspace：设定图片上下的空间，空白高度采用像素作单位。
- align：设置图片在页面中的对齐方式，或图片与文字的对齐方式。
- border：设置图片四周边框的粗细，单位是像素。

实例 4-9	在页面中插入指定大小的图片
源码路径	daima\4\9.html

实例文件 9.html 的主要代码如下。

```html
<html>
<head>
<title>无标题文档</title>
</head>
<body>
<img src="2.jpg" alt="看我的效果" width="400" height="300" border="2">
                                    <!--指定图片大小-->
</body>
</html>
```

在上述代码中，被插入图片"2.jpg"的实际大小是"高×宽=238×279"。但是在代码中使用了<img>标记中的属性为其指定了大小。

执行后的效果如图 4-7 所示。

图 4-7　执行效果

4.2.9　列表标记

列表是 Web 网页中的重要组成元素之一，页面通过对列表的修饰可以提供用户需求的显示效果。在当前的网页中，可以将列表细分为无序列表、有序列表和菜单列表。

（1）无序列表

当在网页中使用列表时，也不是随意而为的，需要根据具体情况来排列。在网页中通常将列表分为无序列表和有序列表两种，其中带序号标志（如数字、字母等）的表项就组成有序列表，否则为无序列表。在本节的内容中，将对无序列表的创建方法进行简要介绍。

无序列表中每一个表项的最前面是项目符号，例如●、■等。在页面中通常使用标记<UL>和<LI>创建无序列表，具体使用的语法格式如下。

```
<UL type=符号类型>
  <LI type=符号类型 1> 第一个列表项
  <LI type=符号类型 2> 第二个列表项
  …
</UL>
```

其中 type 属性的功能是指定每个表项左端的符号类型。并且在<UL>后指定符号的样式，可以设定直到</UL>；在<LI>后指定符号的样式，可以设置从该<LI>起直到</LI>。<LI>标记是单标记，即一个表项的开始，就是前一个表项的结束。

常用的 type 属性值及其具体说明如表 4-4 所示。

表 4-4　type 属性值列表

取　值	描　述
disc	设置样式为实心圆显示
circle	设置样式为空心圆显示
square	设置样式为实心方块显示
decimal	设置样式为阿拉伯数字显示
lower-roman	设置样式为小写罗马数字显示

其中，表中的前三项值被应用于无序列表。

实例 4-10	实现页面无序列表
源码路径	daima\4\10.html

实例文件 10.html 的主要代码如下。

```
<html>
<head>
<title>无标题文档</title>
</head>
<body>
<ul type="square">
  <li type="square">第一行列表</li>              <!--设置的列表-->
  <li>第二行列表</li>                           <!--设置的列表-->
  <li>第三行列表</li>                           <!--设置的列表-->
</ul>
</body>
</html>
```

执行后的效果如图 4-8 所示。

（2）有序列表

在 HTML 网页中，有序列表是指列表前的项目编号是按照有序顺序样式显示的，例如，1、2、3……或Ⅰ、Ⅱ……。通过带序号的列表可以更清楚地表达信息的顺序。使用<OL>标记可以建立有序列表，表项的标记仍为<LI>。其具体使用的语法格式如下。

图 4-8　执行效果

```
<OL type=符号类型>
  <LI type=符号类型 1> 表项 1
  <LI type=符号类型 2> 表项 2
    …
</OL>
```

在<OL>后指定符号的样式，可以设定到</OL>表项指定新的符号。

常用的 type 属性值的具体说明如表 4-5 所示。

表 4-5　type 属性值列表

取　　值	描　　　述
1	设置为数字显示，例如 1、2、3
A	设置为大写英文字母显示，例如 A、B、C
a	设置为小写英文字母显示，例如 a、b、c
I	设置为大写罗马字母显示，例如Ⅰ、Ⅱ
i	设置为小写罗马字母显示，例如 i、ii

实例 4-11	在页面内实现有序列表
源码路径	daima\4\11.html

实例文件 11.html 的主要代码如下。

```
<html>
<head>
<title>无标题文档</title>
</head>
<body>
<ol>
  <li>第一行列表</li> <!--设置的有序列表-->
  <li>第二行列表</li> <!--设置的有序列表-->
  <li>第三行列表</li> <!--设置的有序列表-->
</ol>
</body>
</html>
```

执行后的效果如图 4-9 所示。

（3）菜单列表

在 HTML 应用中，菜单列表比无序列表更加紧凑，在现实应用中经常可以列出几个相关网页的索引，以便通过超链接来快速选取感兴趣的内容。菜单列表使用标记<MENU>替代标记<UL>，并引入标记<LH>来定义菜单列表的标题。使用菜单列表的语法格式如下。

图 4-9　执行效果

```
<MENU>
  <LH> 菜单列表的标题
    <LI> 第一个列表项
    <LI> 第二个列表项
    …
  <LH> 菜单列表的标题
    <LI> 第一个列表项
    <LI> 第二个列表项
    …
</MENU>
```

实例 4-12	在页面中实现菜单列表
源码路径	daima\4\12.html

实例文件 12.html 的主要代码如下。

```
<body>
<P align=center>
<FONT color=#FF0000 size=5><B>中国文学</B></FONT>
</P>
<MENU>                  <!--菜单列表开始-->
<LH><font color="#0000FF" size="4">中国古典文学</font>    <!--列表标题-->
<LI type=circle>红楼梦    <!--列表项-->
<LI type=square>三国演义 <!--列表项-->
<LI type=disc>水浒传  <!--列表项-->
<LI>西游记             <!--列表项-->
<br>
<LH><font color="#0000FF" size="4">中国近代文学</font>        <!--列表标题-->
<LI>阿Q正传           <!--列表项-->
<LI>围城              <!--列表项-->
<LI>四世同堂<LI>家.春.秋    <!--列表项-->
<LI type=square>好人陈强的故事 <!--列表项-->
</MENU>
</body>
</html>
```

执行后的效果如图 4-10 所示。

图 4-10　执行效果

4.2.10　表格标记<table>、<tr>、<th>和<td>

网页中表格有很大的作用，其中最重要的就是网页布局。在页面中创建表格的标记为
<table>，创建行的标记为<tr>，创建表项的标记为<td>。表格中的内容写在"<td>…</TD>"
之间。"<tr>…</tr>"用来创建表格中的每一行，它只能放在<table></table>标志对之间使用，
并且在里面加入的文本是无效的。使用上述标记的语法格式如下。

```
<table align=left|center|right border=n width=值 height=值%>
    <tr> <th>表头 1<th>表头 2…<th>表头 n
    <tr> <td>表项 1<td>表项 2…<td>表项 n
    ……
    <tr> <td>表项 1<td>表项 2…<td>表项 n
</table >
```

表格的整体外观显示效果由<table>标记的属性决定，常用的 type 属性值及具体说明如表
4-6 所示。

表 4-6　type 属性值列表

取　值	描　　述
bgcolor	设置表格的背景色
border	设置边框的宽度，若不设置此属性，则边框宽度默认为 0
bordercolor	设置边框的颜色
bordercolorlight	设置边框明亮部分的颜色（当 border 的值大于等于 1 时才有用）
bordercolordark	设置边框昏暗部分的颜色（当 border 的值大于等于 1 时才有用）
cellspacing	设置表格格子之间空间的大小
cellpadding	设置表格格子边框与其内部内容之间空间的大小
width	设置表格的宽度，单位用绝对像素值或总宽度的百分比

实例 4-13	网页中创建表格
源码路径	daima\4\13.html

实例文件 13.html 的主要代码如下。

```
<body>
<table width="400" border="1">        <!--创建表格开始-->
  <tr>                                         <!--第一行单元格-->
    <td bgcolor="#9999FF"> </td>
    <td bgcolor="#9999FF"> </td>
  </tr>
  <tr>                                         <!--第二行单元格-->
    <td> </td>
    <td> </td>
  </tr>
</table>
</body>
```

执行后的效果如图 4-11 所示。

图 4-11　执行效果

4.3　综合应用——制作一个简单网页

实例 4-14	制作一个简单网页
源码路径	daima\4\ex\

本实例的最终浏览效果如图 4-12 所示。

图 4-12　最终效果

下面进行具体的制作，其操作步骤如下：

（1）在文件夹的空白处右击，在弹出的快捷菜单中选择"新建/文本文档"命令，新建一个文本文档。

（2）打开文档，选择"文件/另存为"命令，打开"另存为"对话框。

（3）在"保存类型"下拉列表框中选择"所有文件"选项，在"文件名"文本框中输入网页文档的名称"yijiaren.html"，在"保存在"下拉列表框中选择要保存网页的位置，如图 4-13 所示。

图 4-13　修改文本文档

（4）单击"保存"按钮保存文档。

（5）在编辑窗口中输入如图 4-14 所示的代码。

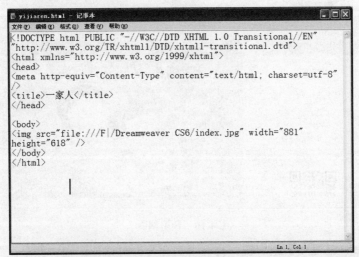

图 4-14　输入代码

（6）按【Ctrl+S】组合键保存文档，然后关闭记事本程序。

（7）选择"开始/所有程序/Adobe Dreamweaver CS6"命令启动 Dreamweaver CS6。

（8）选择"文件/打开"命令，弹出"打开"对话框，在其中选择"yijiaren.html"文件，单击"打开"按钮，打开该网页，如图4-15所示。

图 4-15　打开的网页

（9）按【F12】键进行预览，如图4-16所示。

图 4-16　预览网页

（10）按【Ctrl+Shift+S】组合键，打开"另存为"对话框，在"保存在"下拉列表框中选择保存网页文档的位置，在"文件名"文本框中输入网页文档的名称"一家人.html"，如图4-17所示。

（11）单击"保存"按钮完成网页文档的另存操作。

（12）选择"文件/退出"命令，退出 Dreamweaver CS6，完成本例操作。

图 4-17 "另存为"对话框

Chapter 5

HTML 5 在移动设备中

　　HTML5 是近 10 年来 Web 标准最巨大的飞跃。与以前的版本不同，HTML5 并非仅仅用来表示 Web 内容，它的使命是将 Web 带入一个成熟的应用平台，在这个平台上，视频，音频、图像、动画及同计算机的交互都被标准化。尽管 HTML 5 的实现还有很长的路要走，但是 HTML 5 正在改变着 Web。本章将详细讲解 HTML 5 的基本知识，特别是新特性方面的知识。

5.1 把握未来的风向标

　　HTML5 号称史上最强的 HTML 标记语言，能够支持多媒体和数据存储。随着各大浏览器厂商最新版本的推出，HTML 5 已成为业界主流。作为程序员和网页设计师来说，必须占领先机，迅速学会 HTML 5 这门最时尚也是最强大的网页标记技术。只有这样才能占领网页设计的制高点，才能最迅速地为用户开发出更加强大的应用。

　　HTML 5 作为全新的版本，为开发人员带来全新的功能，通过这些新功能可以为浏览用户提供无与伦比的体验。

1．激动人心的部分

（1）全新的、更加合理的 Tag

多媒体对象将不再全部绑定在 object 或 embed Tag 中，而是视频有视频的 Tag，音频有音频的 Tag。

（2）本地数据库

本地数据库功能将内嵌一个本地的 SQL 数据库，以加速交互式搜索，缓存及索引功能。同时，那些离线 Web 程序也将因此获益匪浅。

（3）Canvas 对象将给浏览器带来直接在上面绘制矢量图的能力

这意味着用户可以脱离 Flash 和 Silverlight，直接在浏览器中显示图形或动画。一些最新的浏览器，除了 IE，已经开始支持 Canvas。通过 Canvas 提供的 API 可以实现浏览器内的编辑、拖放，以及各种图形用户界面的能力。并且从 HTML 5 开始，内容修饰 Tag 被剔除，而统一使用 CSS。

2．新规则

为 HTML5 建立了如下新规则。

（1）新特性应该基于 HTML、CSS、DOM 及 JavaScript。

（2）减少对外部插件的需求，比如 Flash。

（3）更优秀的错误处理。

（4）更多取代脚本的标记。

（5）HTML5 应该独立于设备。

（6）开发进程应对公众透明。

3．新特性

在 HTML5 中增加了如下主要的新特性。

（1）用于绘画的 canvas 元素。

（2）用于媒介回放的 video 和 audio 元素。

（3）对本地离线存储的更好的支持。

（4）新的特殊内容元素，比如 article、footer、header、nav、section。

（5）新的表单控件，比如 calendar、date、time、email、url、search。

5.2 用 HTML 5 设计移动网站前的准备

在使用 HTML 5 设计移动网站之前，需要做两个方面的准备：购买域名和准备测试环境。在本节的内容中，将简要介绍这两个方面的基本知识。

5.2.1 为移动网站准备专用的域名

在当前市面中，很多网站的移动版都有一个独立的域名，移动用户可以绕过常规网站直接访问其移动版，此类域名通常为 m.exampe.com。为移动网站设置独立域名的好处如下。

- 让移动用户更容易找到该移动网站。
- 为移动网站的网址进行独立宣传，提高访问量。
- 平板电脑和智能手机用户通过更改域名的方式便可以访问常规网站。
- 便于网站维护，可以通过完全独立的页面手动创建移动域名，或者使用内容管理系统。

5.2.2 准备测试环境

在编写移动网站时，应当在尽可能多的移动设备上进行测试工作。尽管开发人员可以使用不同浏览器或模拟不同的屏幕尺寸来测试，但若不直接在移动设备上进行测试，仍然可能会出现如下情况。

- 无法正确加载图像，或者完全无法加载图像。
- 无法运行需要的特定设备的功能。
- 因为移动运营商的数据包大小限制，使得无法加载页面或图像。
- 无法水平滚动。

● 不支持文件格式。

为了解决上述问题，笔者提出如下两种解决方案。

（1）使用模拟器

许多移动设备都有在线或离线模拟器，其中大部分是免费的，可以通过它们进行一些基础测试。在本书第 1 章的内容中，已经讲解了具体使用模拟器的方法。

（2）使用不同的设备

可以租用或者购买不同手机来测试我们设计的网站在手机上的表现。但是这种方式的花费比较大，特别是购买不同设备这种方式就需要耗费不菲的金钱。

5.3 全新的 HTML 5

HTML 技术经过漫长的发展，新版本不断更新，每一次更新都为网页设计工作带来了巨大的变化。在 2007 年，HTML 5 被 W3C 所接受，正式成为网页设计标准。在本节内容中，将简要介绍 HTML 5 的突出新特性，为读者步入本书后面知识的学习打下坚实的基础。

在本节的内容中，将通过一个具体实例的实现过程，来带领读者体验 HTML 5 的魅力。

实例 5-1	说　明
源码路径	daima\5\autoplay.html
功能	在网页中自动播放一个视频

实例文件 autoplay.html 的主要代码如下。

```
<!DOCTYPE HTML>
<html>
<body>
<video controls="controls" autoplay="autoplay">
  <source src="123.ogg" type="video/ogg/>
Your browser does not support the video tag.
</video>
</body>
</html>
```

上述代码的功能是在网页中自动播放名为"123.ogg"视频文件，在代码中设置的此视频文件和实例文件 autoplay.html 同属于一个目录下。

执行后的效果如图 5-1 所示。

由上述实例可以看出，不用任何插件，只需用短短的几行代码，即可在网页中播放视频文件。这仅仅是 HTML5 的一个全新功能而已，在本书后面的内容中，将带领广大读者一起来领略 HTML 5 的全新功能。

图 5-1　执行效果

5.4　设置网页头部元素

在网页设计应用中，位于网页顶部的头部用于设置和网页相关的信息，例如页面标题、关键字和版权等信息。当页面执行后，不会在页面正文中显示头部元素信息。

在 HTML 5 中，head 元素是所有头部元素的容器。通过位于<head>内部的元素，可以是脚本、指引浏览器找到样式表和元信息等。在 head 部分包含如下标签。

- <base>
- <link>
- <meta>
- <script>
- <style>
- <title>

在本节的内容中，将详细讲解 HTML 5 中和头部元素相关的知识。

5.4.1　设置文档类型

文档类型（DOCTYPE）决定了当前页面所使用标记语言（HTML 或 XHTML）的版本，合理选择当前页面的文档类型是设计标准 Web 页面的基础。只有定义了页面的文档类型后，页面里的标记和 CSS 才会生效。

在 HTML 5 中，<!DOCTYPE>的声明必须位于 HTML5 文档中的第一行，也就是位于<html> 标签之前。该标签告知浏览器文档所使用的 HTML 规范。

对<!DOCTYPE>的声明不属于 HTML 标签，它仅仅是一条指令，目的是告诉浏览器编写页面所用的标记的版本。

在 HTML 4.01 中，<!DOCTYPE> 需要对 DTD 进行引用，因为 HTML 4.01 基于 SGML。而 HTML 5 不基于 SGML，因此不需要对 DTD 进行引用，但是需要 doctype 来规范浏览器的行为（让浏览器按照它们的方式来运行）。

实例 5-2	说明
源码路径	daima\5\tou.html
功能	介绍 HTML 头部元素的使用方法

实例文件 tou.html 的主要代码如下。

```
<!DOCTYPE HTML>
<html>
<head>
<title>Title of the document</title>
</head>
<body>
</body>
</html>
```

在上述实例中实现文档类型设置的是首行代码，使用"DOCTYPE"标记表示。

执行后的效果如图 5-2 所示。

图 5-2　执行效果

从图 5-2 的执行效果可以看出，网页的文档类型不是十分重要，不会在页面的正文中显示。

5.4.2　设置所有链接规定默认地址或默认目标

在 HTML 5 中，使用<base>标签可以为页面上的所有链接规定默认地址或默认目标。在通常情况下，浏览器会从当前文档的 URL 中提取相应的元素来填写相对 URL 中的空白。使用 <base> 标签可以改变这一点，浏览器随后将不再使用当前文档的 URL，而使用指定的基本 URL 来解析所有的相对 URL。这其中包括 <a>、<img>、<link>、<form> 标签中的 URL。

在 HTML 5 中规定，必须将<base> 标签用在 head 元素内部。例如，假设图像的绝对地址是：

```
<img src="http://www.topchuban001.com/i/pic.gif" />
```

接下来在页面中的 head 部分插入 <base> 标签，规定页面中所有链接的基准 URL：

```
<head>
<base href="http://www.topchuban001.com/i/" />
</head>
```

这样当在上述页面中插入图像时必须设置图像的相对地址，这样浏览器会寻找文件所使用的完整 URL。例如：

```
<img src="pic.gif" />
```

 注意：

　　在一个文档中，最多能使用一个 <base> 元素。建议把<base> 标签排在 head 元素中第一个元素的位置，这样 head 中的其他元素就可以利用<base> 元素中的信息了。

5.4.3　链接标签

在 HTML 5 中，<link> 标签用于定义文档与外部资源之间的关系。例如，使用下面的代码可以链接到一个名为"style.css"的外部样式表。

```
<head>
<link rel="stylesheet" type="text/css" href="style.css" />
</head>
```

虽然目前所有的主流浏览器都支持 <link> 标签，但是在 HTML5 中不再支持 HTML 4.01 的某些属性。其中"sizes"是 HTML5 中的新属性，HTML5 中的新属性如表 5-1 所示。

表 5-1　HTML5 中的新属性

属　　性	值	描　　述
charset	char_encoding	HTML5 中不支持
href	URL	规定被链接文档的位置

属　　性	值	描　　述
hreflang	language_code	规定被链接文档中文本的语言
media	media_query	规定被链接文档将被显示在什么设备上
rel	alternate author help icon licence next pingback prefetch prev search sidebar stylesheet tag	规定当前文档与被链接文档之间的关系
rev	reversed relationship	HTML 5 中不支持
sizes	heightxwidth any	规定被链接资源的尺寸。仅适用于 rel="icon"
target	_blank _self _top _parent frame_name	HTML 5 中不支持
type	MIME_type	规定被链接文档的 MIME 类型

并且<link> 标签支持 HTML 5 中如表 5-2 所示的全局属性。

表 5-2　HTML 5 中新的全局属性

属　　性	描　　述
accesskey	规定访问元素的键盘快捷键
class	规定元素的类名（用于规定样式表中的类）
contenteditable	规定是否允许用户编辑内容
contextmenu	规定元素的上下文菜单
dir	规定元素中内容的文本方向
draggable	规定是否允许用户拖动元素
dropzone	规定当被拖动的项目/数据被拖放到元素中时会发生什么
hidden	规定该元素是无关的。被隐藏的元素不会显示
id	规定元素的唯一 ID
lang	规定元素中内容的语言代码
spellcheck	规定是否必须对元素进行拼写或语法检查
style	规定元素的行内样式
tabindex	规定元素的 tab 键控制次序
title	规定有关元素的额外信息

5.4.4　设置有关页面的元信息

在 HTML 5 中，可以使用<meta>标签设置有关页面的元信息（meta-information），比如针对搜索引擎和更新频度的描述和关键词。<meta> 标签位于文档的头部，其中不包含任何内容。<meta> 标签的属性定义了与文档相关联的"名称/值"对。

在全新的 HTML 5 中，虽然不再支持属性 scheme，但是增加了一个新的属性：charset，通过此属性可以更加容易地定义字符集。在 HTML 4.01 中必须用如下写法：

```
<meta http-equiv="content-type" content="text/html; charset=ISO-8859-1">
```

而在 HTML 5 中，只需用如下写法即可实现上述相同的功能。

```
<meta charset="ISO-8859-1">
```

例如，通过下面的代码定义了针对搜索引擎的关键词：

```
<meta name="keywords" content="HTML, CSS, XML, XHTML, JavaScript" />
```

而通过下面的代码定义了对页面的描述：

```
<meta name="description" content="欢迎学习 web 技术" />
```

而通过下面的代码定义了页面的最新版本：

```
<meta name="revised" content="David, 2012/12/8/" />
```

而通过下面的代码可以设置每 5 秒刷新一次页面：

```
<meta http-equiv="refresh" content="5" />
```

5.4.5　定义客户端脚本

在 HTML 5 中，<script> 标签用于定义客户端脚本，比如 JavaScript。script 元素既可包含脚本语句，也可以通过"src"属性指向外部脚本文件。JavaScript 通常用于图像操作、表单验证及动态内容更改。

例如，通过下面的 JavaScript 代码可以在页面中输出文字"Hello world！"：

```
<script type="text/javascript">
document.write("Hello World!")
</script>
```

> **注意：**
>
> 在 HTML 4 中，属性"type"是必需的，而在 HTML 5 中则是可选的。另外，在 HTML 5 中新增了"async"属性，并且在 HTML5 中不再支持 HTML 4.01 中的某些属性。

如果使用 "src" 属性，则 <script> 元素必须是空的。其实在 HTML 5 中有多种执行外部脚本的方法，具体说明如下。

（1）如果 async="async"：脚本相对于页面的其余部分异步地执行（当页面继续进行解析时，脚本将被执行）。

（2）如果不使用 async 且 defer="defer"：脚本将在页面完成解析时执行。

（3）如果既不使用 async 也不使用 defer：在浏览器继续解析页面之前，立即读取并执行脚本。

在 HTML 5 中，<script> 标签支持的属性如表 5-3 所示。

表 5-3　HTML5 中的新属性

属　　性	值	描　　述
async	async	规定异步执行脚本（仅适用于外部脚本）
defer	defer	规定当页面已完成解析后，执行脚本（仅适用于外部脚本）
type	MIME_type	规定脚本的 MIME 类型
charset	character_set	规定在脚本中使用的字符编码（仅适用于外部脚本）
src	URL	规定外部脚本的 URL

5.4.6　定义 HTML 文档的样式信息

在 HTML 5 中，可以使用<style>标签定义 HTML 文档的样式信息。通过<style>标签，可以设置 HTML 元素如何在浏览器中呈现。例如，在下面的实例中，演示了在 HTML 文档中使用 style 元素的方法。

实例 5-3	说明
源码路径	daima\5\style.html
功能	演示了在 HTML 文档中使用 style 元素的方法

实例文件 style.html 的主要代码如下。

```
<html>
<head>
<style type="text/css">
h1 {color:red}
p {color:blue}
</style>
</head>


<body>
<h1>标题</h1>
<p>看第二行的样式</p>
</body>
</html>
```

执行后的效果如图 5-3 所示。

图 5-3　执行效果

属性 scoped 是 HTML 5 中的一个新属性，它允许设计人员为文档的某一指定部分定义样式，而不是整个文档。如果使用了属性"scoped"，那么所规定的样式只能应用到 style 元素的父元素及其子元素。

如果未定义 scoped 属性，那么 <style> 元素必须位于 <head> 部分中。如需链接外部样式表，建议使用 <link> 标签。

5.4.7 设置页面标题

在现实应用中，设计的网页需要有一个题目，这个题目需要高度概括这个页面的内容。设置的标题不在浏览器正文中显示，而是在浏览器的标题栏中显示。在 HTML 5 中，使用 <title> 标签定义文档的标题。title 元素在所有 HTML 文档中是必须要有的。

在页面中定义页面标题的代码如下。

```
<title>页面标题</title>
```

在下面的演示实例中，演示了设置页面标题的具体方法。

实例 5-4	说明
源码路径	daima\5\biaoti.html
功能	介绍设置页面标题的方法

实例文件 biaoti.html 的主要代码如下。

```
<html>
<head>
<title>这里是我的标题</title>
</head>


<body>
</body>
</html>
```

执行后的效果如图 5-4 所示。

图 5-4 执行效果

注意：

<title>标签在页面中的重要性

目前所有的主流浏览器都支持<title> 标签。网页标题和一本书的书名一样，是整本书所讲内容的高度概括。当读者在看一本书时，最先也是从标题入手判断其所讲内容的。同样的道理，搜索引擎也是从标题入手了解一个网页内容是关于什么的。搜索引擎读到一个网页的第一部分内容就是标题，可以通过网页标题确定一个网页的内容。

5.5　设置页面正文

　　网页的正文是网页的主体，通过正文可以向浏览者展示页面的基本信息。正文定义了网页上显示的主要内容与显示格式，是整个网页的核心。在 HTML 5 中设置正文的标记是"<body>..</body>"，其具体使用的语法格式如下。

```
<body>页面正文内容</body>
```

　　页面正文位于头部之后，"<body>"标示正文的开始，"</body>"标示正文的结束。正文 body 通过其本身的属性实现指定的显示效果，body 的常用属性如表 5-4 所示。

表 5-4　body 常用属性列表

属 性 值	描　　　　　述
background	设置页面的背景图像
bgcolor	设置页面的背景颜色
text	设置页面内文本的颜色
link	设置页面内未被访问过的链接颜色
vlink	设置页面内已经被访问过的链接颜色
alink	设置页面内链接被访问时的颜色

　　属性 body 中的颜色取值既可以是表示颜色的英文字符，例如"red"（红色），也可以是十六进制颜色值，例如"#9900FF"。

　　在下面的演示实例中，演示了设置网页的正文的具体方法。

实例 5-5	说明
源码路径	daima\5\zheng.html
功能	设置网页的正文

　　实例文件 zheng.html 的主要代码如下。

```
<html>
<head>
<meta http-equiv="Content-Type" content="text/html; charset=gb2312">
<title>无标题文档</title>
</head>
<body>
这是正文文本
</body>
</html>
```

　　执行后的效果如图 5-5 所示，从显示效果中可以看出，页面正文内容将在浏览器主体界面中显示。

图 5-5　执行效果

与前面介绍的头部元素不同，正文信息将在页面的主题位置显示出来。作为网页主体内容的 body 部分将直接显示在浏览器的窗口中，它里面的内容直接影响着整个网页的好坏，在网页设计中起着至关重要的作用。

在开始编写具体页面内容之前，需要对页面进行整体的基本规划和设置。例如，整个页面的背景色、背景图案、前景（文字）色、页面左/上边距大小等。在 HTML 5 中，需要用表 5-4 内指定的参数来设置。

想要在正文中显示不同的文本内容，可以直接在代码中的<body></body>标记之间修改为需要的内容即可。例如，想在网页正文中显示"这是正文"四个文字，则可以通过下面的代码实现。

daima\5\zheng1.html

```
<html>
<head>
<meta http-equiv="Content-Type" content="text/html; charset=gb2312">
<title>无标题文档</title>
</head>
<body>
这是正文
</body>
</html>
```

此时的执行效果如图 5-6 所示。

图 5-6   执行效果

5.6   注释

注释是编程语言和标记语言中不可缺少的要素。通过注释不但可以方便用户对代码的理解，并且可以便于系统程序的后续维护。在 HTML 5 中插入注释的语法格式如下。

```
<!--注释内容 -->
```

在下面的演示实例中，演示了为实例 5-5 中的网页添加注释的具体方法。

实例 5-6	说明
源码路径	daima\5\zhu.html
功能	为实例 5-5 中的网页添加注释

实例文件 zhu.html 的主要代码如下。

```
<html>
<head>
<meta http-equiv="Content-Type" content="text/html; charset=gb2312">
<title>无标题文档</title>
</head>
<body>
这是正文文本    <!-- 页面正文内容-->
</body>
</html>
```

执行效果如图 5-7 所示。

要输入注释信息，首先输入一个小于号"<"，然后
输入一个感叹号"!"，需要注意的是，在小于号和感叹号
之间不能有空格，之后是两条短线"--"，即下面的格式：

图 5-7　执行效果

```
<!--
```

接下来输入你的注释或说明信息，输完注释信息后，再输入两条短线"--"和一个大于
号">"，这样就完成一个注释信息的添加。例如下面的格式：

```
<!--This is a comment-->
```

在此需要注意的是，因为两条短线"--"和一个大于号">"是用来表示注释的终止，所
以不要在注释的内容中加入字符串"-->"。

5.7　和页面结构相关的新元素

在全新的 HTML 5 中，新增了几个和页面结构相关的新元素。本节将重点讲解这几个新
元素的基本知识。

5.7.1　定义区段的标签

在全新的 HTML 5 中，<section> 标签用于定义文档中的节（section、区段），如章节、
页眉、页脚或文档中的其他部分。例如，通过下面的代码在页面中定义了一个区域：

```
<section>
  <h1>PRC</h1>
  <p>中华人民共和国万岁</p>
</section>
```

<section> 标签是 HTML 5 中的新标签，其属性 cite 的值为 URL，此值表示 section 的
URL。<section> 标签支持表 5-2 中列出的 HTML 5 中的全局属性。

5.7.2　定义独立内容的标签

在全新的 HTML 5 中，使用<article>标签可以定义独立的页面内容。在现实应用中，通
常在如下情形使用 article 标签。

- 论坛帖子
- 报纸文章
- 博客条目
- 用户评论

在下面的演示实例中，演示了在网页中使用<article>标签的具体方法。

实例 5-7	说　　明
源码路径	daima\5\biaoqian.html
功能	在网页中使用<article>标签

实例文件 biaoqian.html 的主要代码如下。

```
<!DOCTYPE HTML>
<html>
<body>
<article>
<a href="http://www.apple.com">HTML 5</a><br />
是用于取代 1999 年所制定的 HTML 4.01 和 XHTML 1.0 标准的 HTML（标准通用标记语言下的一个应用）标准版本；现在仍处于发展阶段，但大部分浏览器已经支持某些 HTML5 技术……
</article>
</body>
</html>
```

执行效果如图 5-8 所示。

图 5-8　执行效果

在<article> 标签中，定义的内容独立于文档的其余部分，<article> 标签支持本章表 5-2 中列出的 HTML 5 中的全局属性。

5.7.3　定义导航链接标签

在全新的 HTML 5 中，<nav>标签用于定义导航链接的部分。在下面的演示实例中，演示了在网页中使用<nav>标签的具体方法。

实例 5-8	说明
源码路径	daima\5\nav.html
功能	在网页中使用<nav>标签

实例文件 nav.html 的主要代码如下。

```
<!DOCTYPE HTML>
<html>
<body>
```

```
<nav>
<a href="index.asp">主页</a>
<a href="chanpin.asp">产品</a>
<a href="news.asp">新闻</a>
</nav>
</body>
</html>
```

执行效果如图5-9所示。

如果在文档中有"前后"按钮,则应该把它放到 <nav> 元素中。<nav> 标签支持本章表 5-2 中列出的 HTML 5 中的全局属性。

图 5-9 执行效果

5.7.4 定义其所处内容之外的内容

在全新的 HTML 5 中,<aside> 标签用于定义其所处内容之外的内容。在下面的演示实例中,演示了在网页中使用<aside>标签的具体方法。

实例 5-9	说明
源码路径	daima\5\aside.html
功能	在网页中使用<aside>标签

实例文件 aside.html 的主要代码如下。

```
<!DOCTYPE HTML>
<html>
<body>

<p>AAAAAAA.</p>
<aside>
<h4>BBBBBB</h4>
TCCCCCCCCCCCCC.
</aside>

</body>
</html>
```

执行效果如图 5-10 所示。

<aside> 的内容可使用为文章的侧栏,<aside> 标签支持本章表 5-2 中列出的 HTML 5 中的全局属性。

图 5-10 执行效果

5.7.5 定义页脚内容的标签

在全新的 HTML 5 中,<footer> 标签用于定义 section 或 document 的页脚。在下面的演示实例中,演示了在网页中使用<footer>标签的具体方法。

实例 5-10	说　　明
源码路径	daima\5\jiao.html
功能	在网页中使用<footer>标签

实例文件 jiao.html 的主要代码如下。

```
<!DOCTYPE HTML>
<html>
<body>
<footer>这杭文本是页脚部分的内容.</footer>
</body>
</html>
```

执行效果如图 5-11 所示。

图 5-11　执行效果

假如使用 footer 来插入联系信息，应该在 footer 元素内使用<address> 元素。<footer> 标签支持本章表 5-2 中列出的 HTML 5 中的全局属性。

5.8　在网页中显示联系信息

在 HTML 5 网页应用中，可以使用<address>标记元素定义文档作者或拥有者的联系信息。如果 <address> 元素位于 <article> 元素内部，则表示该文章作者或拥有者的联系信息。所以在现实应用中，通常的做法是将<address>元素添加到网页的头部或底部。因为 HTML 4.01 不支持 <article> 标签，所以在 HTML 4.01 中 <address> 标签永远定义文档作者或拥有者的联系信息。

> 🔔 **注意：**
>
> 　　在此建议读者，不使用 <address> 标签来描述邮政地址，除非这些信息是联系信息的组成部分。另外，<address> 元素通常呈现为斜体，大多数浏览器会在该元素的前后添加换行。

在接下来的内容中，将通过一个具体的演示实例的实现过程，来讲解在网页中显示联系信息的方法。

实例 5-11	说　　明
源码路径	daima\5\lianxi.html
功能	在网页中显示联系信息

在本实例的实现文件是 lianxi.html，具体实现代码如下。

```
<!DOCTYPE >
<html>
<body>
```

```
<address>
北京站长网 站长学院路 1000 号<br>
站长网 站长学院大楼 101 室<br>
邮编:200000<br>
</address>


</body>
</html>
```

执行后的效果如图 5-12 所示。

图 5-12　执行效果

5.9　自动隐藏或显示网页中的文字

在 HTML 5 中，绝大部分的元素都支持"hidden"属性，该属性只有如下两个取值。

- true：当"hidden"的取值为"true"时，元素不在页面中显示，但还存在于页面中。
- false：当"hidden"的取值为"false"时，则显示于页面中。该属性的默认值为"false"，即元素创建时便显示出来。
- 在接下来的实例中，使用<nav>元素设置了两个相互排斥的单选按钮，一个用于显示<article>元素，另一个用于隐藏<article>元素，然后编写相应的 JavaScript 代码实现隐藏功能。

实例 5-12	说　明
源码路径	daima\5\5-12\12.html
功能	自动隐藏或显示网页中的文字

在本实例的实现文件是 12.html，具体实现代码如下。

```
<!DOCTYPE html>
<html>
<head>
<meta charset="utf-8" />
<title>hidden 属性的使用</title>
<link href="css.css" rel="stylesheet" type="text/css">
<script type="text/javascript" async="true">
  function Rdo_Click(v){
  var blnShow=(v)?false:true;
  var strArt=document.getElementById("art");
  strArt.setAttribute("hidden",blnShow);
```

```
    }
</script>
</head>
<body>
  <h5>元素的隐藏属性</h5>
  <nav style="padding-top:5px;padding-bottom:5px">
    <input type="radio" id="rdoHidden_1" onClick="Rdo_Click(1)"
          name="rdoHidden" value="1" checked="true"/>显示
    <input type="radio" id="rdoHidden_2" onClick="Rdo_Click(0)"
          name="rdoHidden" value="0"/>隐藏
  </nav>
  <article id="art" class="p3_8">
      大家好，我是雨夜，欧耶。
  </article>
</body>
</html>
```

在上述 JavaScript 代码中，自定义了一个 Rdo_Click()函数，用于在选中单选按钮时调用。在该函数中，先获取选中单选按钮时传回的变量"v"值，然后将"v"值转成"hidden"属性对应的布尔值"true"或"false"；最后通过 setAttribute()方法，将该值设置到<article>元素的"hidden"属性中，从而实现隐藏的效果。

执行后的初始效果如图 5-13 所示，选中"隐藏"单选按钮后文字将隐藏，如图 5-14 所示。

图 5-13　初始效果

图 5-14　文字隐藏

5.10　综合应用——自动检测输入的拼音是否正确

在接下来的内容中，将通过一个具体的演示实例的实现过程，来讲解使用线程传递 JSON 对象的方法。

实例 5-13	说　　明
源码路径	daima\5\5-13\13.html
功能	自动检测输入的拼音是否正确

在 HTML 5 网页开发应用中，使用属性"spellcheck"可以检测文本框或输入框中输入的拼音或语法是否正确，该属性的值为布尔值"true"或"false"。如果为"true"则检测对应输入框中的语法，反之则不检测。

在本实例的实现文件是 13.html，具体实现流程如下。

（1）新建一个 HTML 5 页面，然后分别创建两个<textarea>输入框元素。

（2）第一个元素将"spellcheck"属性设置为"true"，表示需要语法检测。

（3）将另外一个元素的"spellcheck"属性设置为"false"，表示不需要语法检测。这样当分别在两个输入框中录入文字时，可以显示不同的检测效果。

实例文件 13.html 的具体实现代码如下。

```
<!DOCTYPE html>
<html>
<head>
<meta charset="utf-8" />
<title>spellcheck 属性的使用</title>
<link href="css.css" rel="stylesheet" type="text/css">
</head>
<body>
 <h5>输入框中语法检测属性</h5>
 <p>需要检测<br/>
  <textarea spellcheck="true"
          class="inputtxt"></textarea>
 </p>
 <p>不需要检测<br/>
  <textarea spellcheck="false"
          class="inputtxt"></textarea>
 </p>
</body>
</html>
```

在上述代码中，为了形成对比效果，特意将第一个<textarea>输入框元素中的"spellcheck"属性设置为"true"值，将第二个<textarea>输入框元素中的"spellcheck"属性设置为"false"值。可以在两个输入框中输入同样的错误内容，第一个输入框中的内容显示出错的红色波浪线，而第二个输入框没有任何提示，表明第一个<textarea>输入框中设置的"spellcheck"属性值已生效。

执行效果如图 5-15 所示。

图 5-15　执行效果

💡 注意：

在 HTML 5 中，虽然各浏览器对"spellcheck"属性进行了很好的支持，但各浏览器支持的元素是有差异的。在 Chrome 浏览器中，支持<textarea>输入框元素，而不支持<input>元素中的文本框；Firefox 和 Opera 浏览器需要在"选项"菜单中手动进行设置，才能显示效果。

Chapter 6

CSS 基础

CSS（层叠式样式表）是 Cascading Style Sheet 的缩写，简称为样式表，是 W3C 组织制定的、控制页面显示样式的标记语言。CSS 的最新版本是 CSS 3.0，这是现在网页所遵循的通用标准。从本章开始将步入本书的主题，开始详细讲解 CSS 技术的基本知识。

6.1 体验 CSS 的功能

在网页需要将指定内容按照指定样式显示时，可以利用 CSS 轻松实现。在网页中有如下两种使用 CSS 的方式。

- 页内直接设置 CSS：即在当前使用页面直接指定样式。
- 第三方页面设置：即在别的网页中单独设置 CSS，然后通过文件调用这个 CSS 来实现指定显示效果。

CSS 样式设置的具体运行流程如图 6-1 所示。

图 6-1　CSS 样式设置运行流程

下面将通过一个具体的 CSS 应用实例，来看 CSS 在网页中的表现效果。本实例文件为 1.html，保存在 "3" 文件夹中。文件 1.html 的主要代码如下。

源码路径：daima\6\1.html

```
<head>
<meta http-equiv="Content-Type" content="text/html; charset=utf-8" />
<title>无标题文档</title>
<!--设置样式STYLE1，指定页面文件字体。-->.
<style type="text/css">
<!--
.STYLE1 {
  font-family: Arial, Helvetica, sans-serif;
```

```
    font-size: 24px;
    color: #990033;
    font-weight: bold;
    font-style: italic;
}
-->
</style>
</head>
<body>
<!--调用样式STYLE1，应用于此页面字体后的显示效果-->
<span class="STYLE1">要使用 CSS 呀</span>
</body>
```

执行后效果如图 6-2 所示，如果取消样式，则效果如图 6-3 所示。

图 6-2　显示效果

图 6-3　取消样式后效果

从上述不同的显示效果中可以看出 CSS 的样式作用十分明显，并且 CSS 在页面表现外观的桥梁作用也十分明确。

6.2　基本语法

因为在现实应用中，经常用到的 CSS 元素是选择符、属性和值。所以在 CSS 的应用语法中其主要应用格式也主要涉及上述 3 种元素。CSS 的基本语法结构如下。

```
<style type="text/css">
<!--
.选择符{属性: 值}
-->
</style>
```

下面是一段使用 CSS 的演示代码：

```
<style type="text/css">
<!--
.STYLE1 {
    font-family: Arial, Helvetica, sans-serif;
    font-size: 24px;
    color: #990033;
    font-weight: bold;
    font-style: italic;
}
```

```
-->
</style>
```

在使用 CSS 时，需要遵循如下原则：

- 当有多个属性时，属性之间必须用"；"隔开。
- 属性必须包含在"{}"中。
- 在属性设置过程中，可以使用空格、换行等操作。
- 如果一个属性有多个值，必须用空格将它们隔开。

6.3 使用选择符

选择符即样式的名称，CSS 选择符可以使用如下字符。

- 大小写的英文字母：A~Z，a~z。
- 数字：例如 0~9 。
- 连字号 -
- 下画线 _
- 冒号：
- 句号。

💡 注意：

> CSS 选择符只能以字母开头。

在本节的内容中，将详细讲解使用 CSS 选择符的基本知识。

6.3.1 选择符的种类

现实中常用的 CSS 选择符有通配选择符、类型选择符、群组选择符、包含选择符、id 选择符、class 选择符、标签指定选择符、组合选择符等。在下面内容中，将对上述各类选择符进行详细介绍。

（1）通配选择符

通配选择符的书写格式是*，功能是表示页面内所有元素的样式。如下代码使用了通配选择符：

```
*  {
   font-family: Arial, Helvetica, sans-serif;
   font-size: 24px;
   color: #990033;
font-weight: bold;
     font-style: italic;
}
```

（2）类型选择符

类型选择符，是指以网页中已有的标签类型作为名称的选择符。如将 body、div、p、span 等网页中的标签作为选择符名称。例如，下面代码将页面 body 元素内的字体进行了设置。

```
div {
font-size: 24px;
```

```
    color: #990033;
    font-weight: bold;
}
```

 注意：

所有的页面元素都可以作为选择符。

（3）群组选择符

在 XHMTL 中，对其一组对象同时进行相同的样式指派，只需在使用时使用"逗号"对选择符进行分隔即可。这种方法优点是对于同样的样式只需要书写一次，减少了代码量，改善了 CSS 代码结构。群组选择符的书写格式如下。

选择符 1,选择符 2,选择符 3,选择符 4

例如，下面的代码使用群组选择符对指定对象的页面字体进行了设置。

```
.name,div,p{
    font-size: 24px;
    color: #990033;
}
```

注意：

在使用群组选择符时，使用的"逗号"是在半角模式下，并非中文全角模式。

（4）包含选择符

包含选择符的功能是对某对象中的子对象进行样式指定，其书写格式如下。

选择符 1 选择符 2

例如，下面的代码使用包含选择符对 body 元素内 p 元素包含的字体进行了设置。

```
body p{
    font-size: 24px;
    color: #990033;
}
```

此方法的优点是避免过多的 id 和 class 设置，直接对所需的元素进行定义。

（5）id 选择符

id 选择符是根据 DOM 文档对象模型原理所出现的选择符。在 XHTML 文件中，其中的每一个标签都可以使用"id=""的形式进行一个名称指派。在 divcss 布局的网页中，可以针对不同的用途进行命名。例如，头部命名为 header，底部命名为 footer。

id 选择符的使用格式如下。

#选择符

注意：

在一个 XHTML 文件中，id 要具有唯一性，不能重复。

（6）class 选择符

从本质上来讲，上面介绍的 id 是对 XHTML 标签的扩展，而 class 选择符和 id 选择符类似。class 是对 XHTML 多个标签的一种组合，class 直译的意思是类或类别。class 选择符可以在对于 XHTML 页面中使用 class=""进行名称指派。与 id 区别的是，class 可以重复使用，页面中多个样式的相同元素可以直接定义为一个 class。

class 选择符的使用格式如下。

```
. 选择符
```

使用 class 的好处是众多的标签均可以使用一个样式来定义，而不需要为每一个标签编写一个样式代码。

使用 class 选择符的方法和 id 选择符一样，只需在页面中直接调用样式代码即可。

（7）组合选择符

组合选择符是指对前面介绍的 6 种选择符进行组合使用。例如，如下代码组合使用了上述几种方法。

```
h1 .p1 {}//设置 h1 下的所有 class 为 p1 的标签
#content h1 {}//设置 id 为 content 的标签下的所有 h1 标签
```

由本节内容可以看出，CSS 选择符是非常灵活的。用户可以根据自己页面的需要，合理地使用各种选择符，尽量做到结构化和完美化的统一。

6.3.2 实战演练——使用 id 选择符设置文字颜色

下面通过一个具体实例来讲解 id 选择符的使用，本实例文件为 2.html，保存在 "3" 文件夹中。文件 2.html 的主要代码如下。

源码路径：daima\6\2.html

```
<title>无标题文档</title>
<style type="text/css">
<!--
#STYLE2 {
    color: #FF0000;
    font-size: 24;
}
-->
</style>
</head>
<body>
<div id="STYLE2">要使用 CSS 呀</div>
</body>
```

图 6-4　执行效果

执行后的效果如图 6-4 所示。

💡 **注意：**

尽量不要使用嵌入式 CSS 样式

当开发者在埋头写代码时，可能会经常顺手或偷懒地加上一点嵌入式 CSS 代码，例如下面的代码：

```
<p style="color: red;">脚本之家</p>
```

这样看起来既方便又没有问题，但是它会在您的代码中产生问题。但是这样的编码方式就像打游击，是一种很山寨的做法。在开始写代码时，最好是在内容结构完成之后再开始加入样式代码。更好的做法是，把这个 P 的样式定义在样式表文件里，例如：

```
someElement > p {
color: red;
}
```

6.4 CSS 属性

CSS 属性是 CSS 中最为重要的内容之一，CSS 就是利用其本身的属性实现其绚丽的显示效果的。在 CSS 中常用的属性及其对应的属性值如下。

（1）字体属性：type

- font-family：使用什么字体。
- font-style：字体的样式，是否斜体，有 normal/italic/oblique。
- font-variant：字体大小写，有 normal/small-caps。
- font-weight：字体的粗细，有 normal/bold/bolder/lithter。
- font-size：字体的大小，有 absolute-size/relative-size/length/percentage。

（2）颜色和背景属性：backgroud

- color：定义前景色，例如 p{color:red}。
- background-color：定义背景色。
- background-image：定义背景图片。
- background-repeat：背景图案重复方式，有 repeat-x/repeat-y/no-repeat。
- background-attachmen：设置滚动，有 scroll（滚动）/fixe（固定的）。
- background-position：设置背景图案的初始位置，有 percentage/length/top/left/right/bottom。

（3）文本属性：block

定义排序：

- text-align：文字的对齐，有 left/right/center/justify。
- text-indent：文本的首行缩进，有 length/percentage。
- line-height：文本的行高，有 normal/numbet/lenggth/percentage（百分比）。

定义超链接：

- a: link {color:green;text-decoration:nore}：未访问过的状态。
- a: visited {color:ren;text-decoration:underline;16pt}：访问过的状态。
- a:hover {color:blue;text-decoration:underline;16pt}：鼠标激活的状态。

（4）块属性：block

边距属性：

- margin-top：设置顶边距。
- margin-right：设置右边距。

填充距属性：

- padding-top：设置顶端填充距。
- padding-right：设置右侧填充距。

（5）边框属性：border

- border-top-width：顶端边框宽度。
- border-right-width：右端边框宽度。

图文混排：

- width：定义宽度属性。
- height：定义高度属性。

（6）项目符号和编号属性：list

- display：定义是否显示符号。
- white-spac：怎样处理空白部分，有 normal/pre/nowrap。

（7）层属性：Type

用于设定对象的定位方式，有如下三种定位方式。

- Absolute：绝对定位。
- Relative：相对定位。
- Static：无特殊定位

（8）列表属性

（9）表格属性

（10）扩展属性

在上述属性中，有的只接受部分浏览器支持。至于 CSS 属性的更详细知识和具体用法，将在本书后面的章节中进行详细介绍。

6.5 几个常用值

在本书前面的内容中，了解了 CSS 选择符和常用的属性。而单位和属性值是 CSS 属性的基础，正确理解单位和值的概念将有助于 CSS 属性的使用。本节将对 CSS 中几个常用的单位和属性值进行简要介绍。

6.5.1 颜色单位

在 CSS 中，可以通过多种方式来定义颜色。其中最为常用的方法有如下两种。

（1）颜色名称定义

使用颜色名称定义颜色的方法只能实现比较简单的颜色效果，因为只有一定数量的颜色名称才能被浏览器识别。例如，如下代码定义了文字颜色为红色：

```
<style type="text/css">
<!--
.STYLE2 {color: red}/*使用颜色名 red 设置字体颜色*/
-->
</style>
</head>
<body>
<div class="STYLE2">要使用 CSS 呀</div><!--调用样式后的显示效果-->
</body>
```

执行后的效果如图 6-5 所示。

图 6-5　执行效果

浏览器能够识别的颜色名称如表 6-1 所示。

表 6-1　浏览器识别的颜色名称列表

颜 色 名 称	描　　述	颜 色 名 称	描　　述
red	红色	teal	深青
yellow	黄色	white	白色
blue	蓝色	navy	深蓝
silver	银色	olive	橄榄
purple	紫色	gray	灰色
green	绿色	lime	浅绿
maroon	褐色	aqua	水绿
black	黑色	fuchsia	紫红

（2）十六进制定义

十六进制定义是指使用颜色的十六进制数值定义颜色值。使用十六进制定义方法后，可以定义更加复杂的颜色。例如，如下代码使用十六进制数值定义了文字颜色：

```
<style type="text/css">
<!--
.STYLE2 {
 color: #0000FF/*使用十六进制: 0000FF，定义了文字颜色。*/
}
-->
</style>
</head>
<body>
<div class="STYLE2">要使用 CSS 呀</div><!--调用样式-->
</body>
```

执行后的效果如图 6-6 所示。

图 6-6　执行效果

注意：

在网页设计中，颜色的十六进制值有多个，用户可以从网上获取具体颜色的对应值。也可以在 Dreamweaver 中选择某元素颜色后，通过查看其代码的方法获取此颜色对应的十六进制值。Dreamweaver 方法获取的操作方法如图 6-7 所示。

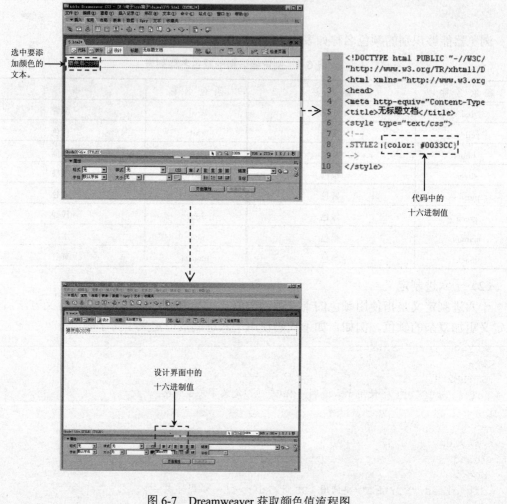

图 6-7　Dreamweaver 获取颜色值流程图

在使用十六进制颜色时，颜色值的前面一定要加上字符 "#"。

6.5.2　长度单位

在 CSS 中常用的长度单位有如下两种。

1. 绝对长度单位

常用的绝对长度单位如表 6-2 所示。

表 6-2　常用绝对长度单位列表

名　　称	描　　述	名　　称	描　　述
in	英寸	cm	厘米
mm	毫米	pt	磅
m	米	pc	pica

上述 CSS 长度单位和现实中测量用的长度单位一样。其中，pt（磅）和 pc（pica）是标准印刷单位，72 pt=1 in，1 pc=12 pt。

2．相对长度单位

在网页设计中，使用最为频繁的是相对长度单位。其中最为常用的相对长度单位如下。

（1）字体大小：em

em 的功能是，用来定义文本中 font-size（字体大小）的值。例如，在页面中对某文本定义的文字大小为 12 pt，那么对于这个文本元素来说，1 em 就是 12 pt。也就是说，em 的实际大小是受字体尺寸影响的。

（2）文本高度：ex

ex 和 em 类似，功能是定义文本中元素的高度。与 em 相同，因为不同字体的高度是不同的，所以 ex 的实际大小也受字体和字体尺寸的影响。

（3）像素：px

像素 px 是网页设计中最为常用的长度单位。在显示器中，界面将被划分为多个单元格，其中的每个单元格就是一个像素。像素 px 的具体大小是和屏幕分辨率有关的。例如，有一个 100 px 大小的字符，如图 6-8 所示。在 800×600 分辨率的屏幕上，字符显示宽度是屏幕的 1/8；而在 1 024×768 分辨率的屏幕上，字符显示宽度是屏幕的 1/10，从视觉角度来看，浏览者会以为字体变小了。

要使用CSS呀　　要使用CSS呀

图 6-8　不同分辨率的对比

6.5.3　百分比值

百分比值是网页设计中常用的数值之一，其书写格式如下。

```
数字%。
```

这里的数字可正可负。

在页面设计中，百分比值需要通过另外一个值对比得到。例如，一个元素的宽度为 200px，定义在它里面子元素的宽度为 20%，则此子元素的实际宽度为 40px。

6.5.4　URL 统一资源定位符

URL 是统一资源定位符的缩写，是指一个文件、文档或图片等对象的路径，通过这个路径后用户可以获取此对象的信息。使用 URL 的语法格式如下。

```
url（路径）
```

这里的"路径"是对象存放路径。URL 路径分为相对路径和绝对路径，在下面内容中将分别介绍。

1．相对路径

相对路径，是指相对于某文件本身所在位置的路径。例如，某 CSS 文件和文件名为 2.jpg 的图片处在同一目录下，当 CSS 给此图片设置某种样式时，可以使用如下代码：

```
body{background:url(2.jpg);}
```

在上述代码中，"2.jpg" 是相对于 CSS 文件的路径。

💡 **注意：**

> （1）在 HTML（XHTML）中使用相对路径时，是相对于 CSS 文件，而不是相对于 HTML（XHTML）页面文件本身。
>
> （2）url 和后面的括号 "（" 之间不能有空格，否则功能失效。

2．绝对路径

绝对路径，是指某对象放在网络空间中的绝对位置，是它的实际路径。例如，如下代码使用了绝对路径来调用某图片。

```
body{background:url(http://www.sohu.com/sports/guoji/2.jpg);}
```

在上述代码中，网址表示图片的实际存放路径。

6.5.5　URL 默认值

在 CSS 中的默认值，是指在页面中没有定义某属性值时的取值，CSS 中的基本默认值是 none 或 0。CSS 的默认值和所使用的浏览器有关。例如，body 元素的默认补白属性值在 IE 浏览器中是 0，而在 OPEAR 浏览器中是 8px。

6.6　在网页中使用 CSS

在网页中添加 CSS 的方法和将 CSS 添加到 XTML 文件中方法类似。在本节内容中，将对页面调用 CSS 的方式和使用优先级等知识进行简要介绍。

6.6.1　页面调用 CSS 方式

在现实应用中，在页面中通常使用如下 5 种方法调用 CSS。

（1）链接外部 CSS 样式表

链接外部 CSS 样式表方法，是指在 "<head></head>" 标记内使用<link>标记符调用外部 CSS 样式。若已有若干 CSS 外部文件，则在网页中用下列代码即可将 CSS 文档引入，然后在<body>部分直接使用 CSS 中的定义。

💡 **注意：**

> 使用此方法时，外部样式表不能含有任何像<HEAD>或<STYLE>这样的 HTML 的标记，并且样式表仅仅由样式规则或声明组成。

（2）文档中植入

文档中植入法，是指通过<style>标记元素将设置的样式信息作为文档的一部分用于页面中。所有样式表都应列于文档的头部，即包含在<HEAD> 和</HEAD>之间。在<HEAD>中，可以包含一个或多个<style>标记元素，但需要注意<style>和</style>成对使用，并注意将 CSS 代码置于 "<!--" 和 "-->" 之间。

请看下面的演示代码。

```
<head>
<meta http-equiv="Content-Type" content="text/html; charset=utf-8" />
<title>这里是我的标题</title>
<style type="text/css">
<!--
.STYLE1 {/*页面内定义样式*/
    color: #990000;
    font-size: 24px;
}
-->
</style>
<body>
<span class="STYLE1">我的 CSS 样式</span><!--调用样式显示-->
</body>
```

执行后的效果如图 6-9 所示。

图 6-9　执行效果

- 如果浏览器不能识别 STYLE 元素，就会将其作为 BODY 元素的一部分照常展示其内容，从而使这些样式表对用户是可见的。为了防止出现这种情况，建议将 STYLE 元素的内容包含在一个注解<!-- -->里面，像上述例子那样。
- 嵌入的样式表可用于当一个文档具有独一无二的样式时。如果多个文档都使用同一样式表，则方法 1（链接外部 CSS 样式表）会更适用。

（3）页面标记中加入

页面标记中加入，是指在某个标记符的属性说明中加入设置样式的代码。例如，如下代码使用此方法对文字进行了设置。

```
<title>这里是我的标题</title>
<body>
<H1 STYLE="color:#990033;font-family:Arial">我的样式</h1><!--加入样式-->
</body>
```

（4）导入 CSS 样式表

使用@import url 选择器可以导入第三方样式表，其实现方法类似于链接 link。它可以放在 html 文档的<style>与</style>标记符之间，与<link>的区别在于无论该网页是否应用了 CSS 样式表，它都将读取样式表；而<link>只有在该网页应用 CSS 样式表时，才去读样式表。下面代码说明了@import 选择器的使用：

```
<HEAD>
<Style type="text/css">
<!--
@import url(http://www.html.com/style.css);/*调用样式表的路径*/
TD { background: yellow; color: black }
-- >
</style>
</HEAD>
```

（5）脚本运用 CSS 样式

在 DHTML 页面中，可以使用脚本语句来实现 CSS 的调用。当 DHTML 页面结合使用内嵌的 CSS 样式和内嵌的脚本事件时，即可在网页上产生一些动态的效果，如动态地改变字体、颜色、背景、文本属性等。例如，在如下代码中将页面中的文本颜色进行了设置，当鼠标移动到文本上面时字体为红色，离开文本时字体为绿色。

执行效果如图 6-10 所示。

图 6-10　执行效果

6.6.2　通用优先级实战

在上述几种常用的页面调用方法中，在具体使用时的作用顺序是不同的。在接下来的内容中，将向读者介绍几种通常所遵循的优先级样式。

一般来说，在页面元素中直接使用的 CSS 样式是最先的优先级样式，其次是在页面头部定义的 CSS 样式，最后是使用链接形式调用的样式。

下面通过一个具体的实例来说明样式优先级的使用，本实例包含两个文件，分别是 youxian.html 和 style.css。其中，文件 style.css 的代码如下。

源码路径：daima\6\style.css

```
/*设置 P 元素的外部样式 P */
p {
    font:Arial, Helvetica, sans-serif;
    font-size:14px;
    color:#0000CC;
    background-color:#FFCC33;
}
```

文件 youxian.html 的主要代码如下。

源码路径：daima\6\youxian.html

```
<title>无标题文档</title>
<link href="style.css" type="text/css" rel="stylesheet"/>
<style type="text/css">
<!--
.STYLE1 {/*设置内部样式的文字大小和字体颜色*/
    font-size: 18px;
    color: #FF0000;
}
-->
</style>
</head>
<body>
<p class="STYLE1">花褪残红青杏小。燕子飞时，绿水人家绕。</p><!--调用上面设置的内部样式--STYLE1>
<p>枝上柳绵吹又少，天涯何处无芳草！</p>
<p>墙里秋千墙外道。墙外行人，墙里佳人笑。</p>
<p>笑渐不闻声渐悄，多情却被无情恼。</p>
</body>
```

执行后首行字符按照 P 样式显示，其余行按照外部样式 STYLE 显示。执行效果如图 6-11 所示。

图 6-11 执行效果

从上述实例的显示效果可以看出，如果某页面元素同时被设置了多个样式，并且样式内元素重复（例如上例中的两个样式都设置了字体颜色和字体大小），则应该首先遵循页面元素中直接调用的样式，然后再遵循其他样式。

6.6.3 类型选择符和类选择符实战

在页面中同时使用类型选择符和类选择符时，类选择符的优先级要高于类型选择符。也就是说，需要首先遵循类选择符，然后再遵循类型选择符。下面通过一个具体的实例来对比类型选择符和类选择符的优先级，本实例包含两个文件，分别是 youxian1.html 和 style1.css。其中，文件 style1.css 实现代码如下。

源码路径：daima\6\style1.css

```css
/*分别定义了类型选择符样式 p 和类选择符样式 mm */
p {
    font:Arial, Helvetica, sans-serif;
    font-size:14px;
    color:#0000CC;
    background-color:#FFCC33;
}
.mm {
     font:Geneva, Arial, Helvetica, sans-serif;
    font-size:20px;
    color:#990033;
    background-color:#FF99FF;
}
```

文件 youxian1.html 的主要代码如下。

源码路径：daima\6\youxian1.html

```html
<title>无标题文档</title>
<link href="style1.css" type="text/css" rel="stylesheet"/>
</head>
<body>
<p class="mm">花褪残红青杏小。燕子飞时，绿水人家绕。</p><!--调用类选择符样式 mm-->
<p>枝上柳绵吹又少，天涯何处无芳草！</p>
<p>墙里秋千墙外道。墙外行人，墙里佳人笑。</p>
<p>笑渐不闻声渐悄，多情却被无情恼。</p>
</body>
```

执行后首行字符按照类选择符样式 mm 显示，其余行按照类型选择符样式 p 显示。执行效果如图 6-12 所示。

图 6-12　执行效果

在上述实例代码中，通过类型选择符样式 p 和类选择符样式 mm，对文本首行同时设置了字体大小、字体颜色和背景颜色。页面显示执行后，文本首行所遵循的样式是类选择符样式 mm。这样可以清楚地看出，类选择符的优先级要高于类型选择符。

6.6.4　id 选择符实战

在页面设计中，id 选择符的优先级要高于类选择符。下面通过一个具体的实例来对比 id 选择符和类选择符的优先级，本实例包含两个文件，分别是 youxian2.html 和 style2.css。其中，文件 style2.css 代码如下。

源码路径：daima\6\style2.css

```
/*分别定义了类选择符样式 mm 和 ID 选择符样式 mm */
.mm{
    font:Arial, Helvetica, sans-serif;
    font-size:14px;
    color:#0000CC;
    background-color:#FFCC33;
}
#mm{
    font:Geneva, Arial, Helvetica, sans-serif;
    font-size:20px;
    color:#990033;
    background-color:#FF99FF;
}
```

源码路径：daima\6\youxian2.html

文件 youxian2.html 的主要代码如下。

```
<title>无标题文档</title>
<link href="style2.css" type="text/css" rel="stylesheet"/>
</head>
<body>
<!--首行同时调用类选择符样式 mm 和 ID 选择符样式 mm-->
<p class="mm" id="mm">花褪残红青杏小。燕子飞时，绿水人家绕。</p>
<p class="mm" id="mm">花褪残红青杏小。燕子飞时，绿水人家绕。</p>
<p class="mm">枝上柳绵吹又少，天涯何处无芳草！</p>
<p class="mm">墙里秋千墙外道。墙外行人，墙里佳人笑。</p>
<p class="mm">笑渐不闻声渐悄，多情却被无情恼。</p>
</body>
```

执行后首行字符按照 id 选择符样式 mm 显示，其余行按照类选择符样式 mm 显示。执行效果如图 6-13 所示。

图 6-13　执行效果

在上述实例代码中，通过类选择符样式 mm 和 id 选择符样式 mm，对文本首行同时设置了字体大小、字体颜色和背景颜色。页面显示执行后，文本首行所遵循的样式是 id 选择符样式 mm。这样可以清楚地看出，id 选择符的优先级要高于类选择符。

6.6.5 最近优先原则实战

最近优先原则是在页面设计中所遵循的原则。例如，在前面介绍的实例中，如果某元素的 id 选择符被定义在其父元素中，那么其父元素会使用最近定义的样式。

下面通过一个具体的实例来对比 id 选择符和类选择符的优先级，本实例包含两个文件，分别是 youxian3.html 和 style3.css。其中，文件 style3.css 代码如下。

```css
/*分别定义了类选择符样式mm和ID选择符样式mm */
.mm{
    font:Arial, Helvetica, sans-serif;
    font-size:14px;
    color:#0000CC;
    background-color:#FFCC33;
}
#mm{
    font:Geneva, Arial, Helvetica, sans-serif;
    font-size:20px;
    color:#990033;
    background-color:#FF99FF;
}
```

文件 youxian3.html 的主要代码如下。

```html
<title>无标题文档</title>
<link href="style3.css" type="text/css" rel="stylesheet"/>
</head>
<body>
<!--首行同时调用类选择符样式mm和ID选择符样式MM,但是类选择符样式mm更靠近首行文本.-->
<p id="mm">
<div class="mm">花褪残红青杏小。燕子飞时，绿水人家绕。</div>
</p>
<p id="mm">枝上柳绵吹又少，天涯何处无芳草！</p>
<p id="mm">墙里秋千墙外道。墙外行人，墙里佳人笑。</p>
<p id="mm">笑渐不闻声渐悄，多情却被无情恼。</p>
</body>
```

执行后首行字符按照最靠近它的类选择符样式 mm 显示，其余行按照 id 选择符样式 mm 显示。执行效果如图 6-14 所示。

图 6-14　执行效果

至此，样式优先级的知识介绍完毕。在网页设计过程中，要充分考虑样式优先级对页面显示效果的影响，避免因优先级而出现显示错误的问题。

6.7 CSS 的编码规范

CSS 的编码规范，是指在书写 CSS 编码时所遵循的规范。虽然以不同的书写方式对 CSS 的样式本身并没有什么影响，但是按照标准格式书写的代码会更加便于阅读，有利于程序的维护和调试。本节将对 CSS 样式的书写规范知识进行简要介绍。

6.7.1 书写规范

在网页设计过程中，标准的 CSS 书写规范主要包括如下两个方面。

（1）书写顺序

在使用 CSS 时，最好将 CSS 文件单独书写并保存为独立文件，而不是把其书写在 HTML 页面中。这样做的好处是，便于 CSS 样式的统一管理，便于代码的维护。

在编码时，建议用户先书写类型选择符和重复使用的样式，然后书写伪类代码，最后书写自定义选择符。这样做的好处是，便于在程序维护时的样式查找，提高工作效率。

（2）书写方式

在 CSS 中，虽然在不违反语法格式的前提下使用任何的书写方式都能正确执行。但是还是建议用户在书写每一个属性时，使用换行和缩进来书写。这样做的好处是，使编写的程序一目了然，便于程序的后续维护。例如，如下代码：

```
<style type="text/css">
<!--
.STYLE1 {
    font-size: 18px;/*使用换行和缩进*/
    color: #990033;
    font-family: Arial, Helvetica, sans-serif;
}
-->
</style>
<body>
<span class="STYLE1">变为红色
</SPAN></span>
</body>
```

💡 注意：

在书写 CSS 代码时，应该注意如下 3 点。

- CSS 属性中的所有长度单位都要注明单位，0 除外。
- 所有使用的十六进制颜色单位的颜色值前面要加上 "#" 字符。
- 充分使用注释。使用注释后，不但使页面代码变得更加清晰易懂，而且有助于开发人员的维护和修改。

6.7.2 命名规范

命名规范，是指 CSS 元素在命名时所要遵循的规范。在制作网页过程中，经常需要定义大量的选择符。如果没有很好地命名规范，会导致页面的混乱或名称的重复，造成不必要的麻烦。所以说，CSS 在命名时应遵循一定的规范，使页面结构达到最优化。

在 CSS 开发中，通常使用的命名方式是结构化命名方法。它是相对于传统的表现效果命名方式来说的。例如，当文字颜色为蓝色时，使用 green 来命名；当某页面元素位于页面中间时，使用 center 来命名。这种传统的方式表面看来比较直观和方便，但是这种方法不能达到标准布局所要求的页面结构和效果相分离的要求。所以，结构化命名方式便结合了表现效果的命名方式，实现样式命名。

例如，如下命名方式就是遵循了结构化命名方式。

- 体育新闻：sports-news。
- 后台样式：admin-css。
- 左侧导航：left-daohang。

使用结构化命名方法后，不管页面内容放在什么位置，其命名都有同样的含义。同时它可以方便页面中相同的结构，重复使用样式，节省其他样式的编写。表 6-3 中列出了常用页面元素的命名方法。

表 6-3 常用 CSS 命名方法

页面元素	名　称	页面元素	名　称
主导航	mainnav	子导航	subnav
页脚	foot	内容	content
头部	header	底部	footer
商标	label	标题	title
顶部导航	topnav	侧栏	sidebar
左侧栏	leftsidebar	右侧栏	rightsidebar
标志	logo	标语	banner
子菜单	submenu	注释	note
容器	container	搜索	search
登录	login	管理	admin

因为具体页面的使用目的不同，所以并没有适合所有页面的国际命名规范。在开发过程中，只要遵循 Web 标准所规定的结构和表现相分离这一原则，做到命名合理即可。

6.8 CSS 调试

CSS 调试是指对编写后的 CSS 代码进行调整，确保达到自己满意的效果。在使用 CSS 时，经常出现显示效果和设计预想的不一样，造成效果的差异，或者出现代码错误。造成上述结果的原因很多，可能是设计者一时大意而书写错误，或者是由于属性之间的冲突而造成的。当出现上述页面表现错误时，就需要进行 CSS 调试，找出错误的真正原因。本节将介绍 CSS 的基本调试知识。

6.8.1　设计软件调试

使用 Dreamweaver 调试是最简单的软件调试方法。作为主流的网页制作工具，

Dreamweaver 很好地实现了设计代码和预览界面的转换。设计者可以迅速地在 Dreamweaver 设计界面中进行代码调整，然后在浏览器中查看显示效果。通过上述方法可以很好地实现使代码和效果的统一，从而快速地找到问题所在。

另外，也有一部分是因为浏览器之间的差异造成的。这就需要进行多个浏览器的检测，确定真正问题所在。

6.8.2 继承性和默认值带来的问题

在页面测试时，经常出现如下情况：页面中的某元素没有任何指定样式，在显示效果中却体现了某中其他指定样式。造成上述问题的原因可能是，这个元素继承了它父元素的属性。例如，如下代码由于继承性问题而产生异常显示效果。

```
<title>这里是我的标题</title>
<style type="text/css">
<!--
.STYLE1 {font-size: 18px}
-->
</style>
<body style="color:#990000">
<span class="STYLE1">看我的样子</span>
</body>
```

执行后会发现执行效果继承了 body 元素样式，如图 6-15 所示。

在上述代码中，通过样式 STYLE1 设置了文本大小为 18px。在显示后的效果图中，文本文字的显示效果却是颜色为红色、字体大小为 18px。造成上述问题的原因是，在代码中设置了 body 元素的颜色属性为红色，body 元素将其样式继承给了它的子元素 span。

解决上述问题的方式是，重新定义相关属性来覆盖继承样式和默认样式。另外，应该合理地设计出清晰嵌套结构样式是解决上述问题的根本。

图 6-15 执行效果

（1）背景颜色寻找错位

为准确定位到页面的出错区域，可以向某页面元素添加背景颜色，来判断我们正在修改的代码是否目前影响页面中的内容。另外，可以充分利用 CSS 的一些常用边框属性，例如 style-width:1；border-color:red；border-style:solid 来定位出错区域。具体方法是给块加入一个外边框，一开始的边框比较大，然后逐渐缩小范围，就很容易定位到出错区域了。

（2）第三方软件调试

用户通常使用 DW、IE、FF 同时进行调试工作，上述方法虽然比较简单，但是三者之间的频繁转化让人觉得麻烦。第三方软件调试是利用专用软件来调试页面程序的方法，现实中常用的调试工具是 CSSVista。

CSSVista 是一款 Windows（只能在 XP 上使用）平台的第三方、免费的 CSS 编辑工具。其主要功能就是将 FF、IE6 及 CSS 编辑器集合到一个框架里面。可以所见即所得地对页面进行 CSS 调试。

CSSVista 需要运行在 Microsoft's .NET Framework 2.0 下。CSSVista 下载地址是 http://sitevista.com/cssvista/download.asp 。

（3）W3C 校验

在 W3C 的官方站点上可以测试个人设计页面样式的标准化。读者可以登录到 http://jigsaw.w3.org/css-validator/validator.html，对文件进行测试。其测试界面和结果界面分别如图 6-16 和图 6-17 所示。

图 6-16　W3C 测试界面

图 6-17　W3C 测试结果界面

在现实网页设计过程中，W3C 可以通过如下 3 种方式进行测试。

- 通过指定 URL。
- 通过文件上传。
- 表单直接输入测试。

6.9 综合应用——实现精致、符合标准的表单页面

本实例的功能是实现一个精致的、符合标准的表单效果，单击输入框后，立即会提示用户该输入框的填写要求，色彩搭配也极和谐。

实例 6-1	实现精致、符合标准的表单页面
源码路径	daima\6\6-1.html

实例文件 6-1.html 的具体实现代码如下。

```
<style>
@charset "utf-8";
html {background: #FFF;}
body,div,dl,dt,dd,ul,ol,li,h1,h2,h3,h4,h5,h6,pre,form,fieldset,input,p,blo
ckquote,th,td,ins,hr{margin: 0px;padding: 0px;}
p{cursor: text;}
h1,h2,h3,h4,h5,h6{font-size:100%;}
ol,ul{list-style-type: none;}
address,caption,cite,code,dfn,em,th,var{font-style:normal;font-weight:norm
al;}
table{border-collapse:collapse;}
fieldset,img{border:0;}
img{display:block;}
caption,th{text-align:left;}
body{position: relative;font-size:65.5%;font-family: "宋体"}
a{text-decoration: none;}
/*demo 所用元素值*/
#need {margin: 20px auto 0;width: 610px;}
#need li {height: 26px;width: 600px;font: 12px/26px Arial, Helvetica,
sans-serif;background: #FFD;border-bottom: 1px dashed #E0E0E0;display:
block;cursor: text;padding: 7px 0px 7px 10px!important;padding: 5px 0px 5px 10px;}
#need li:hover,#need li.hover {background: #FFE8E8;}
#need input {line-height: 14px;background: #FFF;height: 14px;width:
200px;border: 1px solid #E0E0E0;vertical-align: middle;padding: 6px;}
#need label {padding-left: 30px;}
#need label.old_password {background-position: 0 -277px;}
#need label.new_password {background-position: 0 -1576px;}
#need label.rePassword {background-position: 0 -1638px;}
#need label.email {background-position: 0 -429px;}
#need dfn {display: none;}
#need li:hover dfn, #need li.hover dfn {display:inline;margin-left: 7px;color:
#676767;}
</style>
<script type="text/javascript">
```

```
function suckerfish(type, tag, parentId) {
if (window.attachEvent) {
window.attachEvent("onload", function() {
var                                sfEls                                =
(parentId==null)?document.getElementsByTagName(tag):document.getElementById(p
arentId).getElementsByTagName(tag);
type(sfEls);
});
}
}
hover = function(sfEls) {
for (var i=0; i<sfEls.length; i++) {
sfEls[i].onmouseover=function() {
this.className+=" hover";
}
sfEls[i].onmouseout=function() {
this.className=this.className.replace(new RegExp(" hover\\b"), "");
}
}
}
suckerfish(hover, "li");
</script>
</head>
<body>
<ol id="need">
<li><label class="old_password">原始密码: </label> <input name=''
type='password' id='' /></li>
<li><label class="new_password">新的密码: </label> <input name=''
type='password' id='' /><dfn>（密码长度为 6~20 字节。不修改请留空）</dfn></li>
<li><label class="rePassword">重复密码: </label><input name='' type='password'
id='' /></li>
<li><label class="email">邮箱设置: </label> <input name='' type='text' id=''
/><dfn>（我们不会给您发送任何垃圾邮件。）</dfn></li>
</ol>
</body>
</html>
```

执行后的初始效果如图 6-18 所示。

图 6-18　执行效果

JavaScript 脚本语言

JavaScript 是一种脚本技术，页面通过脚本程序可以实现用户数据的传输和动态交互。本章将简要介绍 JavaScript 技术的基本知识，并通过具体的实例来介绍其具体的使用流程。

7.1 JavaScript 简介

在网页设计技术中，需要用一种技术让整个网页充满"活力"，其中 JavaScript 就是为提高网页内在美而推出的。

7.1.1 JavaScript 格式

使用 JavaScript 的语法格式如下。

```
<Scri pt Language ="JavaScript">
JavaScript 脚本代码1
JavaScript 脚本代码2
.......................
</Script>
```

7.1.2 一个典型的 JavaScript 文件

实例 7-1	说　明
源码路径	daima\7\1.html
功能	通过一段代码来认识 JavaScript 文件的基本结构

本实例的具体实现流程如下。

（1）在 Dreamweaver CS6 中新建一个 HTML 页面，单击"代码"标签打开代码界面。

（2）在"<head></head>"标签内输入一段 JavaScript 代码，如图 7-1 所示。

（3）将得到的文件保存为 1.html，单击"代码"标签获取其具体实现代码。文件 1.html 的具体实现代码如下。

```
<html>
<head>
<Script Language ="JavaScript">
  //JavaScript 开始
  alert("这是第一个 JavaScript 例子!");              //提示语句
  alert("欢迎你进入 JavaScript 世界!");              //提示语句
  alert("今后我们将共同学习 JavaScript 知识! ");      //提示语句
```

```
</Script>
</Head>
</Html>
```

图 7-1　编写代码

在上述实例代码中，"<Script Language="JavaScript"></Script>"之间的部分是 JavaScript 脚本语句。

实例执行后的显示效果如图 7-2 所示。

上述实例文件是 HTML 文档，其标识格式为标准的 HTML 格式。而在现实应用中的 JavaScript 脚本程序将被专门编写，并保存为".js"格式文件。当 Web 页面需要这些脚本程序时，只需通过"<script src="文件名"></script>"调用即可。

在 Dreamweaver 的 "新建" 选项中单击 "JavaScript" 即可新建一个 ".js" 格式文件。

图 7-2　显示效果图

7.2　数据类型

JavaScript 中的数据有不同的类型，JavaScript 通过数据类型来处理数字和文字，通过变量提供存放信息的地方，通过表达式完成较复杂的信息处理。本节将对 JavaScript 中数据类型知识进行简要介绍。

7.2.1　数据类型概述

在 JavaScript 中有如下四种基本的数据类型。

● 数值类型：包括常用的整数和实数。

● 字符串型类型：用双引号或单引号括起来的字符或数值。

● 布尔型：使用 True 或 False 表示的值。

● 空值。

在 JavaScript 的基本类型中的数据可以是常量,也可以是变量。由于 JavaScript 采用弱类型的形式,因而一个数据的变量或常量不必首先做声明,而是在使用或赋值时确定其数据的类型。当然也可以先声明该数据的类型,它是通过在赋值时自动说明其数据类型的。

7.2.2 JavaScript 常量

常量是一种固定不变的数据类型,在程序中一旦给常量定义数值,则一直保持这个固定的数值,直至程序模块结束。在 JavaScript 中主要包括如下 6 种常量类型。

1. 整型常量

JavaScript 的常量通常又称为字面常量,它是不能改变的数据。其整型常量可以使用十六进制、八进制和十进制来表示其具体值。

2. 实型常量

实型常量由整数部分和小数部分共同表示,如 12.32 和 193.98 等。也可以使用科学或标准方法表示,如 5E7 和 4e5 等。

3. 布尔值

布尔常量只有 True 或 False 两种状态,其主要功能是用来说明或代表一种对象的状态或标志,以说明操作流程。

> **注意:**
>
> JavaScript 中的布尔常量与 C++中的不同。C++可以用 1 或 0 表示其状态,而 JavaScript 只能用 True 或 False 来表示其状态。

4. 字符型常量

字符型常量即使用单引号(')或双引号(")括起来的一个或几个字符。例如,"This is a book of JavaScript"、"3245"和"ewrt234234"等。

5. 空值

JavaScript 中只有一个空值 null,表示什么也没有。如果试图引用没有定义的变量,则将返回一个 Null 值。

6. 特殊字符

同 C 语言一样,JavaScript 中同样有以反斜杠符号(/)开头的不可显示的特殊字符。通常称为控制字符,可以作为脚本代码的注释。

7.2.3 JavaScript 变量

JavaScript 变量在程序中会根据需要而改变自己的值。变量的主要功能是存取数据和提供存放信息的容器。在变量使用时必须明确变量的命名、类型、声明和其作用域。

1．变量的命名

JavaScript 中的变量命名与其他编成语言相比，主要遵循如下两点。

- 必须是一个有效的变量，即变量以字母开头，中间可以出现数字如 test1、text2 等。除下画线（－）作为连字符外，变量名称不能有空格、"＋"、"－"、","等其他符号。
- 不能使用 JavaScript 中的关键字作为变量。

在 JavaScript 中定义了四十多个类键字，这些关键字不能作为变量的名称，而只能在 JavaScript 内部使用。例如，var、int、double、true 不能作为变量的名称。同时在对变量命名时，最好把变量的意义与其代表的意思对应起来，以免出现错误。

2．变量的类型

在 JavaScript 中，通常使用命令 Var 实现变量声明，声明格式如下。

```
var 变量名="变量值";
```

但是，在上述格式中定义了一个变量名，并同时赋予了变量的值。

> 💡 **注意：**
>
> 在 JavaScript 中，变量也可以不做声明，在使用时再根据数据的类型来确定其变量的类型。例如下面的一段代码。
>
> ```
> x=100
> y="125"
> xy= True
> cost=19.5
> ```
> 其中 x 为整数，y 为字符串，xy 为布尔型，cost 为实型。

3．变量的声明和作用域

JavaScript 变量可以在使用前先做声明并赋值。因为 JavaScript 是采用动态编译的，而动态编译的缺点是不易发现代码中的错误，特别是变量命名的方面。但是当使用变量进行声明后，可以及时发现代码中的错误。

在 JavaScript 中有全局变量和局部变量。全局变量是定义在所有函数体之外，其作用范围是整个函数；而局部变量是定义在函数体之内，只对其该函数是可见的，而对其他函数则是不可见的。

7.3　表达式和运算符

在 JavaScript 应用中，通常使用表达式和运算符来实现对数据的处理。本节将简要介绍 JavaScript 表达式和运算符的基本知识，并通过具体实例的实现来介绍其实现流程。

7.3.1　JavaScript 表达式

在定义完变量后，就可以对其进行赋值、改变和计算等一系列处理，而上述过程通常由表达式来完成。由上述描述可以看出，JavaScript 表达式是变量、常量、布尔和运算符的集合。所以，表达式可以分为算术表述式、字串表达式、赋值表达式及布尔表达式等。

7.3.2 JavaScript 运算符

运算符是能够完成某种操作的一系列符号，例如加减乘除。在 JavaScript 中常用的运算符有如下几种：算术运算符、比较运算符、逻辑布尔运算符和字串运算。

JavaScript 中的运算符使用方式有双目运算符和单目运算符两种。其中，使用双目运算符的语法格式如下。

操作数 1 运算符 操作数 2

由上述格式可以看出，双目运算符由两个操作数和一个运算符组成。例如，50＋40 和 "This"+"that" 等。而单目运算符只需一个操作数，并且其运算符可在前或后。

1．算术运算符

JavaScript 中的算术运算符有单目运算符和双目运算符两种，其中常用的双目运算符如表 7-1 所示。

表 7-1　常用双目运算符列表

元　素	描　述	元　素	描　述
+	表示加	–	表示减
*	表示乘	/	表示除
|	表示按位或	&	表示按位与
<<	表示左移	>>	表示右移
>>>	表示零填充	%	表示取模

JavaScript 中常用的单目运算符如表 7-2 所示。

表 7-2　常用单目运算符列表

元　素	描　述	元　素	描　述
–	表示取反	~	表示取补
++	表示递加 1	––	表示递减 1

2．比较运算符

JavaScript 中比较运算符的基本操作过程如下。首先对它的操作对象进行比较，然后返回一个 true 或 False 值来表示比较结果。

JavaScript 中的常用比较运算符如表 7-3 所示。

表 7-3　比较运算符列表

元　素	描　述	元　素	描　述
<	表示小于	>	表示大于
<=	小于等于	>=	表示大于等于
=	表示等于	!=	表示不等于

3．布尔逻辑运算符

JavaScript 中的常用布尔逻辑运算符如表 7-4 所示。

表 7-4　布尔逻辑运算符列表

元　素	描　述	元　素	描　述
!	表示取反	&=	表示取与之后赋值
&	表示逻辑与	|=	表示取或之后赋值
|	表示逻辑或	^=	表示取异或之后赋值
^	表示逻辑异或	?:	表示三目运算符
||	表示或	==	表示等于
!=	表示不等于		

其中，三目运算符具体使用的语法格式如下。

```
操作数? 结果 1: 结果 2
```

如果操作数的结果为真，则表述式的结果为结果 1，否则为结果 2。

实例 7-2	说　明
源码路径	daima\7\2.html
功能	使用群组选择符设置样式

本实例的实现文件是"2.html"和"2.js"，其中文件 2.html 是一个测试页面，功能是调用文件 2.js 中定义的特效效果。文件 2.html 的主要代码如下。

```
<html xmlns="http://www.w3.org/1999/xhtml">
………………………………………
<style type="text/css">
<!--
body {
 background-color: #666666;                     /* 设置页面背景颜色 */
}
-->
</style>
<Script src ="2.js"></Script>                   <!--调用脚本程序-->
</head>
<body>
</body>
</html>
```

文件 2.js 的功能是定义页面的特效样式，实现了页面跑马灯显示的效果。文件 2.js 的实现代码如下。

```
var msg="这是一个跑马灯效果的 JavaScript 文档";
var interval = 100;                             //开始定义变量
var spacelen = 120;
var space10=" ";
var seq=0;
function Scroll() {                             //定义一个滚动函数
len = msg.length;                               //提示语句长度
window.status = msg.substring(0, seq+1);        //窗体状态
seq++;
if ( seq >= len ) {
seq = spacelen;
window.setTimeout("Scroll2();", interval );     //根据长度设置时间
```

```
}
else
window.setTimeout("Scroll();", interval );              //根据长度设置时间
}
function Scroll2() {
var out="";
for (i=1; i<=spacelen/space10.length; i++) out +=
space10;
out = out + msg;                                        //输出设置
len=out.length;                                         //获取长度
window.status=out.substring(seq, len);
seq++;
if ( seq >= len ) { seq = 0; };
window.setTimeout("Scroll2();", interval );             //设置时间
}
Scroll();
```

在上述实例代码中通过变量和函数的设置，结合窗体和载入提示语句的长度实现了跑马灯的显示效果。

执行后的效果如图 7-3 所示。

图 7-3　显示效果图

7.4　JavaScript 循环语句

JavaScript 程序是由若干语句组成的，循环语句是编写程序的指令。JavaScript 提供了完整的基本编程语句，本节将简要介绍常用 JavaScript 循环语句的基本知识。

7.4.1　if 条件语句

if 语句就是一个单项选择题，在答题卡上我们要么选择 A，要么选择 B，要么选择 C。if 条件语句的功能是，根据系统用户的输入值作出不同的反应提示。例如，可以编写一段特定程序实现对不同输入文本的反应。使用 if 条件语句的语法格式如下。

```
if（表述式）
```

```
语句段 1；
……
else
语句段 2；
……
```

上述格式的具体说明如下。

if-else 语句是 JavaScript 中最基本的控制语句，通过它可以改变语句的执行顺序。在其表达式中必须使用关系语句来实现判断，并且是作为一个布尔值来估算的。若 if 后的语句有多行，则必须使用花括号将其括起来。

另外，通过 if 条件语句可以实现条件的嵌套处理。if 语句的嵌套格式如下。

```
if (布尔值) 语句 1；
else (布尔值) 语句 2；
else if (布尔值) 语句 3；
……
else 语句 4；
```

在上述格式下，每一级的布尔表述式都会被计算。若为真，则执行其相应的语句；若为否，则执行 else 后的语句。

实例 7-3	说　　明
源码路径	daima\7\3.html
功能	使用 if-else 语句

实例文件 3.html 的功能是根据用户输入的字符而显示提示，主要实现代码如下。

```
<html xmlns="http://www.w3.org/1999/xhtml">
………………………………………………
<style type="text/css">
<!--
body {
background-color: #666666;
}
-->
</style>
<Script Language ="JavaScript">
var monkey_love = prompt("你喜欢吗？","敲入是或否。");       //判断语句
if (monkey_love == "是") then                              //如果值为是
{
alert("谢谢！很高兴您能来这儿！请往下读吧！");              //根据长度设置时间
}
</Script>
</head>
<body>
</body>
</html>
```

在上述实例代码中，首先将显示一个提问语句，当输入字符"是"并单击"确定"按钮后将显示 alert 中的提示。

执行效果如图 7-4 所示。

图 7-4　显示效果图

实例 7-4	说　明
源码路径	daima\7\4.html
功能	使用 it-else 语句

除了上述实例展示的功能外，还能根据用户输入的颜色标记而显示不同颜色的提示。看下面的代码：

```html
<html xmlns="http://www.w3.org/1999/xhtml">
…………………………………………
<script language="JavaScript">
var color = prompt("您喜欢哪种颜色，red还是blue? ","");
var adjective;
var fontcolor;
if (color == "red") {                          //输入red时的字符和颜色
  adjective = "活泼吧。";
  fontcolor="red";
} else if (color == "blue") {                   //输入blue时的字符和颜色
  adjective = "酷吧。";
  fontcolor="blue";
} else {                                        //输入其他时的字符和颜色
  adjective = "困惑吧。";
  fontcolor="black";
}
var sentence = "您喜欢" + fontcolor + "? 您很" +
  adjective + "<p>";
</script>
</head>
<body>
<script language="JavaScript">
document.writeln(sentence.fontcolor(fontcolor));   //输出对应提示
</script>
</body>
</html>
```

执行后将首先显示一个选择提示对话框，如图 7-5 所示。当输入字符"red"并单击"确定"按钮后将显示红色的提示字符，如图 7-6 所示。当输入字符"blue"并单击"确定"按钮后将显示蓝色的提示字符，如图 7-7 所示。

图 7-5 显示选择提示对话框

图 7-6 输入 red 后的效果

图 7-7 输入 blue 后的效果

7.4.2 for 循环语句

for 循环语句的功能是实现条件循环，当条件成立时执行特定语句集，否则将跳出循环。使用 for 循环语句的语法格式如下。

```
for (初始化; 条件; 增量)
语句集;
```

其中，"条件"是用于判别循环停止时的条件。若条件满足，则执行循环体，否则将跳出。"增量"用来定义循环控制变量在每次循环时按什么方式变化。三个主要语句之间，必须使用逗号分隔。

实例 7–5	说　　明
源码路径	daima\7\5.html
功能	使用群组选择符设置样式

实例文件 5.html 的功能是，根据定义变量的长度在页面中显示指定数量的文本。文件 5.html 的主要代码如下。

```
<html xmlns="http://www.w3.org/1999/xhtml">
…………………………………………
<script language="JavaScript">
var a_line="";                          //初始变量为空
var width="100";                        //定义变量大小
for (loop=0; loop < width; loop++)
{
```

```
    a_line = a_line + "看我的数量";                    //变量变化
  }
</script>
</head>
<body>
<body>
<script language="JavaScript">
  document.write (a_line);                          //输出变量
</script>
</body>
</html>
```

在上述实例代码中，首先定义了变量 a_line 的初始值为空值，变量 width 值为 100；然后使用 for 循环语句设置 loop=0 并持续加 1 直到 loop<width 位置；最后在 a_line 上加 width 次文本"看我的数量"，并在页面上输出 width 个文本"看我的数量"。

执行效果如图 7-8 所示。

图 7-8　显示效果图

变量名和函数名都是区分大小写的。就像配错的引号一样，这些大家都知道。但是，由于错误没有办法主动提出，所以这是一个提醒。为自己选择一个命名规则，并坚持它。看下面的代码：

```
getElementById('myId') != getElementByID('myId');  //它应该是"Id"而不是"ID"
getElementById('myId') != getElementById('myID');  // "Id"也不等于"ID"
document.getElementById('myId').stylAe.Color;       //返回 "undefined"
```

7.4.3　while 循环语句

while 循环语句与 For 语句一样，当条件为真时则重复循环，否则将退出循环。使用 while 循环语句的语法格式如下。

```
while（条件）
语句集;
```

实例 7-6	说　　明
源码路径	daima\7\6.html
功能	使用 while 循环语句

　　实例文件 6.html 的功能是，根据用户输入的数值在页面中显示指定数量的文本。文件 6.html 的主要代码如下。

```
<html xmlns="http://www.w3.org/1999/xhtml">
…………………………………………
<script language="JavaScript">
  var width = prompt("想显示几个 x 呀?","5");          //提示对话框
  var a_line="";                                      //变量赋值
  var loop=0;
while (loop < width)
  {
    a_line = a_line + "看我的数量";                    //变量处理
    loop=loop+1;
  }
</script>
</head>
<body>
<script language="JavaScript">
  document.write (a_line);                            //变量显示
</script>
</body>
</html>
```

　　在上述实例代码中，首先定义了变量 a_line 的初始值为空值，变量 loop 值为空；然后使用 while 循环语句设置当 loop 小于所请求的 width 时，在 a_line 上加入一次文本"看我的数量"，并在循环值上加 1；最后在页面上输出请求个数的文本"看我的数量"。

　　执行效果分别如图 7-9 和图 7-10 所示。

图 7-9　输入显示文本个数为 49

图 7-10　输出 49 个文本

7.4.4 do...while 循环语句

"do...while"的中文解释是"执行……当……继续执行"。在"执行（do）"后面跟随命令语句，在"当（while）"跟随一组判断表达式。如果判断表达式的结果为真，则执行后面程序代码。

"do...while"循环语句具体使用的语法格式如下。

```
do {
    <程序语句区>
    }
while(<逻辑判断表达式>)
```

实例 7-7	说　明
源码路径	daima\7\7.html
功能	使用 do...while 循环语句

实例文件 7.html 的功能是，在页面中换行输出从 1~10 的整数。文件 7.html 的主要代码如下。

```html
<html xmlns="http://www.w3.org/1999/xhtml">
…………………………………………
<style type="text/css">
<!--
body {
   background-color: #9966CC;
}
-->
</style>
</head>
<body>
<script>
var i=0;                          //变量初始值
  do {
  ++i
    document.writeln(i+"<br>");          //换行输出变量
}
  while (i<10)                   //变量小于 10 则继续执行
</script>
</body>
</html>
```

上述代码执行后的效果如图 7-11 所示。

JavaScript 是弱类型，除了在 switch 语句中。当 JavaScript 在 case 比较时，它是非弱类型。代码如下：

图 7-11　显示效果图

```
var myVar = 5;
if(myVar == '5'){              //返回 true，因为 JavaScript 是弱类型
 alert("hi");                  //这个 alert 将执行，因为 JavaScript 通常不在意数据类型
}
switch(myVar){
 case '5':
 alert("hi");                  //这个 alert 将不会执行，因为数据类型不匹配
}
```

7.4.5　break 控制

"break"控制的功能是终止某循环结构的执行，通常将 break 放在某循环语句的后面。使用 break 的语法格式如下。

```
循环语句
break
```

例如，下面的一段代码。

```
<script>
a=new array(5,4,3,2,1);        //数组初始值
sum=0                          //变量初始值
for(i=0,i<a.length;++i)        //小于数组长度则变量递增
  {
if (i==3 ) break;             //变量为 3 则停止
  sum+=a[i]
}
</script>
```

在上述代码中，for 语句在 i 等于 0、1、2、3 时执行。当 i 等于 3 时，if 条件为真，执行 break 语句，使 for 语句立刻终止。所以，for 语句终止时的 sum 值是 12。

7.4.6　switch 循环语句

"switch"的中文解释是"切换"，其功能是根据不同的变量值来执行对应的程序代码。如果判断表达式的结果为真，则执行后面的程序代码。

使用"switch"语句的语法格式如下。

```
switch (<变量>) {
  case<特定数值 1>:程序语句区;
             break;
  case<特定数值 2>:程序语句区;
             break;
  …
  case<特定数值 n>:程序语句区;
             break;
  default        :程序语句区;
}
```

其中，default 语句是可以省略的。省略后，当所有的 case 都不符合条件时，便退出 switch 语句。

7.5　JavaScript 函数

函数为程序设计人员提供了一个功能强大的处理功能。通常在进行一个复杂的程序设计

时，总是根据所要完成的功能，将程序划分为一些相对独立的部分，每部分编写一个函数。从而，使各部分充分独立，任务单一，程序清晰，易懂、易读、易维护。JavaScript 函数可以封装那些在程序中可能要多次用到的模块，并可作为事件驱动的结果而调用的程序。从而实现一个函数把它与事件驱动相关联。

7.5.1 函数的构成

JavaScript 函数由如下部分构成。

- 关键字：function。
- 函数或变量。
- 函数的参数：用小括号"( )"括起来，如果有多个则用逗号","分开。
- 函数的内容：通常由一些表达式构成，外面用大括号"{ }"括起来。
- 关键字：return。

其中，参数和 return 不是构成函数的必要条件。

实例 7–8	说　　明
源码路径	daima\7\9.html
功能	使用 do…while 循环语句

实例文件 9.html 的功能是，通过函数在页面内输出指定的文本。文件 9.html 的主要代码如下。

```html
<html>
………………………………………………
<style type="text/css">
<!--
body {
   background-color: #9966CC;
}
-->
</style>
</head>
<body>
<Script>
function showname(name)  {
  return "我叫"+name;
  }
document.write(showname("aaa"));
</Script>
</body>
</html>
```

在上述代码中，定义了一个名为"showname"的函数，"name"是函数的参数变量，然后通过 document 在页面内显示输出结果。

执行效果如图 7-12 所示。

图 7-12 显示效果图

7.5.2 JavaScript 常用函数

在 JavaScript 技术中常用的函数有以下几类：

（1）编码函数

编码函数即函数 escape()，功能是将字符串中的非文字和数字字符，转换成 ASCII 值。

（2）译码函数

译码函数即函数 unescape()，与编码函数完全相反，功能是将 ASCII 字符转换成一般数字。

（3）求值函数

求值函数即函数 eval()，有两个功能，一是进行字符串的运算处理，二是用来指出操作对象。

（4）数值判断函数

数值判断函数即函数 isNan()，功能是判断自变量参数是不是数值。

（5）转整数函数

转整数函数即函数 parseInt()，功能是将不同进制的数值转换成以十进制表示的整数值。使用 parseInt() 的语法格式如下。

```
parseInt(字符串[,底数])
```

通过上述格式可以将其他进制数值转换成为十进制。如果在执行过程中遇到非法字符，则立即停止执行，并返回已执行处理后的值。

● 转浮点函数

转浮点函数即函数 parseFloat()，功能是将指定字符串转换成浮点数值。如果在执行过程中遇到非法字符，则立即停止执行，并返回已执行处理后的值。

实例 7-9	说　　明
源码路径	daima\7\10.html
功能	使用函数 eval()

实例文件 10.html 的功能是通过函数 eval() 计算两个字符串的和，主要代码如下。

```
<html>
…………………………………………
<style type="text/css">
<!--
body {
  background-color: #9966CC;                    /*设置背景颜色*/
```

```
}
-->
</style>
</head>
<body>
<Script>
 mm=1+2;                                    //变量初始值
 zz=eval("1+2");                            //函数赋值
  document.write("1+2=",zz);                //输出结果
</Script>
</body>
</html>
```

在上述代码中，通过函数 eval()计算出"1+2"的和。

执行效果如图 7-13 所示。

图 7-13　显示效果图

7.6　JavaScript 对象

对象（object）是一组经过组织的数据。在 JavaScript 中的对象有两个相关联元素，分别是属性（Property）和方法（Method）。本节将对 JavaScript 对象的基本知识进行详细介绍。

7.6.1　对象基础知识

1．属性和方法

JavaScript 中的对象是由属性（properties）和方法（methods）两个基本元素构成的。其中，属性是对象在实施其所需要行为的过程中，实现信息的装载单位；方法是指对象能够按照设计者的意图而被执行，从而与特定的函数相连。

2．引用对象的路径

一个对象要真正地被使用，可采用以下几种方式进行引用处理。

- 引用 JavaScript 内部对象。
- 由浏览器环境中提供。
- 创建新对象。

通过上述描述可以看出，一个对象在被引用之前必须存在，否则这个引用将毫无意义，而出现错误信息。JavaScript 引用对象可通过如上三种方式获取，所以在引用时要么创建新的对象，要么利用现存的对象。

3．对象操作语句

因为 JavaScript 不是单纯面向对象的语言，所以没有提供面向对象语言的许多功能。因此将 JavaScript 称之为"基于对象"而不是"面向对象"。在 JavaScript 应用中，通常使用操作对象语句、关键词和运算符来实现对对象的操作。

（1）For...in 语句

"For...in"语句的功能是，对已知对象的所有属性进行操作的控制循环。"for...in"是将一个已知对象的所有属性反复置给一个变量，而不是使用计数器来实现。其具体使用的语法格式如下。

```
For(对象属性名 in 已知对象名)
```

"For...in"语句的优点是无须知道对象中属性的个数即可进行操作。

例如，下面函数 showData()的功能是显示数组内的内容。

```
Function showData(object)
 for (var X=0; X<30;X++)
document.write(object[i]);
```

函数 showData()通过数组下标顺序值，来访问每个对象的属性。在使用上述方式时，首先必须知道数组的下标值，否则若超出范围，将会发生错误。而使用 For...in 语句，则根本不需要知道对象属性的个数，代码如下。

```
Function showData(object)
 for(var prop in object)
document.write(object[prop]);
```

使用 For...in 语句时，For 自动将循环体中的属性取出来，直到最后为止。

（2）with 语句

with 语句的功能是，在语句体内任何对变量的引用都被认为是这个对象的属性，以节省一些程序代码。使用 with 语句的语法格式如下。

```
with object{
...}
```

在 with 语句后花括号中的内容，都属于后面 object 对象的作用域。

（3）this 关键词

this 是对当前的引用，在 JavaScript 由于对象的引用是多层次、多方位的，所以往往一个对象的引用又需要对另一个对象的引用，而另一个对象有可能又要引用另一个对象，这样有可能造成混乱。为此 JavaScript 提供了一个用于将对象指定当前对象的语句 this，用来明确具体的那个对象。

（4）ew 运算符

虽然在 JavaScript 中对象的功能基本能够满足大部分应用的需求，但是开发人员可以按照需求来创建自己的对象，以满足某一特定的、更加复杂的要求。通过使用 New 运算符后，可以创建出一个新的对象。使用 ew 运算符的语法如下。

```
Newobject=NEW Object(Parameters table);
```

其中，Newobject 是创建的新对象，object 是已经存在的对象，parameters table 是参数表，

new 是 JavaScript 中的命令语句。

4．属性的引用

在使用 JavaScript 对象时，可以通过如下三种方式实现对其属性的引用。

（1）使用点（.）运算符，例如下面的引用代码。

```
university.Name="山东省"
university.city="济南市"
university.Date="2007"
```

其中，university 是一个已经存在的对象，Name、City 和 Date 是 university 的三个属性，并通过操作对其赋值。

（2）通过对象的下标实现引用，引用代码如下：

```
university[0]="山东省"
university[1]="济南市"
university[2]="2007"
```

● 通过数组形式访问属性，可以使用循环操作获取其具体的值。代码如下：

```
function showunievsity(object)
for (var j=0;j<2; j++)
document.write(object[j])
```

如果采用 For...in 语句，则可以不知其属性的个数后即可实现上述功能。代码如下：

```
Function showmy(object)
for (var prop in this)
docament.write(this[prop]);
```

● 通过字符串的形式实现，引用代码如下。

```
university["Name"]="山东省"
university["City"]="济南市"
university["Date"]="2007"
```

5．方法的引用

在使用 JavaScript 对象时，实现对其方法引用的方法比较简单，只需通过如下语句即可实现。

```
ObjectName.methods()
```

methods()=FunctionName 方法实质上是一个函数。如引用 university 对象中的 showmy() 方法，则可以使用如下代码实现。

```
document.write (university.showmy())
```

或：

```
document.write(university)
```

如果要引用 math 内部对象中的 cos() 方法，则可以使用如下代码实现。

```
with(math)
document.write(cos(35));
document.write(cos(80));
```

如果不使用 with 语句，则引用时相对要复杂一些。

```
document.write(Math.cos(35))
document.write(math.sin(80))
```

7.6.2　JavaScript 常用对象和方法

JavaScript 提供了一些非常有用的常用内部对象和方法，用户不需要用脚本即可实现这些功能。在 JavaScript 中，提供了 string（字符串）、math（数值计算）和 Date（日期）三种对象及其相关的方法，从而为编程人员快速开发强大的脚本程序提供了非常有利的条件。本节，将对 JavaScript 中常用对象和方法的知识进行简要了解。

在 JavaScript 中对于对象属性与方法的引用，有如下两种情况。

● 对象是静态对象：即在引用该对象的属性或方法时不需要为它创建实例。

● 对象则在引用其属性或方法时必须为它创建一个实例，即该对象是动态对象。

对 JavaScript 内部对象的引用，是紧紧围绕着它的属性与方法进行的。因而明确对象的静动性或动态性，对于掌握和理解 JavaScript 内部对象具有非常重要的意义。

JavaScript 中常用的内部对象有如下几种。

（1）串对象

串对象即 string 对象，是一种静态对象。在访问 properties 和 methods 时，可使用（.）运算符实现。

string 对象具体使用的语法格式如下。

```
objectName.prop/methods
```

① 串对象的属性

string 对象只有一个属性：length，其功能是指定字符串中的字符个数，包括所有符号。例如下面的代码。

```
mytest="This is JavaScript"
mystringlength=mytest.length
```

mystringlength 最后返回 mytest 字符串的长度为 19。

② 串对象的方法

串对象的方法共有 19 个。主要用于有关字符串在 Web 页面中的显示、字体大小、字体颜色、字符的搜索及字符的大小写转换。

串对象各方法的具体说明如表 7-5 所示。

表 7-5　串对象常用方法列表

方　法	说　明
anchor()	锚点，用于创建如用 Html 文件中一样的 anchor 标记
big()	字符用大体字显示
Italics()	斜体字显示
bold()	粗体字显示
blink()	字符闪烁显示
small()	字符用小体字显示
fixed()	固定高亮字显示
fontsize(size)	控制字体的大小
fontcolor(color)	设置字体的颜色
toLowerCase()	字符串小写转换
toUpperCase()	字符串大写转换
indexOf[charactor,fromIndex]	字符搜索，从指定 formIndtx 位置开始搜索 charactor 第一次出现的位置

（2）math 对象

math 对象是算术函数对象的一种，功能是提供除了加、减、乘、除以外的一些运算。例如，对数和平方根等，是一种静态对象。

① 主要属性

对象 math 提供了 6 个属性，都是数学中经常用到的常数。

② 主要方法

math 对象中各方法的具体说明如表 7-6 所示。

表 7-6　math 对象常用方法列表

方　　法	说　　明
abs()	表示绝对值
sin()	表示正弦值
cos()	表示余弦值
asin()	表示反正弦值
acos()	表示反余弦值
tan()，atan()	分别表示正切、反正切值
round()	表示四舍五入
Pow(base,exponent)	表示基于几次方的值

（3）日期和时间对象

日期和时间对象的功能是提供一个有关日期和时间的对象。日期和时间对象是一个动态性对象，在使用时必须使用 New 运算符创建一个实例。例如下面的代码。

```
MyDate=New Date()
```

Date 对象没有提供直接访问的属性，只具有获取和设置日期和时间的方法。

日期和时间对象中获取日期的时间的方法如表 7-7 所示。

表 7-7　获取日期和时间方法列表

方　　法	说　　明
getYear()	返回年数
getMonth()	返回月份
getDate()	返回日期
getDay()	返回星期几
getHours()	返回小时
getMintes()	返回分钟
getSeconds()	返回秒
getTime()	返回毫秒

日期和时间对象中设置日期和时间的方法如表 7-8 所示。

表 7-8　设置日期和时间方法列表

方　　法	说　　明
setYear()	设置年
setDate()	设置当月号数

续表

方　法	说　明
setMonth()	设置当月份数
setHours()	设置小时数
setMintes()	设置分钟数
setSeconds()	设置秒数
setTime ()	设置毫秒数

7.7　JavaScript 事件

用户对浏览器内所进行的某种动作称之为事件。在 JavaScript 中，通常鼠标或热键的动作被称之为事件（Event），而由鼠标或热键引发的一连串程序的动作，称之为事件驱动（Event Driver）。而对事件进行处理的程序或函数，被称之为事件处理程序（Event Handler）。本节将对 JavaScript 事件的基本知识进行简要介绍。

7.7.1　JavaScript 常用事件

在 JavaScript 中有如下几种常用的事件。

● 事件 Abort

事件 Abort 的功能是，当对象未完全加载前对其终止。适用于 image 对象。

● 事件 Blur

事件 Blur 的功能是，将用户的输入焦点从窗口或表单上移开。适用于 window 及所有表单子组件。

● 事件 Change

事件 Change 的功能是，将用户的组件值进行修改处理。适用于 text、password 和 select。

● 事件 Click

事件 Click 的功能是，在某对象上单击。适用于 link 及所有表单子组件。

● 事件 DblClick

事件 DblClick 的功能是，在某对象上连续双击。适用于 link 及所有表单子组件。

● 事件 DrogDrop

事件 DrogDrop 的功能是，用鼠标左键或对象拖至窗口内。适用于 window 对象。

● 事件 Error

事件 Error 的功能是，加载文件或图像时发生错误。适用于 window 和 image 对象。

● 事件 Focus

事件 Focus 的功能是，将输入焦点或光标放到指定对象内。适用于 window 及所有表单子组件。

● 事件 KeyDown

事件 KeyDown 的功能是，响应用户按下键盘任意按键的一刹那。适用于 image、link 及所有表单子组件。

● 事件 KeyPress

事件 KeyPress 的功能是，响应用户按下键盘任意按键后，按键弹起的一刹那。适用于

image、link 及所有表单子组件。

● 事件 Load

事件 Load 的功能是，响应浏览器读入该文件时。适用于 document 对象。

● 事件 MouseDown

事件 MouseDown 的功能是，响应用户单击时。适用于 document、link 及所有表单子组件。

● 事件 MouseMove

事件 MouseMove 的功能是，响应用户移动鼠标光标时。适用于 document、link 及所有表单子组件。

● 事件 MouseOut

事件 MouseOut 的功能是，响应用户将鼠标光标离开某对象时。适用于 document、link 及所有表单子组件。

● 事件 MouseOver

事件 MouseOver 的功能是，响应用户将鼠标光标移动到某对象上时。适用于 document、link 及所有表单子组件。

● 事件 MouseUp

事件 MouseUp 的功能是，响应用户释放鼠标左键时。适用于 document、link 及所有表单子组件。

● 事件 Move

事件 Move 的功能是，响应用户或程序移动窗口时。适用于 window 对象。

● 事件 Reset

事件 Reset 的功能是，响应用户单击表单中的 Reset 按钮。适用于 form 对象。

● 事件 Resize

事件 Resize 的功能是，调整窗口的大小尺寸。适用于 window 对象。

● 事件 Select

事件 Select 的功能是，响应用户选取某对象时。适用于 text、password 和 select。

● 事件 Submit

事件 Submit 的功能是，响应用户单击表单中 Submit 按钮时。适用于 form。

● 事件 Unload

事件 Unload 的功能是，关闭或退出当前页面。适用于 document。

7.7.2 事件处理程序

所谓事件处理程序，是指当一个事件发生后要做什么处理。上节中介绍的 20 多种事件，每一种都有其专用的事件处理过程的定义方式。例如，事件 Load 的事件处理程序就是 OnLoad；同样，事件 Click 的事件处理程序就是 OnClick。

在现实应用中，通常将处理程序直接嵌入 HTML 标记内。

实例 7-10	说　明
源码路径	daima\7\11.html
功能	使用 JavaScript 事件来处理程序

实例文件 11.html 的功能是在页面载入时输出提示语句，主要代码如下。

```
<html>
………………………………………
<style type="text/css">
<!--
body {
    background-color: #9966CC;                          /*设置背景颜色*/
}
-->
</style>
</head>
<body onLoad='alert("你确定要访问此页吗?里面可能含有非法信息!!")'>  //载入提示信息
</body>
</html>
```

上述实例页面一旦载入便显示提示信息，具体效果如图 7-14 所示。

图 7-14　显示效果图

7.8　JavaScript 窗口对象

对窗口的操作是 JavaScript 中相当重要的环节。设计者可以根据现实需要实现窗口的各种变化，以达到用户界面的亲和力和用户的满意度。本节将对 JavaScript 的窗口对象知识进行简要介绍，并通过具体的应用实例来介绍其实现流程。

7.8.1　窗口对象

JavaScript 窗口对象包括多个属性、方法和事件驱动程序，设计者可以利用这些对象控制浏览器窗口显示的各个方面。例如，窗口对话框和框架等。

在使用窗口对象应注意如下几点。

- 该对象对应于 HTML 文档中的\<Body\>和\<FrameSet\>两种标识。
- onload 和 onunload 都是窗口对象属性。
- 在 JavaScript 脚本中可直接引用窗口对象。代码如下：

```
window.alert("窗口对象输入方法")
```

上述代码可以直接使用以下格式。

```
alert("窗口对象输入方法")
```

7.8.2 窗口对象的事件驱动

窗口对象主要有装入 Web 文档事件 onload 和卸载时 onunload 事件。用于文档载入和停止载入时开始和停止更新文档。另外，onError、onFocus、onBlur、onDrogDrop、onMove 和 onResize 也比较常用。

7.8.3 窗口对象中的属性

窗口对象中属性的功能是，对浏览器中存在的各种窗口和框架进行引用。JavaScript 窗口对象中主要包括如下几个常用属性。

1．frames

frames（帧）的功能是确定文档内帧的数目。frames 作为实现一个窗口的分隔操作，在现实中起到非常关键的作用，在使用应该注意如下几点。

- frames 属性是通过 HTML 标识<Frames>的顺序来引用的，它包含了一个窗口中的全部帧数。
- 帧本身已是一类窗口，继承了窗口对象所有的全部属性和方法。

2．Parent

Parent 的功能是指明当前窗口或帧的父窗口。

3．defaultstatus

defaultstatus 显示状态栏的默认信息，其值显示在窗口的状态栏中。

4．status

status 的功能是设置状态工具栏的临时性信息。

5．top

top 包括的是用以实现所有的下级窗口的窗口，即最上方的窗口。

6．window

window 是指当前窗口。

7．self

self 和 window 同意，是指当前窗口。

7.8.4 窗口对象的方法

窗口对象中属性的功能是，用来提供信息或输入数据及创建一个新的窗口。JavaScript 窗口对象中主要包括如下几个常用方法。

1．open()

使用方法 window.open（参数表）可以创建一个新的窗口。其中参数表提供窗口的主要特性和文档及窗口的命名。

2．OK 按钮的对话框

通过方法 alert()可以创建一个具有 OK 按钮的对话框。

3．同时具有 OK 和 Cancel 按钮的对话框

通过方法 confirm()可以为编程人员提供一个具有两个按钮的对话框。

4．具有输入信息的对话框

通过方法 prompt()可以允许用户在对话框中输入信息，其具体使用的语法格式如下。

```
prompt（"提示信息"，默认值)
```

7.8.5　JavaScript 窗口对象的应用

前面简要介绍了 JavaScript 窗口对象的基本知识，在本节的内容中将通过具体实例的实现，来向读者讲解各知识的具体使用方法。

1．信息的输入

通过 JavaScript 中的窗口对象方法 prompt()可以实现信息的输入功能。

实例 7-11	说　明
源码路径	daima\7\12.html
功能	使用方法 prompt()实现提示框效果

实例文件 12.html 的功能是在页面提供一个信息输入对话框，主要实现代码如下。

```html
<html>
…………………………………………………
<style type="text/css">
<!--
body {
  background-color: #9966CC;                          /*设置背景颜色*/
}
-->
</style>
</head>
<body>
<script language="JavaScript">
window.prompt("请输入数据:","快点输入吧!")           //输入框提示信息
</script>
</body>
</html>
```

执行效果如图 7-15 所示。

图 7-15　显示效果图

在使用 prompt 时，必须注意汉字双字节的问题。看下面的代码：

```
<script language="javascript">
insertText=prompt("请您输入: ","");
alert("[" + insertText + "]");
</script>
```

在上述代码中，输入的英文是正常的，但是输入汉字就不行了。例如，输入的是"中国"，本来是想输出"[中国]"，但是输出的却是"[中国"，后半部分给去掉了。

这是因为中文是双字节的 alert 认为你到最后一个中文字时就结束了，所以就没有了。

2. 输出信息

通过 JavaScript 中的窗口对象的多个方法可以实现信息的输出功能，主要有方法 window.alert()、document.write 和 document.writln()。请看下面的一段代码。

```
<html>
……………………………………………………
<style type="text/css">
<!--
body {
   background-color: #9966CC;
}
-->
</style>
</head>
<body>
<Script Language="JavaScript">
 document.write("交互的例子");
 my=prompt("请输入数据:","快点输入吧!");
 document.write("哈哈");
   document.close();
</Script>
</body>
</html>
```

将上述代码保存为"\daima\7\13.html"，首先通过 prompt()方法设置一个输入表单，如图 7-16 所示。单击"确定"按钮后，显示 document()方法输出的数据，如图 7-17 所示。

图 7-16　设置输入表单

图 7-17　输出的数据

7.9　JavaScript 框架对象

　　JavaScript 框架对象是可以被用来引导窗口中框架的对象。对于 JavaScript 来说，每一个框架对象是一个独立的窗口，所以框架对象可以使用窗口对象的属性和方法。本节将对 JavaScript 的框架对象知识进行简要介绍，并通过具体的应用实例来介绍其实现流程。

　　在本书前面的 HTML 部分已经详细介绍了框架标记的使用方法，使用框架的语法格式如下。

```
<FRAMESET>
  <FRAME  src="URL">
  <FRAME  src="URL">
  …
</FRAMESET>
```

　　下面将通过一个具体的实例向读者讲解 JavaScript 框架对象的使用方法。

实例 7-12	说　　明
源码路径	daima\7\14.html、14_1.html、14_2.html、14_3.html
功能	使用方法 prompt()实现提示框效果

　　本实例各实现文件的具体说明如下。

- 文件 14.html：功能是创建上、左、右三部分显示的框架页面。
- 文件 14_1.html：功能是设置顶部页面的内容。
- 文件 14_2.html：功能是设置左侧页面的内容。
- 文件 14_3.html：功能是设置右侧页面的内容。

　　其中文件 14.html 的主要代码如下。

```
<html>
……………………………………
<frameset rows="80,*" cols="*" frameborder="no" border="0" framespacing="0">
  <frame  src="14_1.html" name="topFrame" frameborder="yes" scrolling="No"
noresize="noresize" id="topFrame">
    <frameset    rows="*"    cols="172,*"    framespacing="0"    frameborder="no"
border="0" bordercolor="#0000FF">
    <frame src="14_2.html" name="leftFrame" frameborder="yes" scrolling="No"
```

```
noresize="noresize" id="leftFrame">
     <frame src="14_3.html" name="mainFrame" frameborder="yes" id="mainFrame">
   </frameset>
  </frameset>
  <noframes>
  <body>
  </body>
  </html>
```

　　文件 14_2.html 用于显示左侧页面的内容，首先通过表单标记实现下拉菜单效果；然后通过 JavaScript 实现数据的变化。其具体实现代码如下。

```
<body>
<Form name="test9_1">
请选择城市: <BR>
<Select name="select1" Multiple>
<Option>西藏自治区
<Option>浙江省
<Option>贵州省
<Option>山东省
<Option>江苏省
<Option>浙江省
<Option>安徽省
<Option>河南省
</select><BR>
<HR>
<Input Type="Submit" name="" value="提交">
<Input Type="reset" name="" value="复位">
</Form>
<pre>
<script language="JavaScript">
   document.test9_1.elements[0].options[0].text="拉萨市"; //设置下拉表单选项的信息
   document.test9_1.elements[0].options[1].text="杭州市"; //设置下拉表单选项的信息
 </script>
</pre>
</body>
```

　　执行后的效果如图 7-18 所示。

图 7-18　显示效果图

8 使用 jQuery Mobile 框架

jQuery Mobile 不仅给主流移动平台带来 jQuery 核心库，而且会发布一个完整统一的 jQuery 移动 UI 框架。支持全球主流的移动平台。jQuery Mobile 开发团队说：能开发这个项目，我们非常兴奋。移动 Web 太需要一个跨浏览器的框架，让开发人员开发出真正的移动 Web 网站。本章将详细讲解 jQuery Mobile 的基本知识。

8.1 jQuery Mobile 简介

jQuery Mobile 是 jQuery 在手机上和平板设备上的版本，本节将详细讲解 jQuery 的基本知识和特点。

8.1.1 jQuery 的优势

在网页制作领域中，jQuery 的主要功能和优势如下。

- jQuery 不但兼容 CSS 3，而且还兼容各种浏览器（IE 6.0+, FF 1.5+, Safari 2.0+, Opera 9.0+），jQuery 2.0 及后续版本将不再支持 IE6/7/8 浏览器。
- jQuery 使用户能够更加方便地处理 HTML documents、events、实现动画效果，并且方便地为网站提供 Ajax 交互。
- jQuery 为使用者提供了健全的文档说明，各种应用也讲解得十分详细。
- jQuery 为开发人员提供了许多成熟的插件，通过这些插件可以设计出动感的页面。
- jQuery 能够使用户的 HTML 页面保持代码和 html 内容分离，也就是说，不用在 html 里面插入一堆 js 来调用命令，只需定义 id 即可。

jQuery 是免费、开源的，使用 MIT 许可协议。jQuery 的语法设计可以使开发者更加便捷。例如，操作文档对象、选择 DOM 元素、制作动画效果、事件处理、使用 Ajax 及其他功能。除此以外，jQuery 提供的 API 可以让开发者编写插件，其模块化的使用方式使开发者可以很轻松地开发出功能强大的静态或动态网页。

具体来说，jQuery 的特点如下。

- 动态特效
- 支持 Ajax

- 通过插件来扩展
- 方便的工具，例如浏览器版本判断
- 渐进增强
- 链式调用
- 多浏览器支持，支持 Internet Explorer6.0+、Opera9.0+、Firefox2+、Safari2.0+、Chrome1.0+（在 2.0.0 中取消了对 Internet Explorer6，7，8 的支持）

8.1.2　jQuery Mobile 的特点

随着智能手机系统的普及，现在主流移动平台上的浏览器功能已经赶上了桌面浏览器，因此 jQuery 团队引入了 jQuery Mobile（简称 JQM）。JQM 的使命是向所有主流移动浏览器提供一种统一体验，使整个 Internet 上的内容更加丰富，而不管使用哪一种查看设备。

JQM 的目标是在一个统一的 UI 中交付超级 JavaScript 功能，跨越最流行的智能手机和平板电脑设备进行工作。与 jQuery 一样，JQM 是一个在 Internet 上直接托管、免费可用的开源代码基础。事实证明，当 JQM 致力于统一和优化这个代码基时，jQuery 核心库受到了极大关注。这种关注充分说明，移动浏览器技术在极短的时间内取得了多么大的发展。

与 jQuery 核心库一样，您的开发计算机上不需要安装任何东西；只需将各种 *.js 和 *.css 文件直接包含到您的 Web 页面中即可。这样，JQM 的功能就好像被放到了您的指尖，供大家随时使用。

在网页制作领域中，jQuery Mobile 的基本特点如下。

（1）一般简单性

JQM 框架简单易用，主要使用标记实现页面开发，无须或仅需很少 JavaScript。

（2）持续增强和优雅降级

尽管 jQuery Mobile 利用最新的 HTML5、CSS3 和 JavaScript，但并非所有移动设备都提供这样的支持。jQuery Mobile 同时支持高端和低端设备，比如那些没有 JavaScript 支持的设备，尽量提供最好的体验。

（3）Accessibility

jQuery Mobile 在设计时考虑了访问能力，它拥有 Accessible Rich Internet Applications（WAI-ARIA）支持，以帮助使用辅助技术的残障人士访问 Web 页面。

（4）小规模

jQuery Mobile 框架的整体大小比较小，JavaScript 库 12KB，CSS 6KB，还包括一些图标。

（5）主题设置

在 JQM 框架中提供了一个主题系统，允许用户提供自己的应用程序样式。

8.1.3　jQuery Mobile 对浏览器的支持

随着智能移动开发技术的发展，虽然在移动设备浏览器支持方面取得了长足的进步，但是并非所有移动设备都支持 HTML 5、CSS 3 和 JavaScript，而这个领域是 jQuery Mobile 的持续增强和优雅降级支持发挥作用的地方。

在移动开发领域中，持续增强（Progressive Enhancement）理念包含如下核心原则。

- 所有浏览器都应该能够访问全部基础内容。
- 所有浏览器都应该能够访问全部基础功能。
- 增强的布局由外部链接的 CSS 提供。
- 增强的行为由外部链接的 JavaScript 提供。
- 终端用户浏览器偏好应受到尊重。
- 所有基本内容应该（按照设计）在基础设备上进行渲染，而更高级的平台和浏览器将使用额外的、外部链接的 JavaScript 和 CSS 持续增强。

在目前的发展状况下，jQuery Mobile 支持如下移动平台。

- Apple iOS：iPhone、iPod Touch、iPad（所有版本）。
- Android：所有设备（所有版本）。
- Blackberry Torch（版本 6）。
- Palm WebOS Pre、Pixi。
- Nokia N900（进程中）。

8.1.4 jQuery Mobile 对移动平台的支持

目前 jQuery Mobile 支持绝大多数的台式机、智能手机、平板电脑和电子阅读器的平台，此外，对有些不支持的智能手机与旧版本的浏览器，通过渐进增强的方法可以逐步实现能够完全支持。因为浏览支持系统为三个级别，具体说明如下。

- A 级：表示完全基于 AJAX 的动画页面转换增加的体验效果，代表最优。
- B 级：表示仅是除了没有 Ajax 的动画页面转换增加的体验效果，其他的都可以很好地支持，代表良好。
- C 级：表示能够支持实现基本的功能，没有体验效果，代表较差。

在下面的内容中，详细列出了各个浏览器对 jQuery Mobile 的级别支持状况。

（1）A 级

- 苹果 iOS 3.2~7.0 - 最早的 iPad（4.3 / 5.0）、iPad 2（4.3），最早的 iPhone（3.1）、iPhone 3（3.2）、iPhone 3GS（4.3）和 iPhone 4（4.3 / 5.0）及其以上版本都支持。
- 对安卓 2.1~5.0 版本提供了良好的支持。
- Windows Phone 7~8.0 -HTC Surround（7.0）、HTC Trophy（7.5）和 LG-E900（7.5）。
- 黑莓 6.0 -Torch 9800 和 Style 9670。
- 黑莓 7 -BlackBerry Torch 9810。
- 黑莓 Playbook -PlayBook 版本 1.0.1 / 1.0.5。

（2）B 级

- 黑莓 5.0 - Storm 2 9550 和 Bold 9770。
- Opera Mini（5.0~6.0）-基于 iOS 3.2/4.3 操作系统。
- 诺基亚 Symbian^3 - 诺基亚 N8（Symbian^3）、C7（Symbian^3）、N97（Symbian^1）机型。

（3）C 级

- 黑莓 4.x - Curve 8330。
- Windows Mobile - HTC Leo（WInMo 5.2）。

● 所有版本较老的智能手机平台将不支持。

8.2 jQuery Mobile 的四大优势

在本章前面的内容中，已经讲解了 jQuery Mobile 的基本特点。其实在 jQuery Mobile 的众多特点中，有非常重要的四个突出优势：跨平台的 UI、简化标记的驱动开发、渐进式增强、响应式设计。本节将简要讲解上述四个特性的基本知识。

8.2.1 跨所有移动平台的统一 UI

通过采用 HTML 5 和 CSS 3 标准，jQuery Mobile 提供了一个统一的用户界面（User Interface，UI）。移动用户希望他们的用户体验能够在所有平台上保持一致。然而，通过比较 iPhone 和 Android 上的本地 Twitter app 可发现用户体验并不统一。jQuery Mobile 应用程序解决了这种不一致性，提供给用户一个与平台无关的用户体验，而这正是用户熟悉和期待的。此外，统一的用户界面还会提供一致的文档、屏幕截图和培训，而不管终端用户使用的是什么平台。

jQuery Mobile 也有助于消除为特定设备自定义 UI 的需求。一个 jQuery Mobile 代码库可以在所有支持的平台上呈现出一致性，而且无须进行自定义操作。与为每个 OS 提供一个本地代码库的组织结构相比，这是一种费用非常低廉的解决方案。而且就支持和维护成本而言，从长远来看支持一个单一的代码库也颇具成本效益。

8.2.2 简化的标记驱动的开发

jQuery Mobile 页面是使用 HTML 5 标记设计（styled）的。除了在 HTML 5 中新引入的自定义数据属性之外，其他一切东西对 Web 设计人员和开发人员来讲都很熟悉。如果你已经很熟悉 HTML 5，则转移到 jQuery Mobile 也应算是一个相对无缝的转换。就 JavaScript 和 CSS 而言，jQuery Mobile 在默认情况下承担了所有负担。但是在有些情况下，仍然需要依赖 JavaScript 来创建更为动态的或增强的页面体验。除了设计页面时用到的标记具有简洁性之外，jQuery Mobile 还可以迅速地原型化用户界面。可以迅速创建功能页面、转换和插件（widget）的静态工作流，从而通过最少的付出让用户看到活生生的原型。

8.2.3 渐进式增强

jQuery Mobile 可以为一个设备呈现出可能是最优雅的用户体验，也可以呈现出应用了完整 CSS3 样式的控件。尽管从视觉上来讲，C 级的体验并不是最吸引人的，但是它可以演示平稳降级的有效性。随着用户升级到较新的设备，C 级浏览器市场最终会减小。但是在 C 级浏览器退出市场之前，当运行 jQuery Mobile app 时，仍然可以得到实用的用户体验。

A 级浏览器支持媒体查询，而且可以从 jQuery Mobile CSS 3 样式（styling）中呈现出可能是最佳的体验。2C 级浏览器不支持媒体查询，也无法从 jQuery Mobile 中接收样式增强。

本地应用程序并不能总是平稳地降级。在大多数情况下，如果设备不支持本地 APP 特性（feature），甚至不能下载 APP。例如，iOS 5 中的一个新特性是 iCloud 存储，这个新特性使多个设备间的数据同步更为简化。出于兼容性考虑，如果创建了一个包含这个新特性的 iOS APP，则需要将 APP 的"minimum allowed SDK"（允许的最低 SDK）设置为 5.0。当我们的

APP 出现在 App Store 中时，只有运行 iOS 5.0 或者更高版本的用户才能看到。在这一方面，jQuery Mobile 应用程序更具灵活性。

8.2.4 响应式设计

jQuery Mobile UI 可以根据不同的显示尺寸来呈现。例如，同一个 UI 会恰如其分地显示在手机或更大的设备上，比如平板电脑、台式机或电视机。

（1）一次构建，随处运行

有没有可能构建一个可用于所有消费者（手机、台式机和平板电脑）的应用程序呢？完全有可能。Web 提供了一个通用的分发方式。jQuery Mobile 提供了跨浏览器的支持。例如，在较小的设备上用户可以使用带有简要内容的小图片，而在较大的设备上用户则可以使用带有详细内容的较大图片。如今，具有移动呈现功能（mobile presence）的大多数系统通常都支持桌面式 Web 和移动站点。在任何时候，只要你必须支持一个应用程序的多个分发版本，就会造成浪费。系统根据自己的需要"支持"移动呈现，以避免浪费的速率，会促成"一次构建、随处运行"的神话得以实现。

在某些情况下，jQuery Mobile 可以为用户创建响应式设计。下面将讲解 jQuery Mobile 的响应式设计如何良好地应用于竖屏（portrait）模式和横屏（landscape）模式中的表单字段。例如，在竖屏视图中，标签位于表单字段的上面。而当将设备横屏放置时，表单字段和标签并排显示。这种响应式设计可以基于设备可用的屏幕真实状态提供最合用的体验。jQuery Mobile 为用户提供了很多这样优秀的 UX（用户体验）操作方法。

（2）可主题化的设计

jQuery Mobile 提供另一个可主题化的设计，它可以允许设计人员快速地重新设计他们的 UI。在默认情况下，jQuery Mobile 提供了 5 个可主题化的设计，而且可以灵活地互换所有组件的主题，其中包括页面、标题、内容和页脚组件。创建自定义主题的最有用的工具是 ThemeRoller。

可以轻易地重新设计一个 UI。例如，可以迅速采用 jQuery Mobile 应用程序一个默认的主题，然后在几秒钟时间内就可以使用另外一个内置的主题来重新设计默认主题。在修改主题从列表中选择了另外一个主题。唯一需要添加的一个标记是 data-theme 属性。

```
<!--Set the lists background to black-->
<ul data-role="listview"data-inset="true" data-theme="a">
```

（3）可访问性

jQuery Mobile app 在默认情况下是 508（是一项联邦规则，它要求应用程序必须可以让残疾人用户来访问。移动 Web 上最常使用的辅助技术是屏幕阅读器）兼容的，这是一个对任何人来说都很有价值的特点。尤其是政府或国家机构要求他们的应用程序必须是100%可以访问的。而且，移动屏幕阅读器的使用量正在逐年增长。据 WebAIM5 报道，66.7%的屏幕阅读器用户都在他们的移动设备上使用屏幕阅读器。

8.3 jQuery Mobile 语法基础

在前面的内容中，讲解了 jQuery Mobile 独一无二的一些重要特征，并讲解了 jQuery

Mobile 开发所必须具备的基本知识。从本章内容开始，将正式步入 jQuery Mobile 的学习阶段，在本节将详细讲解 jQuery Mobile 的基础语法知识和具体用法，为读者步入本书后面知识的学习打下基础。

8.3.1　使用基本框架

在移动 Web 开发应用中，jQuery Mobile 的许多功能效果需要借助于 HTML 5 的新增标记和属性来实现，所以使用 jQuery Mobile 的页面必须以 HTML 5 的声明文档开始，在<head>标记中分别依次导入 jQuery Mobile 的样式文件、jQuery 基础框架文件和 jQuery Mobile 插件文件。在本节的内容中，将详细讲解 jQuery Mobile 的基本页面结构的知识。

在 jQuery Mobile 中，有一个基本的页面框架模型，这通常被称为页面模板。在页面中通过将标记的 "data-role" 属性设置为 "page"，这样可以形成一个容器或视图。而在这个容器中，最直接的子节点就是 "data-role" 属性为 "header"、"content"、"footer" 3 个子容器，分别形成了 "标题"、"内容"、"页脚" 3 个组成部分，分别用于容纳不同的页面内容。

在接下来的内容中，将通过一个具体实例来说明使用基本框架的方法。

题　目	目　的	源 码 路 径
实例 8-1	使用基本框架	daima\8\template.html

实例文件 template.html 的具体实现代码如下。

```
<!DOCTYPE html>
<html>
    <head>
    <meta charset="utf-8">
    <title>Page Template</title>
    <meta name="viewport" content="width=device-width, initial-scale=1">
    <link rel="stylesheet" href="http://code.jquery.com/mobile/1.0/jquery.mobile-1.0.
min.css" />
    <script src="http://code.jquery.com/jquery-1.6.4.min.js"></script>
    <script src="http://code.jquery.com/mobile/1.0/jquery.mobile-1.0.min.js"></script>
</head>
<body>
<div data-role="page">
    <div data-role="header">
        <h1>页头</h1>
    </div>
    <div data-role="content">
        <p>你好 jQuery Mobile!</p>
    </div>
    <div data-role="footer" data-position="fixed">
        <h4>页尾</h4>
    </div>
</div>
</body>
</html>
```

将上述 HTML 文件在台式机上运行后的效果如图 8-1 所示。

图 8-1 在台式机中的执行效果

　　如果在 Opera Mobile Emulator 中运行上述程序，则执行效果如图 8-2 所示。

　　对于上述代码来说，无论使用什么浏览器，运行效果都类似。这是因为上述模板符合 HTML 5 语法标准，并且包含了 jQuery Mobile 的特定属性和 asset 文件（CSS、js）。在接下来的内容中，开始对上述代码进行详细讲解。

　　（1）对 jQuery Mobile 来说，这是一个推荐的视图（viewport）配置。device-width 值表示让内容扩展到屏幕的整个宽度。initial-scale 设置了用来查看 Web 页面的初始缩放百分比或缩放因数。值为 1，则显示一个未缩放的文档。作为一名 jQuery Mobile 开发人员，可以根据应用程序的需要自定义视图的设置。例如，如果你希望禁用缩放，则可以添加 user-scalable= no。然而，如果禁用了缩放，则会破坏应用程序的可访问性，因此要谨慎使用。

图 8-2 在 Android 模拟器中的运行效果

　　（2）jQuery Mobile 的 CSS 会为所有的 A 级和 B 级浏览器应用风格（stylistic）的优化。可以根据需要自定义或添加自己的 CSS。

　　（3）jQuery 库是 jQuery Mobile 的一个核心依赖，如果你的 APP 需要更多动态行为，则强烈建议在你的移动页面中使用 jQuery 的核心 API。

　　（4）如果需要改写 jQuery Mobile 的默认配置，则可以应用你的自定义设置。

　　（5）jQuery Mobile JavaScript 库必须在 jQuery 和任何可能存在的自定义脚本之后声明。jQuery Mobile 库是增强整个移动体验的核心。

　　（6）data-role="page"为一个 jQuery Mobile 页面定义了页面容器。只有在构建多页面设计时，才会用到该元素。

（7）data-role= "header"是页眉（header）或标题栏，该属性是可选的。

（8）data-role="content"是内容主体的包装容器（wrapping container），该属性是可选的。

（9）data-role="footer"包含页脚栏，该属性是可选的。

在 jQuery Mobile 开发应用过程中，优化移动体验增强标记的基本流程如下。

（1）jQuery Mobile 载入语义 HTML 标记。

（2）jQuery Mobile 会迭代由它们的 data-role 属性定义的每一个页面组件。由于 jQuery Mobile 迭代每一个页面组件，因此会为每一个应用优化过的移动 CSS 3 组件添加标记。jQuery Mobile 最终会将标记添加到页面中，从而让页面能够在所有平台上普遍呈现。

（3）在完成页面的标记添加之后，jQuery Mobile 会显示优化过的页面。要查看由移动浏览器呈现的添加源文件，实现代码如下。

```
<!DOCTYPE html>
<html class="ui-mobile">
<head>
    <base href="http://www.server.com/app-name/path/">
    <meta charset="utf-8">
    <title>Page Header</title>
    <rneta content="width=device-width, initial-scale=i" name="viewport">
    <link rel="stylesheet" type="text/css" href="jquery.mobile-min.css" />
    <script type="text/javascript" src="jquery-min.js"></script>
    <script type="text/javascript" src="jquery.mobile-min.js"></script>
</head>
<body class="ui-mobile-viewport">
    <div class="ui-page ui-body-c ui-page-active" data-role="page"
        style="min-height: 320px;">
      <div class="ui-bar-a ui-header" data-role="header" role="banner">
        <hl class="ui-title" tabindex="o" role="heading" aria-level="l">
          页头</hl></div>
      <div class="ui-content" data-role="content" role="main">
    <p>你好 jQuery Mobile!</p>
    </div>
    <div class="ui_bar-a ui-footer ui-footer-fixed fade ui-fixed-inline"
    data-position="fixed"data-role="footer"role="contentinfo"
    style="top: 508px;">
    <h4 class="ui-title"tabindex="0"role="heading"aria-level="1">
    页尾</h4>
    </div>
    </div>
    <div class="ui-loader ui-body-a ui-corner-all"style="¨top: 334.5px;">
    <span class="ui-icon ui-icon-loading spin"></span>
    <hi>载入</hi></div>
</body>
</html>
```

对上述代码的具体说明如下。

（1）base 标签（tag）的@href 为一个页面中的所有链接指定了一个默认的地址或默认的目标。例如，当载入特定页面的资源（assets）时（比如图片、CSS、js 等）iQueryMobile 会用到@href。

（2）body 标签包含了 header、content 和 footer 组件的增强样式。默认情况下，所有的组件都是使用默认的主题和特定的移动 CSS 增强来设计（styled）的。作为一个额外的好处，所有的组件现在都证明了可访问性，而这要归功于 WAI-ARIA 角色和级别。我们可以免费获得这些增强。

现在你应该感觉到，可以很容易地设计一个基本的 jQuery Mobile 页面。前面已经介绍了核心的页面组件（page、header、content、footer），并看到了一个增强的 jQuery Mobile 页面所产生的文档对象模型（Document Object Model，DOM）。接下来，开始讲解 jQuery Mobile 的多页面模板。

8.3.2 多页面模板

在一个供 jQuery Mobile 使用的 HTML 页面中，可以包含一个元素属性 "data-role" 值为 "page" 的容器，也允许包含多个以形成多容器页面结构。容器之间各自相互独立，拥有唯一的 Id 号属性。当页面加载时，以堆栈的方式同时加载。当容器访问时，以内部链接 "#" 加对应 "id" 的方式进行设置。当单击该链接时，jQuery Mobile 将在页面文档寻找对应 id 号的容器，以动画效果切换至该容器中，实现容器间内容的访问。

由此可见，jQuery Mobile 支持在一个 HTML 文档中嵌入多个页面的能力，该策略可以用来预先获取最前面的多个页面，当载入子页面时，其响应时间会缩短。读者在下面的例子中可以看到，多页面文档与我们前面看到的单页面文档相同，第二个页面附加在第一个页面后面的情况除外。

在接下来的内容中，将通过一个具体实例来讲解使用多页面模板的方法。

题　　目	目　　的	源 码 路 径
实例 8-2	使用多页面模板	daima\8\duo.html

实例文件 duo.html 的具体实现代码如下。

```
<!DOCTYPE html>
<html>
    <head>
    <meta charset="utf-8">
    <title>Multi Page Example</title>
    <meta name="viewport" content="width=device-width, initial-scale=1">
    <link rel="stylesheet" href="http://code.jquery.com/mobile/1.0/jquery.mobile-1.0.
min.css" />
    <script src="http://code.jquery.com/jquery-1.6.4.min.js"></script>
    <script type="text/javascript">/* Shared scripts for all internal and ajax-loaded
pages */</script>
    <script src="http://code.jquery.com/mobile/1.0/jquery.mobile-1.0.min.js">
</script>
    </head>
<body>
<!-- First Page -->
<div data-role="page" id="home" data-title="Welcome">
    <div data-role="header">
        <h1>Multi-Page</h1>
    </div>
```

```
        <div data-role="content">
            <a href="#contact-info" data-role="button">联系我们</a>
        </div>
        <script type="text/javascript">
            /* Page specific scripts here. */
        </script>
    </div>
    <!-- Second Page -->
    <div data-role="page" id="contact-info" data-title="Contacts">
        <div data-role="header">
            <h1>联系我们</h1>
        </div>
        <div data-role="content">
            联系信息详情...
        </div>
    </div>
    </body>
    </html>
```

对上述实例代码的具体说明如下。

（1）多页面文档中的每一个页面必须包含一个唯一的 id，每个页面可以有一个 page 或 dialog 的 data-role。最初显示多页面时，只有第一个页面得到了增强并显示出来。例如，当请求 multi-page.h 的文档时，其 id 为"home"的页面将会显示出来，原因是它是多页面文档中的第一个页面。如果想要请求 id 为"contact"的页面，则可以通过在多页面文档名的后面添加页面标识号，以内部页面的 id 名方式来显示，此时就是 multi-page.html#contact。当载入一个多页面文档时，只有初始页面会被增强并显示，后续页面只有当被请求并被缓存到 DOM 内时才会被增强。对于要求有快速响应时间的页面来说，该行为是很理想的。为了设置每一个内部页面的标题，可以添加 data-title 属性。

（2）当链接到一个内部页面时，必须通过页面的 id 来引用。例如，contact 页面的 href 链接必须被设置为 href="#contact"。

（3）如果想查看特定页面中的脚本，则它们必须被放置在页面容器内。该规则同样也适用于通过 Ajax 载入的页面。例如，在 multi-page.html#contact 的内部声明的任何 JavaScript 无法被 multi-page.html#home 来访问。只有活跃页面的脚本可以被访问。但是，在父文档的 head 标签内声明的所有的脚本，包括 iQuery、jQuery Mobile 和自己的自定义脚本，都可以被内部页面和通过 Ajax 载入的页面来访问。

上述代码的初始执行效果如图 8-3 所示。

单击"联系我们"按钮后会显示一个新界面，如图 8-4 所示。此新界面效果也是由上述代码实现的。

图 8-3　初始执行效果　　　　　　　图 8-4　显示一个新界面

8.3.3 设置内部页面的页面标题

需要重点注意的是，内部页面的标题（title）可以按照如下优先顺序进行设置。

（1）如果 data-title 值存在，则它会用作有内部页面的标题。例如，"multi-page.html#home" 页面的标题将被设置为 "Home"。

（2）如果不存在 data-title 值，则页眉（header）将会用作内部页面的标题。例如，如果 "multi-page.html#home" 页面的 data-title 属性不存在，则标题将被设置为页面 header 标记的值 "Welcome Home"。

（3）如果内部页面既不存在 data-title，也不存在页眉，则 head 标记中的 title 元素将会用作内部页面的标题。例如，如果 "multi-page.html#page" 页面不存在 data-title 属性，也不存在页眉，则该页面的标题将被设置为其父文档的 title 标记的值 "Multi Page Example"。

在接下来的内容中，将通过一个具体实例来讲解设置内部页面的页面标题的方法。

题　　目	目　　的	源 码 路 径
实例 8-3	设置内部页面的页面标题	daima\8\nei.html

实例文件 nei.html 的具体实现代码如下。

```html
<!DOCTYPE html>
  <head>
  <meta charset="utf-8">
  <title>Page Template</title>
  <meta name="viewport" content="width=device-width, initial-scale=1">
  <link                                              rel="stylesheet"
href="http://code.jquery.com/mobile/1.0/jquery.mobile-1.0.min.css" />
  <script src="http://code.jquery.com/jquery-1.6.4.min.js"></script>
  <script
src="http://code.jquery.com/mobile/1.0/jquery.mobile-1.0.min.js">
</script>
  </head>
  <body>
  <div data-role="page">
  <div data-role="header"><h1>天气预报</h1></div>
  <div data-role="content">
      <p><a href="#w1">今天</a> | <a href="#">明天</a></p>
  </div>
  <div data-role="footer"><h4>这是页脚</h4></div>
  </div>

  <div data-role="page" id="w1" data-add-back-btn="true">
  <div data-role="header"><h1>今天天气</h1></div>
  <div data-role="content">
      <p>4~-7℃<br />晴转多云<br />微风</p>
  </div>
  <div data-role="footer"><h4>这是页脚</h4></div>
  </div>
  </body>
  </html>
```

在上述实例代码中，当从第一个容器切换至第二个容器时，因为采用的是 "#" 加对应 "id" 的内部链接方式，所以无论在一个页面中相同框架的 "page" 容器有多少，只要对应的

id 号唯一，就可以通过内部链接的方式进行容器间的切换。在切换时，jQuery Mobile 会在文档中寻找对应"id"的容器，然后通过动画的效果切换到该页面中。当从第一个容器切换至第二个容器后，可以通过如下两种方法从第二个容器返回第一个容器。

（1）在第二个容器中增加一个<a>元素，通过内部链接"#"加对应"id"的方式返回第一个容器。

（2）在第二个容器的最外层框架<div>元素中添加属性"data-add-back-btn"，该属性表示是否在容器的左上角增加一个"回退"按钮，默认值为"false"。如果设置为"true"，则会出现一个"back"按钮，单击该按钮后会回退上一级的页面显示。

本实例执行后的效果如图 8-5 所示，单击"今天"超链接后的效果如图 8-6 所示。

图 8-5　初始执行效果　　　　　　图 8-6　单击"今天"超链接后的效果

在本实例中，在一个页面中可以通过"#"加对应"id"的内部链接方式实现多容器间的切换。如果不是在同一个页面中，则这个方法将失去作用。因为在切换过程中需要先找到页面，再去锁定对应"id"容器的内容，而并非直接根据"id"切换至容器中。

8.3.4　设置外部页面链接

在 jQuery Mobile 开发应用过程中，虽然在页面中可以借助容器的框架来实现多种页面的显示效果，但是把全部代码写在一个页面中会延缓页面被加载的时间，造成代码冗余的问题，并且不利于功能的分工与维护的安全性。所以在 jQuery Mobile 中可以采用开发多个页面并通过外部链接的方式，实现页面相互切换的效果。

在 jQuery Mobile 应用中，如果单击一个指向外部页面的超链接，例如 about.html。jQuery Mobile 会自动分析这个 URL 地址，并自动产生一个 Ajax 请求。在请求过程中，会弹出一个显示进度的提示框。如果请求成功，jQuery Mobile 将自动构建页面结构，并注入主页面的内容。与此同时，会初始化全部的 jQuery Mobile 组件，将新添加的页面内容显示在浏览器中。如果请求失败，jQuery Mobile 将弹出一个错误信息提示框，该提示框会在数秒后自动消失，页面也不会刷新。

如果不想使用 AJax 请求的方式打开一个外部页面，只需在链接元素中将"rel"属性设置为"external"即可。此时该页面将脱离整个 jQuery Mobile 的主页面环境，以独自打开的页面效果在浏览器中显示。

8.3.5　实现页面后退链接

在 jQuery Mobile 开发应用过程中，如果将"page"容器的"data-add-back-btn"属性设置为"true"，我们可以后退至上一页。也可以在 jQuery Mobile 页面中添加一个<a>元素，将该元素的"data-rel"属性设置为"back"，同样也可以实现后退至上一页的功能。因为一旦该链接元素的"data-rel"属性设置为"back"，单击该链接将被视为后退行为，并且将忽视"href"属性的 URL 值，直接退回至浏览器历史的上一页面。

在接下来的内容中，将通过一个具体实例来讲解设置内部页面的页面标题的方法。

题　目	目　的	源　码　路　径
实例 8-4	实现页面后退链接	daima\8\hou.html

实例文件 hou.html 的具体实现流程如下。

（1）在新建的 HTML 页面中添加两个 page 容器，当单击第一个容器中的"测试后退链接"超链接时会切换到第二个容器。

（2）当单击第二个容器中的"返回首页"超链接时，将以回退的方式返回第一个容器中。

实例文件 hou.html 的具体实现代码如下。

```html
<body>
<div data-role="page">
  <div data-role="header"><h1>测试</h1></div>
  <div data-role="content">
      <p><a href="#e">测试后退链接</a></p>
  </div>
  <div data-role="footer"><h4>页脚部分</h4></div>
</div>

<div data-role="page" id="e">
  <div data-role="header"><h1>测试</h1></div>
  <div data-role="content">
      <p>
        <a href="http://www.toppr.net.cn" data-rel="back">
            返回首页
        </a>
      </p>
  </div>
  <div data-role="footer"><h4>页脚部分</h4></div>
</div>
</body>
```

在上述代码中，当用户在第二个 page 容器中单击"返回首页"超链接后可以后退到上一页，此功能的实现方法是在添加<a>元素时将"data- rel"属性设置为"back"，这表明任何的单击操作都被视为回退动作，并且忽视元素"href"属性值设置的 URL 地址，只是直接回退到上一个历史记录页面；这种页面切换的效果可以用于关闭一个打开的对话框或页面。

执行后的效果如图 8-7 所示。当单击第一个容器中的"测试后退链接"超链接时会切换到第二个容器，如图 8-8 所示。当单击第二个容器中的"返回首页"超链接时，将以回退的方式返回到第一个容器中。

图 8-7　初始执行效果

图 8-8　第二个容器界面

8.3.6　使用 Ajax 修饰导航

Ajax 是指异步 JavaScript 及 XML，是 Asynchronous JavaScript And XML 的缩写。Ajax 不是一种新的编程语言，而是一种用于创建更好、更快及交互性更强的 Web 应用程序的技术。通过使用 Ajax，我们的 JavaScript 可使用 JavaScript 的 XMLHttpRequest 对象来直接与服务器进行通信。通过这个对象，我们的 JavaScript 可在不重载页面的情况与 Web 服务器交换数据。Ajax 在浏览器与 Web 服务器之间使用异步数据传输（HTTP 请求），这样即可使网页从服务器请求少量的信息，而不是整个页面。

通过本章前面内容的学习，已经了解到 jQuery Mobile 如何从一个内部页面导航到另外一个内部页面。当多页面文档在初始化时，内部页面已经添加到 DOM 中，这样从一个内部页面转换到另外一个页面时，速度才会快。在从一个页面导航到另外一个页面时，我们可以配置要应用的页面转换类型。默认情况下，框架会为所有的转换应用一个"滑动（slide）"效果。在本章后面，我们会讨论可以选择的转换和转换类型。

```
<!--导航到内页-->
    <div data-role="content">
    <a href="#contact" data-role="button">Contact Us</a>
    </div>
```

当一个单页面转换到另外一个单页面时，导航模型是不同的。例如，我们可以从多页面中提出 contact 页面，然后命名为 contact.html 文件。在主页面（hijax.html）中，可以通过一个普通的 HTTP 链接引用来返回 contact 页面。在接下来的内容中，将通过一个具体实例来讲解在 jQuery Mobile 页面中使用 Ajax 驱动导航的方法。

题　目	目　的	源　码　路　径
实例 8-5	在 jQuery Mobile 页面中使用 Ajax 驱动导航	daima\8\ajax.html daima\8\contact.html

实例文件 ajax.html 的具体实现代码如下。

```
<!DOCTYPE html>
<html>
    <head>
    <meta charset="utf-8">
    <title>Hijax Example</title>
    <meta name="viewport" content="width=device-width, initial-scale=1">
    <link                                                    rel="stylesheet"
href="http://code.jquery.com/mobile/1.0/jquery.mobile-1.0.min.css" />
    <script src="http://code.jquery.com/jquery-1.6.4.min.js"></script>
    <script src="http://code.jquery.com/mobile/1.0/jquery.mobile-1.0.min.js">
</script>
    </head>
    <body>
<!-- First Page -->
<div data-role="page">
    <div data-role="header">
        <h1>Ajax 页面</h1>
    </div>
    <div data-role="content">
        <a href="contact.html" data-role="button">联系我们</a>
    </div>
</div>
</body>
</html>
```

上述代码的初始执行效果如图 8-9 所示。

当单击上述代码中的"联系我们"超链接后，进入新页面 contact.html，此文件的实现代码如下。

图 8-9　执行效果

```
<div data-role="page">
    <div data-role="header">
        <h1>联系我们</h1>
    </div>

    <div data-role="content">
        电话：010-111111111</div>
    <div data-role="content">
        邮箱：7291017304@qq.com</div>
    <div data-role="content">地址：中国山东</div>
</div>
```

　　当单击"联系我们"超链接后会显示一个 Ajax 特效，如图 8-10 所示，然后显示一个如图 8-11 所示的新页面。

图 8-10　Ajax 特效导航

图 8-11　新界面效果

　　当单击上述实例中的"联系我们"超链接时，jQuery Mobile 将会按照如下步骤处理该请求。

　　（1）jQuery Mobile 会解析 href，然后通过一个 Ajax 请求（Hijax）载入页面。如果成功载入页面，则该页面会添加到当前页面的 DOM 中。执行过程如图 8-12 所示。

图 8-12　处理过程

当页面成功添加到 DOM 中后，jQuery Mobile 可以根据需要来增强该页面，更新基础（base）元素的@href，并设置 data-url 属性（如果没有被显式设置的话）。

（2）框架随后使用应用的默认"滑动"转换模式转换到一个新的页面。框架也可以实现无缝的 CSS 转换，因为"from"页面和"to"页面都存在于 DOM 中。在转换完成之后，当前可见的页面或活动页面将会被指定为"ui-page-active"CSS 类型。

（3）产生的 URL 也可以作为书签。例如，如果想深链接（deep link）到 contact 页面，则可以通过如下完整的路径来访问：

```
http://<host:port>/2/contact.html
```

（4）如果页面载入失败，则会显示和淡出一条短的错误消息，该消息是对"Error Loading Page（页面载入错误）"消息的覆写（overlay）。

8.3.7 使用函数 changePage()

在 jQuery Mobile 开发应用过程中，函数 changePage()的功能是处理从一个页面转换到另一个页面时涉及的所有细节，可以转换到除了当前页面之外的任何页面。在 jQuery Mobile 页面中，可以用如下转换类型。

- 滑动（slide）：在页面之间移动的最常见的转换。在一个页面中，该转换给出了向前移动或向后移动的外观。这是所有链接之间的默认转换。
- 卷起（slideup）：用于打开对话框或显示额外信息的一个常见的转换。该转换给出的外观可以用来为当前活动的页面收集额外的输入信息。
- 向下滑动（slidedown）：该转换与卷起相对，但是可用于实现类似的效果。
- 弹出（pop）：用于打开对话框或显示额外信息的另一个转换。该转换给出的外观可以用来为当前活动的页面收集额外的输入信息。
- 淡入/淡出（fade）：用于入口页面或出口页面的一个常见的转换效果。
- 翻转（flip）：用于显示额外信息的一个常用转换。通常情况下，屏幕的背景会显示没有必要存在于主 UI 上的配置选项（信息图标）。
- 无（none）：不应用任何转换。
- 使用函数 changePage()的语法格式如下。

```
$.mobile.changePage(toPage, [options])
```

在上述语法格式中，各个参数的具体说明如下。

（1）toPage（string 或 iQuery 集合）：将要转向的页面。

- toPage（string）：一个文件 URL（"contact.html"）或内部元素的 ID（"#contact"）。
- toPage（iQuery 集合）：包含一个页面元素的 iQuery 集合，而且该页面元素是该集合的第一个参数。

（2）options（object）：配置 changePage 请求的一组键/值对。所有的设置都是可选的，可设置的值如下。

- transition（string, default: $.mobile.defaultTransition）。为 changePage 应用的转换。默认的转换是"滑动"。
- reverse（boolean, default:false）。指示该转换是向前转换还是向后转换。默认的转换是向前。

- changeHash（boolean，default:ture）。当页面转换完成之后，更新页面 URL 的#。
- role（string, default:"page"）。在显示页面时使用的 data-role 值。如果页面是对话框，则使用"dialog"。
- pageContainer（iQuery 集合，default:$.mobile.pageContainer）。指定应该包含载入页面的元素。
- type（string, default:"get"）。在生成页面请求时，指定所使用的方法（get 或 post）。
- data（string 或 obj ect, default:undefined）。发送给一个 Ajax 页面请求的数据。
- reloadPage（boolean, default: false）。强制页面重新载入，即使它已经位于页面容器的 DOM 中。
- showLoadMsg（boolean, default: true）。在请求页面时，显示载入信息。
- fromHashChange（boolean, default: false）。指示 changePage 是否来自于一个 hashchange 事件。

8.4 预加载

通常情况下，移动终端设备的系统配置要低于 PC 终端，因此，在开发移动应用程序时，更要注意页面在移动终端浏览器中加载时的速度。如果速度过慢，用户的体验将会大打折扣。为了加快页面移动终端访问的速度，在 jQuery Mobile 中使用预加载技术是十分有效的方法。当一个被链接的页面设置好预加载后，jQuery Mobile 将在加载完成当前页面后，自动在后台进行预加载设置的目标页面。

在开发移动应用程序时，对需要链接的页面进行预加载处理是十分必要的。因为当一个链接的页面设置成预加载方式时，加载完成当前页面后，目标页面也会被自动加载到当前文档中，用户单击即可打开，这样大大加快了访问页面的速度。

在 jQuery Mobile 页面中，有如下两种实现页面预加载的方法。

（1）在需要链接页面的元素中添加"data-prefetch"属性，并设置属性值为"true"或不设置属性值均可。当设置完该属性值后，jQuery Mobile 将在加载完成当前页面以后，自动加载该链接元素所指的目标页面，即"href"属性的值。

（2）调用 JavaScript 代码中的全局性方法$.mobile.loadPage()的方式来预加载指定的目标 HTML 页面，其最终的效果与设置元素的"data-prefetch"属性相同。

在接下来的内容中，将通过一个具体实例来说明在 jQuery Mobile 中使用预加载技术的方法。

题　目	目　的	源 码 路 径
实例 8-6	在 jQuery Mobile 中使用预加载技术	daima\8\yujia.html

实例文件 yujia.html 的具体实现流程如下。

（1）新建一个 HTML 5 页面，然后在页面中添加一个<a>元素。

（2）将<a>元素的属性"href"的值设置为 about.html。

（3）将<a>元素的属性"data-prefetch"的值设置为"true"，表示预加载<a>元素的链接页面。

实例文件 yujia.html 的具体实现代码如下。

```
<!DOCTYPE html>
<html>
    <head>
    <meta charset="utf-8">
    <title>Page Template</title>
    <meta name="viewport" content="width=device-width, initial-scale=1">
    <link rel="stylesheet" href="http://code.jquery.com/mobile/1.0/jquery.mobile-1.
0.min.css" />
    <script src="http://code.jquery.com/jquery-1.6.8.min.js"></script>
    <script src="http://code.jquery.com/mobile/1.0/jquery.mobile-1.0.min.js"></script>
    </head>
    <body>
    <div data-role="page">
        <div data-role="header">
            <h1>页头</h1>
        </div>
        <div data-role="content">
            <p>你好 jQuery Mobile!</p>
        </div>
        <div data-role="footer" data-position="fixed">
            <h4>页尾</h4>
        </div>
    </div>
    </body>
</html>
```

在上述实例代码中，设置<a>元素链接的目标文件 about.html 中，容器 page 的内容已经通过预加载的方式注入当前的文档。

运行后的效果如图 8-13 所示。

图 8-13　执行效果

在 jQuery Mobile 页面中，无论是添加元素的"data-prefetch"属性，还是使用全局性方法$.mobile.loadPage()在实现页面的预加载功能时，都允许同时加载多个页面。但在进行预加载的过程中需要加大页面 HTTP 的访问请求，这样可能会延缓页面访问的速度，所以建议用户要有选择性地使用该功能。

8.5　页面缓存

在 jQuery Mobile 页面中，使用页面缓存的方法可以将访问过的 page 容器都缓存到当前的页面文档中，这样当下次再访问时可以直接从缓存中读取，从而无须再重新加载页面。在 jQuery Mobile 页面中，如果需要将页面的内容写入文档缓存中，可以通过如下两种方式实现。

（1）在需要被缓存的元素属性中添加一个"data-dom-cache"属性，设置该属性值为"true"或不设置属性值均可。属性 data-dom-cache 的功能是将对应的元素内容写入缓存中。

（2）通过编写 JavaScript 代码的方式，设置一个全局性的 jQuery Mobile 属性值为"ture"，也就是添加如下代码将当前文档写入缓存中。

```
$.mobile.page.prototype.options.domCache = true
```

由此可见，使用页面缓存的功能将会使 DOM 内容变大，可能发生某些浏览器打开的速度变得缓慢的问题。所以一旦选择了开启使用缓存功能，就要管理好缓存的内容，并保证做到及时清理的维护工作。

接下来将通过一个具体实例来讲解在 jQuery Mobile 页面中使用页面缓存的方法。

题 目	目 的	源 码 路 径
实例 8-7	使用页面缓存	daima\8\huan.html

实例文件 huan.html 的具体实现流程如下。

（1）新建一个 HTML 5 页面，在内容区域中显示"这是一个被缓存的页面"文字。

（2）将"page"容器的"data-dom-cache"属性值设置为"true"，这样可以将该页面的内容注入文档的缓存中。

实例文件 huan.html 的具体实现代码如下。

```
<!DOCTYPE html>
  <head>
  <meta charset="utf-8">
  <title>Page Template</title>
  <meta name="viewport" content="width=device-width, initial-scale=1">
  <link rel="stylesheet" href="http://code.jquery.com/mobile/1.0/jquery.mobile-1.0.min.css" />
  <script src="http://code.jquery.com/jquery-1.6.8.min.js"></script>
   <script src="http://code.jquery.com/jquery-1.6.8.js"></script>
  <script src="http://code.jquery.com/mobile/1.0/jquery.mobile-1.0.min.js"></script>
</head>
<body>
 <div data-role="page" data-dom-cache="true">
<div data-role="header"><h1>缓存页面</h1></div>
<div data-role="content">
    <p>这是一个被缓存的页面</p>
</div>
<div data-role="footer"><h4>页脚部分</h4></div>
  </div>
</body>
</html>
```

在上述实例代码中，通过为 page 容器添加 data-dom-cache 属性的方式，将对应容器中的全部内容写入缓存中。

执行后的效果如图 8-14 所示。

图 8-14　执行效果

8.6　页面脚本

在 jQuery Mobile 页面中，可以通过 Ajax 请求的方式来加载页面。在编写页面脚本时，需要与 PC 端开发页面区分开。在大多数情况下，页面在初始化时会触发 pagecreate 事件，在该事件中可以做一些页面组件初始化的动作。如果需要通过调用 JavaScript 代码改变当前的页面，可以调用 jQuery Mobile 中提供的 changePage() 方法来实现。另外，也可以调用 loadPage() 方法来加载指定的外部页面以注入当前文档中。在本节的内容中，将详细讲解在 jQuery Mobile 页面中常用的页面脚本的事件与方法。

在 jQuery Mobile 应用中，页面是被请求后注入当前的 DOM 结构中，因此，jQuery 中的 $(document).ready() 事件在 jQuery Mobile 中不会被重复执行，只有在初始化加载页面时才会被执行一次。如果需要跟踪不同页面的内容注入当前的 DOM 结构，可以将页面中的"page"容器绑定 pagecreate 事件中。事件 pagecreate 在页面初始化时被触发，绝大多数的 jQuery Mobile 组件都在该事件之后进行一些数据的初始化。

下面将通过一个具体实例来讲解在 jQuery Mobile 页面中使用 pagecreate 事件的方法。

题　　目	目　　的	源 码 路 径
实例 8-8	使用 pagecreate 事件	daima\8\chuang.html

实例文件 chuang.html 的具体实现流程如下。

（1）新建一个 HTML 5 页面，然后添加一个 id 号为"e1"的"page"容器，并将该容器与 pagebeforecreate 和 pagecreate 事件进行绑定。

（2）在执行页面时，通过绑定的事件跟踪具体的执行过程。

实例文件 chuang.html 的具体实现代码如下。

```
<!DOCTYPE html>
  <head>
  <meta charset="utf-8">
  <title>Page Template</title>
  <meta name="viewport" content="width=device-width, initial-scale=1">
  <link rel="stylesheet" href="http://code.jquery.com/mobile/1.0/jquery.mobile-1.0.
min.css" />
<script src="http://code.jquery.com/jquery-1.6.8.min.js"></script>
  <script src="http://code.jquery.com/jquery-1.6.8.js"></script>
  <script src="http://code.jquery.com/mobile/1.0/jquery.mobile-1.0.min.js"></script>
  <script type="text/javascript">
    $("#e1").live("pagebeforecreate", function() {
       alert("正在创建页面！");
    })
    $("#e1").live("pagecreate", function() {
       alert("页面创建完成！");
    })
  </script>
</head>
<body>
 <div data-role="page" id="e1">
<div data-role="header"><h1>创建页面</h1></div>
```

```
<div data-role="content">
    <p>创建页工作面完成! </p>
</div>
<div data-role="footer"><h4>页脚部分</h4></div>
  </div>
</body>
</html>
```

在上述实例代码中，id 号为 "e1" 的 "page" 容器绑定了 pagebeforecreate 和 pagecreate 两个事件。因为 pagebeforecreate 事件早于 pagecreate 事件，所以在页面被加载 jQuery Mobile 组件开始初始化前触发。可以在 pagebeforecreate 事件中添加一些页面加载的动画提示效果，直到触发 pagecreate 事件时结束动画效果。

执行后的效果如图 8-15 所示，单击"确认"按钮后的效果如图 8-16 所示。

图 8-15　初始执行效果 　　　　　　　图 8-16　单击"确认"按钮后的效果

 注意：

在本实例的 JavaScript 代码中，不仅可以使用 live()方法绑定元素触发的事件，而且还可以使用 bind()与 delegate()方法为绑定的元素添加指定的事件。

9 使用 PhoneGap

PhoneGap 是一个基于 HTML，CSS 和 JavaScript 的技术，是一个创建移动跨平台移动应用程序的快速开发平台。它使开发者能够利用 iPhone、Android、Palm、Symbian、WP7、Bada 和 Blackberry 等智能手机的核心功能——包括地理定位、加速器、联系人、声音和振动等，此外 PhoneGap 拥有丰富的插件，可以以此扩展无限的功能。本章将详细讲解 PhoneGap 的基本知识。

9.1 PhoneGap 基础

PhoneGap 是一个免费的开发平台，需要特定平台提供的附加软件，例如 iPhone 的 iPhone SDK，Android 的 Android SDK 等，也可以和 Dreamweaver 5.5 及以上版本配套开发。本节将简要讲解 PhoneGap 的基本知识。

9.1.1 产生背景

随着智能移动设备的快速普及和 Web 技术（特别是 HTML 5 技术）的飞速发展，Web 开发人员将不可避免地碰到这一问题：怎样在移动设备上将 HTML5 应用程序作为本地程序运行？与传统的 PC 机不同的是，智能移动设备完全是移动应用的天下，那么 Web 开发人员如何利用自己熟悉的技术（例如 Objective-C 语言）来进行移动应用开发，而不用花费大量的时间来学习新技术呢？在手机浏览器上，用户必须通过打开超链接来访问 HTML 5 应用程序，而不能像访问本地应用程序那样，仅仅通过单击一个图标就能得到想要的结果，尤其是当移动设备脱机以后，用户几乎无法访问 HTML 5 应用程序。

当前移动应用市场已经初步形成了 iOS、Android 和 Windows Phone 三大阵营，当然其余的传统阵营（Symbian 和 RIM 等）凭借历史原因和庞大的用户基数也不容小觑。随着移动应用市场的迅猛发展，越来越多的开发者也加入到了移动应用开发的大军当中。

目前，Android 应用是基于 Java 语言进行开发的，苹果公司的 iOS 应用是基于 Objective-C 语言开发的，微软公司的 Windows Phone 应用则是基于 C#语言开发的。如果开发者编写的应用要同时在不同的移动设备上运行的话，则必须掌握多种开发语言，但这必将严重影响软件开发进度和项目上线时间，并且会成为开发团队的一大难题。

为了进一步简化移动应用开发，很多公司已经推出了相应的解决方案。Adobe 推出的 AIR Mobile 技术，能使 Flash 开发的应用同时发布到 iOS、Android 和黑莓的 Playbook 上。Appcelerator

公司推出的 Titanium 平台能直接将 Web 应用编译为本地应用运行在 iOS 和 Android 系统上。而 Nitobi 公司（现已被 Adobe 公司收购）也推出了一套基于 Web 技术的开源移动应用解决方案：PhoneGap。2008 年夏天，PhoneGap 技术面世。从此，开发移动应用时我们有了一项新的选择。PhoneGap 是基于 Web 开发人员所熟悉的 HTML、CSS 和 JavaScript 技术，创建跨平台移动应用程序的快速开发平台。

9.1.2　PhoneGap 的发展历程

2008 年 8 月，PhoneGap 在旧金山举办的 iPhoneDevCamp 上初次崭露头角。起名为 PhoneGap 是创始人的想法：为跨越 Web 技术和 iPhone 之间的鸿沟牵线搭桥。

2009 年 2 月 25 日，PhoneGap 0.6 发布，这是第一个稳定版，支持 iOS、Android 和 BlackBerry 平台。

2009 年 8 月至 2010 年 7 月，PhoneGap 实现了对 Windows Mobile、Palm、Symbian 平台的支持，支持平台达到 6 个。

2010 年 10 月 4 日，Adobe 公司宣布收购创建了 HTML 5 移动应用框架 PhoneGap 和 PhoneGap Build 的新创公司 Nitobi Software。Adobe 表示，收购 PhoneGap 后，开发者便可选择在 PhoneGap 平台使用 HTML、CSS 和 JavaScript 创建移动应用程序，也可选择使用 Adobe Air 和 Flash。

随后，Adobe 把 PhoneGap 项目捐给了 Apache 基金会，但保留了 PhoneGap 的商标所有权。

2011 年 7 月 29 日，PhoneGap 发布了 1.0 版产品，其中加入了不少访问本地设备的 API。

2011 年 10 月 1 日，PhoneGap 发布了 1.1 版。新功能包括支持黑莓 PlayBook 的 WebWorks 并入，orientationchange 事件和媒体审查等。

2011 年 11 月 7 日，PhoneGap 1.2 发布，开始正式支持 Windows Phone 7，支持的平台数达到了 7 个。

2011 年 12 月 19 日，PhoneGap 团队与微软发布了 1.3 版，对 iOS、Android 与 RIM 进行了一些增强，同时还为 Windows Phone 7 提供了可用于产品的特性集，包括完整的 API 支持、更棒的 Visual Studio 模板、文档、指南、bug 修复及大量插件。

在成为 Apache Incubator 项目后，PhoneGap 已经更名为 Apache Callback。1.4 版发布后，名字再次变更为 Cordova。Cordova 其实是 PhoneGap 团队附近一条街的名字。

2013 年 6 月，PhoneGap 2.9.0 版本公布，这是最后一个可以在其官方网站 http://www.phonegap.com 在线下载的版本。从后面的版本开始，需要使用 NodeJS 进行下载并管理。

截止到作者写作本书时，PhoneGap 的最新版本是 3.6.3。

9.1.3　PhoneGap 移动 Web 开发的步骤

到目前为止，常用的基于 Web 技术的移动应用开发技术有 RhoMobile、Titanium Mobile 和 PhoneGap。与前两种技术相比，利用 PhoneGap 可以从标准的 Web 应用开始进行构建工作。PhoneGap 基于 Web 的移动开发应用的基本步骤如下。

（1）基于 HTML、CSS 和 JavaScript 构建标准的 Web 应用

在手机上访问 Web 应用有两种形式，具体说明如下。

- 一种是通过浏览器来访问应用，即发布 Web 应用到一个服务器后，通过手机浏览器访问服务器的网址。这种方式虽然部署简单，但是可能得不到很好的用户体验，不同移动设备的显示效果不同，并且无法访问手机的原生功能和设备信息。
- 另一种是基于 Web 的移动原生程序，它使用 WebView 来显示页面。这种方式有更好的用户体验，针对移动平台进行优化而且充分利用手机的特性，比如根据屏幕的大小来调整元素的布局和样式。它们都利用基础的 Web 技术 HTML、CSS 和 JavaScript，因此移动 Web 应用程序可以在传统 Web 应用的基础上进行开发，然后针对手机平台做一些优化。

（2）准备开发环境

到目前为止，PhoneGap 支持 7 个平台，分别是 Android、iOS、Windows Phone7、HP webOS、BlackBerry、Symbian 和 Bada。在后面的内容中，我们将以 Android 平台为例，讲述如何在 Android 系统上利用 PhoneGap 快速构建移动 Web 应用的知识。

对于开发环境的选择，建议采用集成的 IDE，如 Eclipse，也可以采用命令行方式利用 Notepad 或者 TextEdit 编辑代码。

（3）利用 PhoneGap 进行包装

PhoneGap 的主要用途就是提供访问手机原生功能和设备信息的 API，所有的 API 都是基于 JavaScript 的，因此第一步创建的 Web 应用可以集成 PhoneGap 的功能，成为原生程序。

（4）打包成不同移动平台的原生程序

PhoneGap 其实为每一个支持的平台提供了一个模板，只要 Web 程序实现了该平台模板要求的功能，就能打包成该平台的原生应用程序。

9.2 PhoneGap API 详解

PhoneGap 为开发者提供了丰富的 API，帮助大家可以更方便地获取移动设备的信息。PhoneGap 官方网站的 API 文档地址是 http://docs.phonegap.com/en/1.5.0/index.html，如图 9-1 所示。

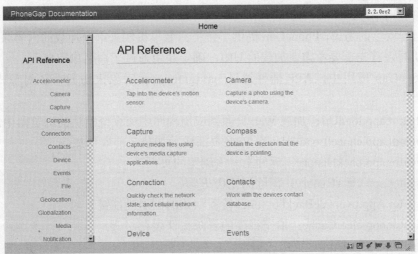

图 9-1　PhoneGap 官方网站的 API

在目前的版本中，PhoneGap 拥有如下可用 API。

- Accelerometer：加速计，也就是我们常说的重力感应功能。
- Camera：用于访问前置摄像头和后置摄像头。
- Capture：提供了对于移动设备音频、图像和视频捕获功能的支持。
- Compass：对于罗盘的访问，由此可以获取移动设备行动的方向。
- Connection：能够快速检查并提供移动设备的各种网络信息。
- Contacts：能够获取移动设备通讯录的信息。
- Device：能够获取移动设备的硬件和操作系统信息。
- Events：能够为应用提供各种移动设备操作事件，例如暂停、离线、按下返回键、按下音量键等。
- File：能够访问移动设备的本地文件系统。
- Geolocation：能够获取移动设备的地理位置信息。
- Media：提供了对于移动设备上音频文件的录制和回放功能。
- Notification：提供了本地化的通知机制，包括提示、声音和振动。
- Storage：提供了对于 SQLite 嵌入式数据库的支持。

在本节的内容中，将详细讲解 PhoneGap API 的基本知识。

9.2.1 应用 API

在 PhoneGap 框架中，为 Android 平台提供内置的 APP 插件来操作应用程序本身，利用该插件对象的方法可以实现如下功能。

- 加载外部的 Web 页面到本程序中。
- 在加载页面完成之前取消页面的加载。
- 清空应用程序在本地的资源文件缓存。
- 清空应用程序的浏览页面历史。
- 返回上次打开的页面。
- 覆盖回退按钮。
- 退出应用程序。

但是出于安全的考虑，PhoneGap 提供了一个白名单机制来审核加载的内容来源，因此调用应用 API 时，首先需要考虑要加载的 URI，确定是否通过了白名单审核。

在 PhoneGap 应用中，APP 插件通过 navigator.app 对象来访问，该对象提供了如下方法。

- navigator.app.loadUrl：加载 Web 页面到应用程序中或系统默认的浏览器中。
- navigator.app.cancelLoadUrl：在 Web 页面成功加载之前取消加载。
- navigator.app.backHistory：返回上一次浏览的页面。
- navigator.app.clearHistory：清除浏览历史。
- navigator.App.overrideBackbut ton：覆盖默认的回退功能键。
- navigator.app.clearCache：清空程序的资源文件缓存。
- navlgator.app.exitApp：退出应用程序。

下面将详细讲解 navigator.app 对象提供的方法。

（1）加载 URL

在 PhoneGap 应用中，navigator.app 提供的 loadUrl()方法用于在应用程序或者新的浏览器中打开一个 URL 链接地址，同时可以设置加载时的配置参数，例如等待加载的时间，加载过程中是否显示一个提示窗口，加载超时的时间设置等。该方法签名是：

```
navigator.app.loadUrl (url,properties)
```

其中 url 表示链接字符串，properties 是 JSON 对象，用于设定加载时的各种参数。相关的配置参数的具体说明如下。

- wait（int 类型）：表示加载 URL 之前的等待时间。
- loadingDialog:"Title,Message"：表示是否显示本地的加载提示框，提示框的标题为 Title，提示框的内容为 Message。
- loadUrlTimeoutValue（int 类型）：表示加载 URL 的超时设置。
- clearHistory：boolean 类型，表示是否清除 Web 视图的页面跳转历史。
- openExternal：boolean 类型，表示是否在一个新的浏览器中打开该 URL。如果该 URL 不在白名单中，即使设置该值为 false，应用还是在系统默认的浏览器中打开该 URL。

例如，下面的代码表示应用将在两秒钟后加载 Adobe 主页面，加载过程中显示提示等待信息，超时时间为 1 分钟。

```
navigator.app.loadUrl("http://www.adobe.com",{wait:2000,loadingDialog:"Wait,Loading App",loadUrlTimeoutValue:60000});
```

（2）取消加载 URL

在 PhoneGap 应用中，navigator.app 对象提供的 cancelLoadUrl()方法用于取消正在加载的 URL，它没有任何参数。

（3）应用回退

在不支持 Back 按钮的系统中，可以调用 backHistory()方法实现应用程序的回退。该方法没有任何参数输入。

（4）清除浏览历史

在 PhoneGap 应用中，使用 navigator.app 对象提供 clearHistory()方法，可以清除浏览历史。

（5）覆盖回退设置

在 PhoneGap 应用中，navigator.app 对象提供了 overrideBackbutton()方法，功能是设定是否覆盖当前系统默认的回退功能。在实际使用中，通常通过监听 backbutton 事件来改变系统的默认回退功能。监听该事件后，navigator.app 对象可以提供 isBackButtonOverriden()方法检测后退按扭功能是否已经发生了改变。

（6）清空缓存

在 PhoneGap 应用中，通过 clearCache()方法可以清空缓存的资源文件，也可以通过 clearHistory()方法清空浏览历史，这两个方法均没有参数。

（7）退出程序

在 PhoneGap 应用中，通过调用 navigator.app.exitApp()方法可以设置何时退出应用程序。

9.2.2 通知 API

作为一个良好的 PhoneGap 应用程序，应该具有良好的交互性，能够在恰当的时刻给予用户必要的通知或反馈。不论这样的信息是关于操作出错，还是寻求确认，或者是提示操作正在进行。在 PhoneGap 应用中，提供了统一的通知 API 来解决此类问题。

在 PhoneGap 应用中，通知 API 通过 navigator.notification 对象来访问，包含的主要方法如下。

- notification.alert：显示自定义的本地提示对话框。
- notification.confirm：显示自定义的本地确认对话框。
- notification.beep：发出嘟嘟声。
- notification.vibrate：振动。
- notification.activityStart/activityStop：控制状态栏中的活动指示器。
- notification.progres sStart/progressValue/progressStop：控制进度对话框。

实例 9-1	说　　明
源码路径	daima\9\9-1.html
功能	演示了 notification.alert() 的基本用法

实例文件 9-1.html 的具体实现代码如下。

```html
<!DOCTYPE html>
<html>
<head>
    <meta charset="utf-8">
    <meta name="viewport" content="width=device-width, initial-scale=1">
    <title>index.html</title>
    <script type="text/javascript" charset="utf-8" src="cordova.js" ></script>
    <script type="text/javascript" charset="utf-8">

// 等待加载 PhoneGap
document.addEventListener("deviceready", onDeviceReady, false);

// PhoneGap 加载完毕
Afunction onDeviceReady() {
    //空
}

// 显示定制警告框
function showAlert() {
    navigator.notification.alert(
        'You are the winner!',  // 显示信息
        'Game Over',            // 标题
        'Done'                  // 按钮名称
    );
}
</script>
</head>
<body>
    <p><a href="#" onclick="showAlert(); return false;">Show Alert</a></p>
</body>
</html>
```

执行后将在页面中显示一个"Show Alert"超链接，单击后将弹出一个警告框。执行效果如图 9-2 所示。

图 9-2　执行效果

9.2.3　设备 API

很多开发平台都提供运行环境软硬件属性的 API，PhoneGap 也不例外。在本节的内容中，将从主要对象和相关业务操作这两个方面来介绍设备 API 的基本知识和具体用法。

1. 主要对象

在 PhoneGap 应用中，设备 API 通过 device 对象来暴露运行环境的软硬件属性，各个属性的具体说明如下。

- device.name：返回的是设备的名字，这个名字是一个比较抽象的概念。这个值是由设备制造商设定，可能同一产品的不同版本之间有所不同。
- device.cordova：返回的是运行在该设备上的 PhoneGap 的版本，比如 1.9.0。
- device.platform：返回的是设备的操作系统名字，根据设备的不同，返回的值可能是 Android、iPhone、BlackBerry、webOS 或 WinCE。
- device.uuid：返回的是设备的通用唯一识别码（Universally Unique Identifier），它由设备制造商设定。不同的设备制造商有不同的生成方法。比如，Android 上是 64 位随机整数的十六进制表示，而 iPhone 上是基于多个硬件标识生成的散列值。
- device.version：返回的是设备的操作系统的版本，如 HTC Desire 返回的是 2.2。

2. 使用设备 API

在接下来的内容中，将通过一个检测设备属性的简单例子来展示 device 对象的用法。

实例 9-2	说　　明
源码路径	daima\9\9-2.html
功能	展示 device 对象的用法

本实例的实现文件是 9-2.html，具体实现代码如下。

```
<!DOCTYPE html>
<html>
  <head>
```

```
        <meta http-equiv="Content-Type" content="text/html; charset=utf-8">
        <title>通知实例</title>

        <script type="text/javascript" charset="utf-8" src="cordova.js"></script>
        <script type="text/javascript" charset="utf-8">
        document.addEventListener("deviceready",onDeviceReady, false);
        function onDeviceReady() {
        var element=document.getElementById('deviceProperties');
        element.innerHTML='设备名字:    '+device.name+'<br/>'+
        'PhoneGap 版本:  '-+device.cordova+'<br/>'+
        '设备平台:    '+ device.platform+'<br/>'+
        '设备的UUID: '+device.uuid+'<br/>'+
        '设备的版本: '+ device.version +'<br />';
        }
    </script>
    </head>
    <body>
    <p id="deviceProperties"></p>
    </bodY>
    </html>
```

执行后将在屏幕中显示当前设备的信息，执行效果如图 9-3 所示。

在 PhoneGap 应用中，基于上述属性信息，应用程序可以做一些定制化的操作以适应不同设备的需求，也可以用于收集用户设备分布之类的统计信息。

图 9-3　执行效果

 注意：

> 因为笔者是在模拟器中运行上述实例的，所以执行效果如图 9-3 所示，并没有显示出具体的"设备名字"和"PhoneGap 版本。

9.2.4　网络连接 API

对于传统的 Web 应用开发来说，网络连接正常是一件理所当然的事。但是对于移动应用来说，用户很可能处于信号非常差的地方，或者为了节省流量，经常暂时关闭了网络连接。PhoneGap 为此专门提供了网络连接 API 来获取此类信息。

在 PhoneGap 应用中，网络连接 API 通过 navigator.network.connection 对象来访问。该对象的 type 属性代表了网络连接的类型，其所有的可能取值通过 PhoneGap 中的 Connection 来获取，分别是 UNKNOWN、ETHERNET、WIFI、CELL_2G、CELL_3G、CELL_4G 和 NONE，分别对应未知连接、以太网络、Wi-Fi 网络、2G 网络、3G 网络、4G 网络和无网络连接。

在接下来的内容中，将通过一个检测当前网络状况的简单例子来阐述网络连接 API 的用法。

实例 9-3	说　　明
源码路径	daima\9\9-3.html
功能	阐述网络连接 API 的用法

本实例的实现文件是 9-3.html，具体实现代码如下。

```html
<!DOCTYPE html>
<html>
  <head>
    <meta http-equiv="Content-Type" content="text/html; charset=utf-8">
    <title>通知实例</title>

    <script type="text/javascript" charset="utf-8" src="cordova.js"></script>
    <script type="text/javascript" charset="utf-8">

    document.addEventListener("deviceready", onDeviceReady, false);

    function onDeviceReady() {
        // 监听网络的变化
        document.addEventListener("online", onOnline, false);
        document.addEventListener("offline", onOffline, false);
        // 检查网络连接
        checkNetworkConnection();
    }

    function checkNetworkConnection() {
        var states = {};
        states[Connection.UNKNOWN]  = '未知连接';
        states[Connection.ETHERNET] = '以太网';
        states[Connection.WIFI]     = 'WiFi';
        states[Connection.CELL_2G]  = '2G网络';
        states[Connection.CELL_3G]  = '3G网络';
        states[Connection.CELL_4G]  = '4G网络';
        states[Connection.NONE]     = '无网络连接';
        alert('网络连接类型: ' + states[navigator.network.connection.type]);
    }

    function onOnline() {
        alert('您现在在线');
    }

    function onOffline() {
        alert('您现在离线');
    }
    </script>
  </head>
  <body>
    <p>检查网络类型的例子</p>
    <input type="button" value="检查网络" onClick="checkNetworkConnection()" />
  </body>
</html>
```

在上述代码中，在 deviceready 的事件回调函数中安全地添加对 online 和 offline 事件的回调函数。当网络环境发生变化时，相应的事件回调函数便会被正确地调用。还有一点值得注意的是，在 PhoneGap 1.5 版本中，online 和 offline 事件需要注册在 Window 对象上，而不是 document 对象上。而在 PhoneGap 的其他版本中，online 和 offline 事件都是注册在 document 对象上的。

然后在文件 AndroidManifest.xml 中添加网络访问的权限，具体代码如下。

```
<uses-permission android:name="android.permission.INTERNET" />
<uses-permission android:name="android.permission.ACCESS_NETWORK_STATE" />
```

执行文件 9-3.html 后会在屏幕中显示当前设备的网络类型，执行效果如图 9-4 所示。

图 9-4　执行效果

提示：不能使用 PhoneGap 状态灯的问题

在现实应用中，很多移动设备具有 LED 状态灯功能，比如，可以通过闪烁不同颜色的灯来给予用户不同的提示。对于状态灯的控制，虽然早期的 PhoneGap 版本（如 1.4）有 navigator.notification.blink()函数对应，但该函数只是一个空实现。目前，最新版中该函数已经被移除。

9.2.5　加速计 API

在现代智能手机（如 iPhone 手机）应用中，重力感应技术是吸引用户眼球的一个重要功能。传统的手机界面比较死板，无论你怎么动或是怎么摇晃它，界面都不会随之变动，只能朝一个方向定位。然而运用了重力感应技术的现代智能手机改变了传统手机这一刻板的印象，手机可以通过内置方向感应器来对动作作出反应。当将手机由纵向转为横向时，方向感应器会自动作出反应并改变显示方式。举个简单的例子来说，市面上大部分手机都是矩形手机，长和宽的尺寸不同，当在用手机浏览网页或看电子书时，界面所呈现的也多是矩形画面，长与宽的比例也是不同的。以一段文章来看，由于文字是由左向右排列的，所以横向的文字会比纵向的文字多，而传统手机一般都是横向比纵向短，因此浏览起来很不方便。有了重力感应器之后，这个问题就解决了，因为它可以让你的手机随着你手的转动而变化。这种应用上的创新设计，让浏览用户有了全新的体验。在下面的内容中，将详细讲解在 PhoneGap 应用中使用加速计 API 的基本知识。

1．主要对象

在 PhoneGap 应用中，acceleration 对象就是加速度对象，包括了在特定时间点的加速度数据，具有如下属性。

● x：表示 x 轴上的动量，number 类型，其范围为 0～1。

- y：表示 y 轴上的动量，number 类型，其范围为 0~1。
- z：表示 z 轴上的动量，number 类型，其范围为 0~1。
- timestamp：创建时的时间戳，DOMTimeStamp 类型，以毫秒数表示。

acceleration 对象由 PhoneGap 创建并计算，一般由我们调用的加速计方法的回调函数来返回。在 PhoneGap 应用中，加速计 API 主要包含如下选项参数。

- accelerometerSuccess：成功获取加速度信息后的回调函数，返回的属性值包含各维度加速度信息的 acceleration 对象。
- accelerometerError：获取加速度信息失败后的回调函数。
- accelerometerOptions：获取加速度信息时的选项，例如获取频率。

在 PhoneGap 应用中，accelerometerOptions 一般是一个 JSON 对象，frequency 是它目前唯一的属性参数，以毫秒数为表示单位，用来指定定期获取加速度信息的频率。如果不指定 frequency，则默认值为 10 秒，即 10 000 毫秒。

在 PhoneGap 应用中，accelerometerOptions 的常见用法如下。

```
//下面的代码设置每隔3秒更新一次
var options=(frequency:3000);
watchID=navigator.accelerometer.watchAcceleration(onSuccess,onError,options);
```

在 PhoneGap 应用中，加速计 API 包含如下方法，这些方法通过 navigator 对象进行访问。

- accelerometer.getCurrentAcceleration()：获取当前设备分别在 x 轴、y 轴和 z 轴上的加速度。
- accelerometer.watchAcceleration()：定期获取设备的加速度信息。
- accelerometer.clearWatch()：停止定期获取设备的加速度信息。

2. clearWatch()

在 PhoneGap 应用中，accelerometer.clearWatch() 的功能是取消定期获取设备的加速度信息，其原型如下。

```
navigator. accelerometer.clearWatch (watchID);
```

其中 watchID 是刚刚调用 accelerometer.watchAcceleration() 所返回的 ID 值，即由 accelerometer.watchAcceleration 返回的引用标识 ID。

例如，下面是应用 clearWatch() 的演示代码。

```
    var watchID = navigator.accelerometer.watchAcceleration(onSuccess,  onError,
options);
    //...后续处理...
    navigator.accelerometer.clearWatch(watchID);
```

在接下来的内容中，将通过一个简单例子来阐述使用 clearWatch() 清除加速度的方法。

实例 9-4	说　　明
源码路径	daima\9\9-4.html
功能	使用 clearWatch() 清除加速度

本实例的实现文件是 9-4.html，具体实现代码如下。

```
<!DOCTYPE html>
<html>
  <head>
```

```html
<meta http-equiv="Content-Type" content="text/html; charset=utf-8">
<title>Acceleration 例子</title>

<script type="text/javascript" charset="utf-8" src="cordova.js"></script>
<script type="text/javascript" charset="utf-8">
//当前 watchAcceleration 的引用 ID
 varwatchID:null;
//等待 PhoneGap 加载
document.addEventListener( "deviceready", onDeviceReady, false);
//加载完成
function onDeviceReady() {
startWatch();
}
//开始监测
function startWatch() {
//每隔三秒更新一次信息
var options={frequency:3000 };
watchID=navigator.accelerometer.watchAcceleration(onSuccess,
onError,options);
}
//停止检测
function stopWatch() {
if (watchID) {
navigator. accelerometer. clearWatch( watchID);
watchID=null;
}
}
//成功获取加速度信息后的回调函数
//接收包含当前加速度信息的 acceleration 对象
function onSuccess (acceleration) {
var element=document.getElementById('accelerometer');
element.innerHTML='x 轴方向的加速度: '+acceleration.x+'<br/>'+
'Y 轴方向的加速度:   '+ acceleration.y+'<br/>'+
'z 轴方向的加速度: '+ acceleration.z+'<br/>'+
'时间戳:'+ acceleration.timestamp+'<br/>';
}

//获取加速度信息失败后的回调函数
function onError() {
alert('onError!');
}
</script>
</head>
<body>
<div  id=n accelerometer">监测加速度信息中...</div>
<button  onclick="stopWatch();">停止监测加速度信息</button>
</body>
</html>
```

执行后的效果如图 9-5 所示，这是因为在模拟器中运行的原因，如果在真机中运行会显示我们预期的效果。

图 9-5　执行效果

9.2.6　地理位置 API

在 PhoneGap 框架中，使用 Geolocation 接口使我们可以通过网页获取地理位置信息。一般来说，地理位置信息来源于 GPS 传感器。对于没有 GPS 功能的手机来说，也可以通过一些网络设备信号大致推断自己所处的地理位置，例如 IP 地址、RFID、无线网络、蓝牙 MAC 地址、GSM/CDMA 蜂窝基站信息。

在 PhoneGap 应用中，地理位置 API 主要包括了三个对象：Position 对象、PositionError 对象和 Coordinates 对象。

（1）Position 对象

Position 对象包含了由 geolocation API 创建的 Position 坐标信息。调用 PhoneGap 的地理位置接口成功后的回调函数用到了 Position 对象，它包含了地理位置坐标的集合。Position 对象具有如下属性。

- coords：地理位置坐标集合，为 Coordinates 类型。
- timestamp：地理位置坐标获取时的时间戳，为 DOMTimeStamp 类型，以毫秒数表示。

（2）PositionError 对象

在 PhoneGap 应用中，当发生错误时，一个 PositionError 对象会传递给 geolocationError 回调函数。PhoneGap 的地理位置接口调用失败后的回调函数用到 PositionError 对象，它包含了详细的错误信息。PositionError 对象具有如下属性。

- code：预定义的错误代码，目前有 PositionError.PERMISSION_DENIED、PositionError.POSITION_UNAVAILABLE 和 PositionError.TIMEOUT。
- message：详细的错误信息。

当使用 Geolocation 发生错误时，一个 PositionError 对象会作为 geolocationError 回调函数的参数传递给用户。PositionError 对象具有如下常量。

- PositionError.PERMISSIONPositionError.PERMISSION_DENIED：表示权限被拒绝。
- PositionError.POSITION_UNAVAILABLE：表示位置不可用。
- PositionError.TIMEOUT：表示超时。

（3）Coordinates 对象

在 PhoneGap 应用中，Coordinates 对象是描述设备地理位置坐标信息的属性集合，是一系列用来描述位置的地理坐标信息的属性。Coordinates 对象一般是一个 JSON 对象，具有如下属性。

- latitude：设备所处的纬度值，Number 类型，以浮点数表示。
- longitude：设备所处的经度值，Number 类型，以浮点数表示。
- altitude：设备所处的海拔高度，Number 类型，以浮点数表示。
- accuracy：经纬度的精确度级别，Number 类型，以浮点数表示。
- altitudeAccuracy：海拔高度的精确度级别，Number 类型，以浮点数表示。
- heading：设备当前的运动方向，相对于正北方顺时针方向的角度，Number 类型，以浮点数表示。

- speed：设备当前的速度值，Number 类型，以浮点数表示。

仕接下米的内容中，将通过一个简单例子来阐述使用 Position 对象的方法。

实例 9-5	说　明
源码路径	daima\9\9-5.html
功能	使用 Position 对象

本实例的实现文件是 9-5.html，具体实现代码如下。

```html
<!DOCTYPE html>
<html>
<head>
    <meta charset="utf-8">
    <meta name="viewport" content="width=device-width, initial-scale=1">
    <title>index.html</title>
    <script type="text/javascript" charset="utf-8" src="cordova.js" ></script>
    <script type="text/javascript" charset="utf-8">

    // 设置一个当 PhoneGap 加载完毕后触发的事件
    document.addEventListener("deviceready", onDeviceReady, false);

    // PhoneGap 加载完毕并就绪
    function onDeviceReady() {
        navigator.geolocation.getCurrentPosition(onSuccess, onError);
    }

    // 显示位置信息中的"Position"属性
    function onSuccess(position) {
        var div = document.getElementById('myDiv');

        div.innerHTML = 'Latitude: '           + position.coords.latitude  + '<br/>' +
                    'Longitude: '              + position.coords.longitude + '<br/>' +
                    'Altitude: '               + position.coords.altitude  + '<br/>' +
                    'Accuracy: '               + position.coords.accuracy  + '<br/>' +
                    'Altitude Accuracy: '      + position.coords.altitudeAccuracy  +
'<br/>' +
                    'Heading: '                + position.coords.heading   + '<br/>' +
                    'Speed: '                  + position.coords.speed     + '<br/>';
    }

    // 如果获取位置信息出现问题，则显示一个警告
    function onError() {
        alert('onError!');
    }

</script>
</head>
<body>
    <div id="myDiv"></div>
</body>
</html>
```

执行后的效果如图 9-6 所示，这是因为在模拟器中运行的原因，如果在真机中运行会显示我们预期的效果。

图 9-6 执行效果

9.2.7 指南针 API

在 PhoneGap 框架中，使用 Compass 接口可以实现指南针功能。拥有电子罗盘传感器的移动设备一般都有指南针功能，电子罗盘和传统罗盘的作用相同，都是用来指示方向。电子罗盘相关的应用很多。例如，根据电子罗盘的读数，地图可以自动旋转到方便用户读取的方向，十分适合不太会用地图的人使用。此外，与传统罗盘一样，可以根据地标粗略估计自己所处位置、控制行进方向等。此外，电子罗盘可方便地与 GPS 和电子地图等系统整合使用。熟练运用 GPS 导航功能和电子罗盘功能，能让我们在任何地方都不会迷路。

1．三个函数

在 PhoneGap 应用中，指南针 API 有三个函数：compass.getCurrentHeading、compass.watchHeading 和 compass.clearWatch。在接下来的内容中，将详细讲解这三个方法的基本知识和具体用法。

（1）获取设备当前的指南针信息

在 PhoneGap 应用中，compass.getCurrentHeading()函数的功能是获取罗盘的当前朝向。其原型如下。

```
navigator.compass.getCurrentHeading(compassSuccess, compassError, compassOptions);
```

其中 compassSuccess 是成功获取指南针信息后的回调函数；compassError 是获取指南针信息失败后的回调函数；compassOptions 为可选项，用来指定获取指南针信息的个性化参数。

（2）定期获取设备的指南针信息

在 PhoneGap 应用中，compass.watchHeading()函数的功能是在固定的时间间隔获取罗盘朝向的角度。其原型如下。

```
var watchID = navigator.compass.watchHeading(compassSuccess,
compassError, [compassOptions]);
```

罗盘是一个检测设备方向或朝向的传感器，使用度作为衡量单位，取值范围从 0~359.99 度。compass.watchHeading 每隔固定时间就获取一次设备的当前朝向。每次取得朝向后，headingSuccess 回调函数会被执行。通过 compassOptions 对象的 frequency 参数可以设定以毫秒为单位的时间间隔。返回的 watch ID 是罗盘监视周期的引用，可以通过 compass.clearWatch 调用该 watch ID 以停止对罗盘的监视。

（3）取消定期获取设备的指南针信息

在 PhoneGap 应用中，compass.clearWatch()函数的功能是停止 watch ID 参数指向的罗盘监视。其原型如下。

```
navigator.compass.clearWatch(watchID);
```

其中 watchID 由 compass.watchHeading 返回的引用标示。

2．使用指南针 API

在接下来的内容中，将通过一个简单例子来阐述使用 clearWatch()函数的方法。

实例 9-6	说　明
源码路径	daima\9\9-6.html
功能	阐述使用 clearWatch()函数的方法

本实例的实现文件是 9-6.html，具体实现代码如下。

```html
<!DOCTYPE html>
<html>
  <head>
    <title>Compass 例子</title>
    <meta http-equiv="Content-Type" content="text/html; charset=utf-8">
    <script type="text/javascript" charset="utf-8" src="cordova.js"></script>
    <script type="text/javascript" charset="utf-8">

    // 当前`watchHeading`的引用
    var watchID = null;

    // 等待 Cordova 加载
    document.addEventListener("deviceready", onDeviceReady, false);

    // Cordova 加载完成
    function onDeviceReady() {
        startWatch();
    }

    // 开始对指南针设备的监控
    function startWatch() {

        // 每隔三秒更新一次数据
        var options = { frequency: 3000 };

        watchID = navigator.compass.watchHeading(onSuccess, onError, options);
    }

    // 停止对指南针设备的监控
    function stopWatch() {
        if (watchID) {
            navigator.compass.clearWatch(watchID);
            watchID = null;
        }
    }

    // onSuccess 回调函数: 返回指南针的当前方向
    function onSuccess(heading) {
        var element = document.getElementById('heading');
        element.innerHTML = '指南针方向（角度）: ' + heading.magneticHeading;
    }

    // onError 回调函数: 返回详细的错误信息
    function onError(compassError) {
        alert('错误信息: ' + compassError.code);
```

```
    }

    </script>
  </head>
  <body>
    <div id="heading">监测指南针信息中...</div>
    <button onclick="startWatch();">开始监测指南针信息</button>
    <button onclick="stopWatch();">停止监测指南针信息</button>
  </body>
</html>
```

执行后的效果如图 9-7 所示，这是因为在模拟器中运行的原因，如果在真机中运行会显示我们预期的效果。

图 9-7　执行效果

💡 注意：

　　在 iOS 系统中使用 getCurrentAcceleration()方法时的异常问题。

　　当在 iOS 系统中使用 getCurrentAcceleration()方法时会发生异常情况，因为 iOS 没有获取在任何给定点当前加速度数据的概念，所以必须通过给定时间间隔查看加速度并获得数据。因此，函数 getCurrentAcceleration 会返回从 PhoneGap watchAccelerometer 调用开始后的最近一个返回值。

9.2.8　照相机 API

在 PhoneGap 应用中，照相机 API 是 Camera，其功能是使用设备的摄像头采集照片，对象提供对设备默认摄像头应用程序的访问。通过使用照相机 API，可以拍照或者访问照片库中的照片。在本节的内容中，将首先讲解一下照相机 API 用到的对象，然后详细介绍如何利用照相机 API 进行拍照并访问照片库中的照片的知识。

1. 方法 camera.getPicture

在 PhoneGap 应用中，照相机 API 只有一个方法：camera.getPicture，其功能是选择使用摄像头拍照，或者从设备相册中获取一张照片，图片以 base64 编码的字符串或图片 URI 形式返回。方法 camera.getPicture 的原型如下。

```
navigator.camera.getPicture( cameraSuccess, cameraError, [ cameraOptions ] );
```

由此可见，方法 camera.getPicture 有三个参数，具体说明如下。

cameraOptions：它提供配置参数，是键值对的 JSON 字符串，共有 8 个配置参数，具体说明如下。

- ❑ sourceType：如果该参数是 navigator.camera.PictureSourceType.PHOTOLIBRARY，则从图片库获取图片；如果该参数是 navigator.camera.PictureSourceType.SAVED PHOTOALBUM，则从相册中获取图片；如果该参数是 navigator.camera.PictureSource Type.CAMERA，则从设备的照相机中获取图片。在某些设备中，PHOTOLIBRARY 和 AVEDPHOTOALBUM 是同一个。
- ❑ destinationType：该参数可以决定返回的数据类型，可以是图片的 URL，也可以是图片数据。
- ❑ quality：该参数用于设定图片的质量，可以是 1～100 的任意数字。
- ❑ allowEdit：该参数为布尔型，指定该图片在选中前是否可以编辑。
- ❑ encodingType：该参数的值是常量，可以是 camera.encodingType.JPEG 或 camera.encodingType.PNG，用于指定图片返回的文件类型。有如下两个取值。
  - ◆ targetWidth：用于指定图片展示时的宽度，以像素为单位，必须和 targetHeight 一起使用。
  - ◆ targetHeight：用于指定图片展示时的高度，以像素为单位，必须和 targetWidth 一起使用。
- ❑ mediaType：该参数对应的值为常量，可以为 camera.mediaType.PICTURE、camera.mediaType.VIDEO 或 camera.mediaType.ALLMEDIA。该参数只有在 sourceType 设定为 PHOTOLIBRARY 或 SAVEDPHOTOALBUM 的情况下才可使用。
- ❑ cameraSuccess：它是成功访问图片后的回调函数，该函数的参数取值取决于 destinationType 的类型，如果 destinationType 是 DATA_URL，则该参数返回 Base64 编码的图像数据；如果 destinationType 是 FIFE_URI，则该参数返回的是图像的 URI。不论是图像数据或者 URI，都可以通过 img 标签的 src 属性显示在网页中，如对于图片数据 imageData，通过给 src 属性赋值"data:image/jpeg;base64,"+ imageData 即可。而对于图片 URI imageURI，通过给 src 属性直接赋值 imageURI 即可。
- ❑ cameraError：它是访问图片失败后的回调函数，该函数的参数为失败的消息。

由此可见，方法 camera.getPicture 能够打开设备的默认摄像头应用程序，使用户可以拍照（如果 Camera.sourceType 设置为 Camera.PictureSourceType.CAMERA，这也是默认值）。一旦拍照结束，摄像头应用程序会关闭并恢复用户应用程序。

如果 Camera.sourceType = Camera.PictureSourceType.PHOTOLIBRARY 或 Camera.Picture SourceType.SAVEDPHOTOALBUM，则系统弹出照片选择对话框，用户可以从相集中选择照片。

返回值会按照用户通过 cameraOptions 参数所设定的下列格式之一发送给 cameraSuccess 回调函数：

- ● 一个字符串，包含 Base64 编码的照片图像（默认情况）。
- ● 一个字符串，表示在本地存储的图像文件位置。

可以对编码的图片或 URI 做任何处理，例如：

- 通过标签渲染图片。
- 存储为本地数据，例如 LocalStorage，Lawnchair*等。
- 将数据发送到远程服务器。

💡 注意：

　　现实应用中，在较新的设备上使用摄像头拍摄的照片的质量是相当不错的，使用 Base64 对这些照片进行编码已导致其中的一些设备出现内存问题（如 IPHONE4、BlackBerry Torch 9800）。因此，强烈建议将 "Camera.destinationType" 设置为 FILE_URI。

2. 实战演练

下面将通过一个简单例子来阐述使用照相机 API 的方法。

实例 9-7	说　　明
源码路径	daima\9\9-7.html
功能	阐述使用照相机 API 的方法

本实例的实现文件是 9-7.html，具体实现代码如下。

```html
<!DOCTYPE html>
<html>
<head>
    <meta charset="utf-8">
    <meta name="viewport" content="width=device-width, initial-scale=1">
    <title>index.html</title>
    <script type="text/javascript" charset="utf-8" src="cordova.js" ></script>
    <script type="text/javascript" charset="utf-8">

    var pictureSource;          //图片来源
    var destinationType;          //设置返回值的格式

    // 等待 PhoneGap 连接设备
    document.addEventListener("deviceready",onDeviceReady,false);

    // PhoneGap 准备就绪，可以使用!
    function onDeviceReady() {
        pictureSource=navigator.camera.PictureSourceType;
        destinationType=navigator.camera.DestinationType;
    }

    // 当成功获得一张照片的 Base64 编码数据后被调用
    function onPhotoDataSuccess(imageData) {

        // 取消注释以查看 Base64 编码的图像数据
        // console.log(imageData);
        // 获取图像句柄
        var smallImage = document.getElementById('smallImage');
```

```
            // 取消隐藏的图像元素
            smallImage.style.display = 'block';

            // 显示拍摄的照片
            // 使用内嵌 CSS 规则来缩放图片
            smallImage.src = "data:image/jpeg;base64," + imageData;
     }

    // 当成功得到一张照片的 URI 后被调用
    function onPhotoURISuccess(imageURI) {

            // 取消注释以查看图片文件的 URI
            // console.log(imageURI);
            // 获取图片句柄
            var largeImage = document.getElementById('largeImage');

            // 取消隐藏的图像元素
            largeImage.style.display = 'block';

            // 显示拍摄的照片
            // 使用内嵌 CSS 规则来缩放图片
            largeImage.src = imageURI;
    }

    // "Capture Photo"按钮点击事件触发函数
    function capturePhoto() {

            // 使用设备上的摄像头拍照，并获得 Base64 编码字符串格式的图像
            navigator.camera.getPicture(onPhotoDataSuccess, onFail, { quality: 50 });
    }

    // "Capture Editable Photo"按钮点击事件触发函数
    function capturePhotoEdit() {

            // 使用设备上的摄像头拍照，并获得 Base64 编码字符串格式的可编辑图像
            navigator.camera.getPicture(onPhotoDataSuccess, onFail, { quality: 20, allow
Edit: true });
    }

    //"From Photo Library"/"From Photo Album"按钮点击事件触发函数
    function getPhoto(source) {

            // 从设定的来源处获取图像文件 URI
            navigator.camera.getPicture(onPhotoURISuccess, onFail, { quality: 50,
            destinationType: destinationType.FILE_URI,sourceType: source });
    }

    // 当有错误发生时触发此函数
    function onFail(mesage) {
            alert('Failed because: ' + message);
```

```
        }

    </script>
    </head>
    <body>
        <button onclick="capturePhoto();">Capture Photo</button> <br>
        <button onclick="capturePhotoEdit();">Capture Editable Photo</button> <br>
        <button          onclick="getPhoto(pictureSource.PHOTOLIBRARY);">From          Photo
Library</button><br>
        <button          onclick="getPhoto(pictureSource.SAVEDPHOTOALBUM);">From          Photo
Album</button><br>
        <img style="display:none;width:60px;height:60px;" id="smallImage" src="" />
        <img style="display:none;" id="largeImage" src="" />
        </body>
</html>
```

执行后的效果如图 9-8 所示，单击屏幕中的某个按钮后，会
实现对应的功能。例如，单击"From Photo Album"按钮后，会
显示系统内图片库内的图片信息，因为在模拟器中运行的原因，
所以会显示如图 9-8 所示的效果。如果在真机中运行会显示我们
预期的效果。

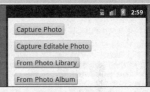

图 9-8　执行效果

9.2.9　Capture 采集

在 PhoneGap 应用中，Capture 也被称为采集 API 或捕获 API，其功能是捕获视频、音频
和图像，它是一个全局对象。本节将首先讲解一下采集 API 用到的对象，然后详细介绍采集
API 的具体用法。

1．Capture 的对象

在 PhoneGap 应用中，采集 API 有如下 id 对象。

（1）capture：被分配给 navigator.device 对象，因此作用域为全局范围。例如，下面的演
示代码：

```
//全局范围的 capture 对象
var capture = navigator.device.capture;
```

capture 对象包含如下属性。

- supportedAudioModes：当前设备所支持的音频录制格式，是 ConfigurationData[] 类型。
- supportedImageModes：当前设备所支持的拍摄图像尺寸及格式，是 ConfigurationData[]类型。
- supportedVideoModes：当前设备所支持的拍摄视频分辨率及格式，是
  ConfigurationData[]类型。

（2）CaptureAudioOptions：用于封装音频采集的配置选项。

CaptureAudioOptions 对象包含如下属性。

- limit：在单个采集操作期间能够记录的音频剪辑数量最大值，必须设定为大于等于 1，
  默认值为 1。
- drration：一个音频剪辑的最长时间，单位为秒。
- mode：选定的音频模式，必须设定为 capture.supportedAudioModes 枚举中的值。

2. 使用 Capture

下面将通过一个简单例子来阐述使用方法 captureAudio 的方法。

实例 9-8	说　　明
源码路径	daima\9\9-8.html
功能	阐述使用方法 captureAudio 的方法

本实例的实现文件是 9-8.html，具体实现代码如下。

```html
<!DOCTYPE html>
<html>
<head>
    <meta charset="utf-8">
    <meta name="viewport" content="width=device-width, initial-scale=1">
    <title>index.html</title>
    <script type="text/javascript" charset="utf-8" src="cordova.js" ></script>
    <script type="text/javascript" charset="utf-8" src="json2.js"></script>
    <script type="text/javascript" charset="utf-8">

    // 采集操作成功完成后的回调函数
    function captureSuccess(mediaFiles) {
        var i, len;
        for (i = 0, len = mediaFiles.length; i < len; i += 1) {
            uploadFile(mediaFiles[i]);
        }
    }

    // 采集操作出错后的回调函数
    function captureError(error) {
        var msg = 'An error occurred during capture: ' + error.code;
        navigator.notification.alert(msg, null, 'Uh oh!');
    }

    // "Capture Audio"按钮点击事件触发函数
    function captureAudio() {

        // 启动设备的音频录制应用程序,
        // 允许用户最多采集 2 个音频剪辑
        navigator.device.capture.captureAudio(captureSuccess, captureError, {limit: 2});
    }

    // 上传文件到服务器
    function uploadFile(mediaFile) {
        var ft = new FileTransfer(),
        path = mediaFile.fullPath,
        name = mediaFile.name;
        ft.upload(path,
                "http://my.domain.com/upload.php",
                function(result) {
                    console.log('Upload success: ' + result.responseCode);
```

```
                    console.log(result.bytesSent + ' bytes sent');
                },
                function(error) {
                    console.log('Error uploading file ' + path + ': ' + error.code);
                },
                { fileName: name });
        }

    </script>
    </head>
    <body>
        <button onclick="captureAudio();">Capture Audio</button>
    </body>
    </html>
```

执行后的效果如图 9-9 所示。如果在真机中运行，单击"Capture Audioo"按钮后会实现我们预期的采集功能。

图 9-9　执行效果

9.2.10　Media API

在 PhoneGap 应用中，媒体 API 是 Media，其功能是实现音频的录制和播放。利用 Media，可以创建自制的录音器。在 PhoneGap 应用中，Media 主要包含如下方法。

（1）media.getCurrentPosition：功能是返回一个音频文件的当前的位置，其原型如下。

```
media.getCurrentPosition(mediaSuccess, [mediaError]);
```

参数说明如下。

● mediaSuccess：成功的回调函数，返回当前的位置。

● mediaError：（可选项）如果发生错误时调用的回调函数。

方法 media.getCurrentPosition 是一个异步函数，用户返回一个 Media 对象所指向的音频文件的当前位置，同时会对 Media 对象的_position 参数进行更新。

（2）media.getDuration：功能是返回音频文件的时间长度，其原型如下。

```
media.getDuration();
```

方法 media.getDuration 是一个同步函数，如果音频时长已知的话则返回以秒为单位的音频文件时长，如果时长不可知的话则返回-1。

（3）media.play：功能是开始或恢复播放一个音频文件，其原型如下。

```
media.play();
```

方法 media.play 是一个用于开始或恢复播放音频文件的同步函数。

（4）media.pause：功能是暂停播放一个音频文件，其原型如下。

```
media.pause();
```

方法 media.pause 是一个用于暂停播放音频文件的同步函数。

（5）media.release：功能是释放底层操作系统音频资源，其原型如下。

```
media.release();
```

方法 media.release 是一个用于释放系统音频资源的同步函数。该函数对于 Android 系统尤为重要，因为 Android 系统的 OpenCore（多媒体核心）的实例是有限的。开发者需要在他们不再需要相应 Media 资源时调用"release"函数释放它。

（6）media.startRecord：功能是开始录制一个音频文件，其原型如下。

```
media.startRecord();
```

方法 media.startRecord 是用于开始录制一个音频文件的同步函数。

（7）media.stop：功能是停止播放一个音频文件，其原型如下。

```
media.stop();
```

方法 media.stop 是一个用于停止播放音频文件的同步函数。

（8）media.stopRecord：功能是停止录制一个音频文件，其原型如下。

```
media.stopRecord();
```

方法 media.stopRecord 是用于停止录制一个音频文件的同步函数。

注意：

解决 iOS 系统中使用 Position 对象的异常问题

当在 iOS 系统中使用 Position 对象时会发生异常情况，timestamp 单位将变为秒，而不是毫秒。例如，通过下面的代码可以用手动的方式将时间戳转换为毫秒（*1 000）：

```
var onSuccess = function(position) {
    alert('Latitude: ' + position.coords.latitude      + '\n' +
        'Longitude: ' + position.coords.longitude         + '\n' +
        'Timestamp: ' + new Date(position.timestamp * 1000) + '\n');
};
```

9.3 综合应用——使用 Media 构造一个播放器

在接下来的内容中，将通过一个简单例子来阐述使用方法 media.play 的方法。

实例 9-9	说　明
源码路径	daima\9\9-9.html
功能	使用 Media 构造一个播放器

本实例的实现文件是 9-9.html，具体实现代码如下。

```
<!DOCTYPE html>
<html>
<head>
    <meta charset="utf-8">
    <meta name="viewport" content="width=device-width, initial-scale=1">
    <title>index.html</title>
    <script type="text/javascript" charset="utf-8" src="cordova.js" ></script>
    <script type="text/javascript" charset="utf-8">
    // 等待加载 PhoneGap
```

```
document.addEventListener("deviceready", onDeviceReady, false);

// PhoneGap 加载完毕
function onDeviceReady() {
    playAudio("http://audio.ibeat.org/content/p1rj1s/p1rj1s_-_rockGuitar.mp3");
}

// 音频播放器
var my_media = null;
var mediaTimer = null;

// 播放音频文件
function playAudio(src) {
    // 从目标文件创建 Media 对象
    my_media = new Media(src, onSuccess, onError);

    // 播放音频
    my_media.play();

    // 每秒更新一次媒体播放到的位置
    if (mediaTimer == null) {
        mediaTimer = setInterval(function() {
            // 获取媒体播放到的位置
            my_media.getCurrentPosition(
                // 获取成功后调用的回调函数
                function(position) {
                    if (position > -1) {
                        setAudioPosition((position/1000) + " sec");
                    }
                },
                // 发生错误后调用的回调函数
                function(e) {
                    console.log("Error getting pos=" + e);
                    setAudioPosition("Error: " + e);
                }
            );
        }, 1000);
    }
}

// 暂停音频播放
function pauseAudio() {
    if (my_media) {
        my_media.pause();
    }
}

// 停止音频播放
function stopAudio() {
    if (my_media) {
```

```
            my_media.stop();
        }
        clearInterval(mediaTimer);
        mediaTimer = null;
    }

    // 创建 Media 对象成功后调用的回调函数
    function onSuccess() {
        console.log("playAudio():Audio Success");
    }

    // 创建 Media 对象出错后调用的回调函数
    function onError(error) {
        alert('code: '   + error.code   + '\n' +
              'message: ' + error.message + '\n');
    }

    // 设置音频播放位置
    function setAudioPosition(position) {
        document.getElementById('audio_position').innerHTML = position;
    }

</script>
</head>
<body>
    <a href="#" class="btn large" onclick="playAudio('http://audio.ibeat.org/content/
p1rj1s/p1rj1s_-_rockGuitar.mp3');">Play Audio</a>
    <a href="#" class="btn large" onclick="pauseAudio();">Pause Playing Audio</a>
    <a href="#" class="btn large" onclick="stopAudio();">Stop Playing Audio</a>
    <p id="audio_position"></p>
</body>
</html>
```

执行后的效果如图 9-10 所示，执行后就将播放指定的 MP3 文件。单击某个超链接后，会播放或暂停指定的 MP3 文件。

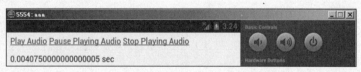

图 9-10　执行效果

10

开发移动设备网页

Android 系统十分强大，并且是一直在发展，将来也更加强大。随着手机硬件的升级和网速的提高，手机逐渐成为移动电脑的功能。现在到将来，人们用手机这个通信工具来上网是"大势所趋"。所以我们很有必要专门开发能在手机上浏览的网页，从大了讲就是能在手机上浏览的网站。其实用本书前面所讲解的 HTML、CSS、JavaScript 技术都是网页开发技术，用这三种技术开发的网页会在手机这个小小的屏幕上正常浏览吗？答案是肯定可以，但是需要进行一些变动，并且主要是 CSS 样式的变动。本章将详细讲解通过 CSS 设置出符合 Android 标准的 HTML 网页的方法。

10.1 编写第一个适用于 Android 系统的网页

下面以一个具体例子来作为开始，假设有一个很好的网页，广大用户在计算机上已经"光顾"它很多次了。

题　目	目　的	源码路径
实例 10-1	编写一个适用于 Android 系统的网页	daima\10\first\

其中主页文件 index.html 的源代码如下。

```html
<html>
  <head>
    <title>aaa</title>
    <link rel="stylesheet" href="desktop.css" type="text/css" />
<body>
    <div id="container">
      <div id="header">
        <h1><a href="./">AAAA</a></h1>
        <div id="utility">
          <ul>
            <li><a href="about.html">关于我们</a></li>
            <li><a href="blog.html">博客</a></li>
            <li><a href="contact.html">联系我们</a></li>
          </ul>
        </div>
        <div id="nav">
          <ul>
            <li><a href="bbb.html">Android之家</a></li>
```

```
                <li><a href="ccc.html">电话支持</a></li>
                <li><a href="ddd.html">在线客服</a></li>
                <li><a href="http://www.aaa.com">在线视频</a></li>
            </ul>
        </div>
    </div>
    <div id="content">
        <h2>About</h2>
        <p>欢迎大家学习 Android，都说这是一个前途辉煌的职业，我也是这么是认为的，
希望事实如此....</p>
    </div>
    <div id="sidebar">
        <img alt="好图片" src="aaa.png">
        <p>欢迎大家学习 Android，都说这是一个前途辉煌的职业，我也是这么是认为的，
希望事实如此....</p>
    </div>
    <div id="footer">
        <ul>
            <li><a href="bbb.html">Services</a></li>
            <li><a href="ccc.html">About</a></li>
            <li><a href="ddd.html">Blog</a></li>
        </ul>
        <p class="subtle">巅峰卓越</p>
    </div>
    </div>
    </body>
</html>
```

　　根据"样式和表现相分离"的原则，需要单独写一个 CSS 文件，通过这个 CSS 文件来给上述这个网页进行修饰，修饰的最终目的是能够在 Android 手机上浏览。

　　开始写 CSS 文件，为了适应 Android 系统，我们写下面 link 标签。

```
<link rel="stylesheet" type="text/css"
 href="android.css" media="only screen and (max-width: 480px)" />
<link rel="stylesheet" type="text/css"
 href="desktop.css" media="screen and (min-width: 481px)" />
```

　　在上述代码中，最明显的变动是浏览器宽度的变化，即：

```
max-width: 480px
min-width: 481px
```

　　这是因为手机屏幕的宽度和计算机屏幕的宽度不同（当然长度也不同，但是都具有下拉功能），480 是 Android 系统的标准宽度，上述代码的功能是不管浏览器的窗口是多大，桌面用户看到的都是文件 desktop.css 中的样式修饰的页面，宽度都是用如下代码设置的宽度。

```
max-width: 480px
min-width: 481px
```

　　上述代码中有两个 CSS 文件，一个是 desktop.css，此文件是在开发计算机页面时编写的样式文件，就是为这个 HTML 页面服务的。而文件 Android.css 是一个新文件，也是本章将要讲解的重点，通过这个 Android.css，可以将上面的计算机网页显示在 Android 手机中。当用户开发出完整的 Android.css 后，可以直接在 HTML 文件中将如下代码删除，即不再用这个修饰文件了。

```
<link rel="stylesheet" type="text/css"
 href="desktop.css" media="screen and (min-width: 481px)" />
```

此时在 Chrome 浏览器上浏览修改后的 HTML 文件，不管从 Android 手机浏览器还是计算机浏览器，执行后都将得到一个完整的页面展示。完整代码如下。

```
<html>
    <head>
        <title>AAAA</title>
        <link rel="stylesheet" type="text/css" href="android.css" media="only
screen and (max-width: 480px)" />
        <link    rel="stylesheet"    type="text/css"    href="desktop.css"
media="screen and (min-width: 481px)" />
        <!--[if IE]>
            <link    rel="stylesheet"    type="text/css"    href="explorer.css"
media="all" />
        <![endif]-->
        <script type="text/javascript" src="jquery.js"></script>
        <script type="text/javascript" src="android.js"></script>
    <meta http-equiv="Content-Type" content="text/html; charset=gb2312">
    </head>
    <body>
        <div id="container">
          <div id="header">
                <h1><a href="./">AAAA</a></h1>
                <div id="utility">
                    <ul>
                        <li><a href="about.html">关于我们</a></li>
                        <li><a href="blog.html">博客</a></li>
                        <li><a href="contact.html">联系我们</a></li>
                    </ul>
                </div>
                <div id="nav">
                    <ul>
                        <li><a href="bbb.html">Android 之家</a></li>
                        <li><a href="ccc.html">电话支持</a></li>
                        <li><a href="ddd.html">在线客服</a></li>
                        <li><a href="http://www.aaa.com">在线视频</a></li>
                    </ul>
                </div>
            </div>
            <div id="content">
                <h2>About</h2>
                <p>欢迎大家学习 Android，都说这是一个前途辉煌的职业，我也是这么是认为的，
希望事实如此....</p>
            </div>
            <div id="sidebar">
                <img alt="好图片" src="aaa.png">
                <p>欢迎大家学习 Android，都说这是一个前途辉煌的职业，我也是这么是认为的，
希望事实如此....</p>
            </div>
            <div id="footer">
```

```
            <ul>
                <li><a href="bbb.html">Services</a></li>
                <li><a href="ccc.html">About</a></li>
                <li><a href="ddd.html">Blog</a></li>
            </ul>
            <p class="subtle">巅峰卓越</p>
        </div>
    </div>
</body>
</html>
</html>
而 desktop.css 的代码如下所示。
For example:
body {
    margin:0;
    padding:0;
    font: 75% "Lucida Grande", "Trebuchet MS", Verdana, sans-serif;
}
```

执行效果如图 10-1 所示。

AAAA

- 关于我们
- 博客
- 联系我们

- Android之家
- 电话支持
- 在线客服
- 在线视频

About

欢迎大家学习Android，都说这是一个前途辉煌的职业，我也是这么是认为的，希望事实如此....

欢迎大家学习Android，都说这是一个前途辉煌的职业，我也是这么是认为的，希望事实如此....

- Services
- About
- Blog

巅峰卓越

图 10-1　执行效果

10.1.1　控制页面的缩放

浏览器很认死理，除非我们明确告诉 Android 浏览器，否则它会认为页面宽度是 980px。当然这在大多数情况下能工作得很好，因为计算机已经适应了这个宽度。但是如果针对小尺寸屏幕的 Android 手机的话，我们必须做一些调整，必须在 HTML 文件的 head 元素里加一个 viewport 的元标签，让移动浏览器知道屏幕大小。

```
<meta name="viewport" content="user-scalable=no, width=device-width" />
```

这样就实现了屏幕的自动缩放，可以根据显示屏的大小带给我们不同大小的显示页面。读者无须担心加上 viewport 后在计算机上的显示影响，因为桌面浏览器会忽略 wiewport 元标签。

如果不设置 viewport 的宽度，页面在加载后会缩小。我们不知道缩放的大小是多少，因为 Android 浏览器的设置项允许用户设置默认缩放大小。选项有大、中（默认）、小。即使设置过 viewport 宽度，这个设置项也会影响页面的缩放大小。

10.1.2 添加 CSS 样式

我们接着上一节的演示代码继续讲解，前面代码中的文件 android.css 一直没用到，接下来将开始编写这个文件，目的是使我们的网页在 Android 手机上完美并优秀地显示。

1. 编写基本的样式

所谓的基本样式是指诸如背景颜色、字体大小、字体颜色等样式，在上一节实例的基础上继续扩展，看我们的具体实现流程。

（1）在文件 android.css 中设置<body>元素的如下基本样式。

```
body {
    background-color: #ddd; /* 背景颜色 r */
    color: #222;            /* 字体颜色 */
    font-family: Helvetica; /* 字体 */
    font-size: 14px;  /* 字体大小 */
    margin: 0;              /* 外边距 */
    padding: 0;             /* 内边距 */
}
```

（2）开始处理<header>中的<div>内容，它包含主要入口的链接（也就是 logo）和一级、二级站点导航。第一步是把 LOGO 链接的格式调整得像可以点击的标题栏，在此我们将下面的代码加入文件 android.css 中。

```
#header h1 {
    margin: 0;
    padding: 0;
}
#header h1 a {
    background-color: #ccc;
    border-bottom: 1px solid #666;
    color: #222;
    display: block;
    font-size: 20px;
    font-weight: bold;
    padding: 10px 0;
    text-align: center;
    text-decoration: none;
}
```

（3）使用相同的方式格式化一级和二级导航的<ul>元素。在此只需使用通用的标签选择器（也就是#header ul）即可，而不必再设置标签<ID>，也就不必设置诸如下面的样式。

- #header ul
- #utility
- #header ul
- #nav

此步骤的代码如下。

```
#header ul {
    list-style: none;
    margin: 10px;
    padding: 0;
}
#header ul li a {
    background-color: #FFFFFF;
    border: 1px solid #999999;
    color: #222222;
    display: block;
    font-size: 17px;
    font-weight: bold;
    margin-bottom: -1px;
    padding: 12px 10px;
    text-decoration: none;
}
```

（4）给 content 和 sidebar div 加点内边距，让文字到屏幕边缘之间空出点距离。代码如下。

```
#content, #sidebar {
    padding: 10px;
}
```

（5）设置<footer>中内容的样式，<footer>里面的内容比较简单，我们只需将 display 设置为 none 即可，代码如下。

```
#footer {
    display: none;
}
```

此时上述代码在计算机中执行的效果如图 10-2 所示。

AAAA

- 关于我们
- 博客
- 联系我们

- Android之家
- 电话支持
- 在线客服
- 在线视频

About

欢迎大家学习Android，都说这是一个前途辉煌的职业，我也是这么是认为的，希望事实如此……

欢迎大家学习Android，都说这是一个前途辉煌的职业，我也是这么是认为的，希望事实如此……

- Services
- About
- Blog

巅峰卓越

图 10-2　计算机中的执行效果

在 Android 中的执行效果如图 10-3 所示。

因为添加了自动缩放，并且添加了修饰 Menu 的样式，所以整个界面看上去"很美"。

2. 添加视觉效果

为了使我们的页面变得精彩，我们可以尝试加一些充满视觉效果的样式。

（1）给<header>文字加 lpx 向下的白色阴影，背景加上 CSS 渐变效果。具体代码如下。

图 10-3　在 Android 中的执行效果

```
#header h1 a {
    text-shadow: 0px 1px 1px #fff;
    background-image: -webkit-gradient(linear, left top, left bottom,
from(#ccc), to(#999));
}
```

对于上述代码有两点说明。

- text-shadow 声明：参数从左到右分别表示水平偏移、垂直偏移、模糊效果和颜色。在大多数情况下，可以将文字设置成上面代码中的数值，这在 Android 界面中的显示效果也不错。在大部分浏览器上，将模糊范围设置为 0px 也能看到效果。但 Andorid 要求模糊范围最少是 lpx，如果设置成 0px，则在 Android 设备上将显示不出来文字阴影。
- -webkit-gradient：功能是让浏览器在运行时产生一张渐变的图片。因此，可以把 CSS 渐变功能用在任何平常指定图片（如背景图片或者列表式图片）url 的地方。参数从左到右的排列顺序分别是：渐变类型（可以是 linear 或者 radial 的）、渐变起点（可以是 left top、left bottom、right top 或 right bottom）、渐变终点、起点颜色、终点颜色。

💡 注意：

在上述赋值时，不能颠倒描述渐变起点、终点常量（left top、left bottom、right top. right bottom）的水平和垂直顺序。也就是说 top left、bottom left、top right 和 bottom right 是不合法的值。

（2）给导航菜单加上圆角样式，代码如下。

```
#header ul li:first-child a {
    -webkit-border-top-left-radius: 8px;
    -webkit-border-top-right-radius: 8px;
}
#header ul li:last-child a {
    -webkit-border-bottom-left-radius: 8px;
    -webkit-border-bottom-right-radius: 8px;
}
```

上述代码使用-webkit-border- radius 属性描述角的方式，定义列表第一个元素的上两个角和最后一个元素的下两个角为以 8px 为半径的圆角。

在 Android 中的执行效果如图 10-4 所示。

此时会发现列表显示样式变为了圆角样式,整个外观显得更加圆滑和自然。

10.1.3　添加 JavaScript

经过前面的步骤,一个基本的 HTML 页面就设计完成了,并且这个页面可以在 Android 手机上完美显示。为了使页面更加完美,接下来步骤的目的是给页面添加一些 JavaScript 元素,让页面支持一些基本的动态行为。在具体实现时,当然是基于前面介绍的 jQuery 框架。具体要做的是,让用户控制是否显示页面顶部那个太引人注目的导航栏,这样用户可以只在想看的时候去看。实现流程如下。

图 10-4　在 Android 中的执行效果

(1)隐藏<header>中的 ul 元素,让它在用户第一次加载页面之后不会显示出来。具体代码如下。

```
#header ul. hide{
display: none;
)
```

(2)定义显示和隐藏菜单的按钮,代码如下。

```
<div class=" leftButton" onclick= "toggleMenu() ">Menu</ div>
```

我们定一个带有 leftButton 类的 div 元素,将被放在 header 里面,下面是这个按钮的完整 CSS 样式代码。

```
#header div.leftButton {
    position: absolute;
    top: 7px;
    left: 6px;
    height: 30px;
    font-weight: bold;
    text-align: center;
    color: white;
    text-shadow: rgba (0,0,0,0.6) 0px -1px 1px;
    line-height: 28px;
    border-width: 0 8px 0 8px;
    -webkit-border-image: url(images/button.png) 0 8 0 8;
}
```

上述代码的具体说明如下。

- position: absolute:从顶部开始,设置 position 为 absolute,相当于把这个 div 元素从 HTML 文件流中去掉,从而可以设置自己的最上面和最左面的坐标。
- height: 30px:设置高度为 30px。
- font-weight: bold:定义文字格式为粗体,白色带有一点向下的阴影,在元素里居中显示。
- text-shadow: rgba: rgb(255,255,255)、rgb(100%,100%,10 096)格式和#FFFFFF 格式是一个原理,都是设置颜色值的。在 rgba()函数中,它的第 4 个参数用来定义 alpha 值(透明度),取值范围从 0~1。其中 0 表示完全透明,1 表示完全不透明,0~1 之间的小数表示不同程度的半透明。

- line-height：把元素中的文字往下移动的距离，使之不会和上边框齐平。
- border-width 和 -webkit-border-image：这两个属性一起决定把一张图片的一部分放入某一元素的边框中去。如果元素大小由于文字的增减而改变，图片会自动拉伸适应这样的变化。这一点其实非常棒，意味着只需要不多的图片、少量的工作、低带宽和更少的加载时间。
- border-width：让浏览器把元素的边框定位在距上 0px、距右 8px、距下 0px、距左 8px 的地方（4 个参数从上开始，以顺时针为序）。不需要指定边框的颜色和样式。边框宽度定义好之后，就要确定放进去的图片了。
- url（images/button.png）0 8 0 8：5 个参数从左到右分别是：图片的 URL、上边距、右边距、下边距、左边距（再一次，从上顺时针开始）。URL 可以是绝对（比如 http://example.com/myBorderImage.png）或相对路径，后者是相对于样式表所在的位置的，而不是引用样式表的 HTML 页面的位置。

（3）开始在 HTML 文件中插入 JavaScript 的代码，将对 aaa.js 和 bbb.js 的引用写到 HTML 文件中。

```
<script type="text/javascript" src="aaa.js"></script>
<script type="text/javascript" src="bbb.js"></script>
```

在文件 bbb.js 中，我们编写一段 JavaScript 代码，这段代码的主要作用是让用户显示或隐藏 nav 菜单。代码如下。

```
if (window.innerWidth && window.innerWidth <= 480) {
    $(document).ready(function(){
        $('#header ul').addClass('hide');
        $('#header').append('<div                      class="leftButton"
onclick="toggleMenu()">Menu</div>');
    });
    function toggleMenu() {
        $('#header ul').toggleClass('hide');
        $('#header .leftButton').toggleClass('pressed');
    }
}
```

对上述代码的具体说明如下。

第 1 行：括号中的代码，表示当 Window 对象的 innerWidth 属性存在并且 innerWidth 小于等于 480px（这是大部分手机合理的最大宽度值）时才执行到内部。这一行保证只有当用户用 Android 手机或者类似大小的设备访问这个页面时，上述代码才会执行。

第 2 行：使用了函数 document ready，此函数是"网页加载完成"函数。这段代码的功能是设置当网页加载完成之后才运行里面的代码。

第 3 行：使用了典型的 iQuery 代码，目的是选择 header 中的 <ul> 元素并且往其中添加 hide 类开始。此处的 hide 前面 CSS 文件中的选择器，这行代码执行的效果是隐藏 header 的 ul 元素。

第 4 行：此处是给 header 添加按钮的地方，目的是我们可以显示和隐藏菜单。

第 8 行：函数 toggleMenu() 用 iQuery 的 toggleClass() 函数来添加或删除所选择对象中的某个类。这里应用了 header 的 ul 里的 hide 类。

第 9 行：在 header 的 leftButton 里添加或删除 pressed 类，类 pressed 的具体代码如下。

```
#header div.pressed {
    -webkit-border-image: url(images/button_clicked.png) 0 8 0 8;
}
```

通过上述样式和 JavaScript 行为设置以后，Menu 开始动起来了，默认是隐藏了链接内容，单击之后才会在下方显示链接信息，如图 10-5 所示。

图 10-5 下方显示信息

10.2 添加 Ajax 特效

Ajax 是指异步 JavaScript 及 XML，是 Asynchronous JavaScript And XML 的缩写。Ajax 不是一种新的编程语言，而是一种用于创建更好、更快及交互性更强的 Web 应用程序的技术。通过使用 Ajax，我们的 JavaScript 可使用 JavaScript 的 XMLHttpRequest 对象来直接与服务器进行通信。通过这个对象，我们的 JavaScript 可在不重载页面的情况与 Web 服务器交换数据。

Ajax 在浏览器与 Web 服务器之间使用异步数据传输（HTTP 请求），这样就可使网页从服务器请求少量的信息，而不是整个页面。既然 Ajax 和 JavaScript 的关系这么密切，那么就很有必要在开发的 Android 网页中使用 Ajax，这样可以给用户带来更精彩的体验。

下面将以一个具体例子开始，讲解 Ajax 在 Android 网页中的简单应用。

题　　目	目　　的	源 码 路 径
实例 10-2	在 Android 系统中开发一个 Ajax 网页	daima\10\gaoji\

（1）编写一个简单的 HTML 文件，命名为 android.html，具体代码如下。

```
<html>
    <head>
        <title>Jonathan Stark</title>
        <meta name="viewport" content="user-scalable=no, width=device-width" />
        <link rel="stylesheet" href="android.css" type="text/css" media=
"screen" />
        <script type="text/javascript" src="jquery.js"></script>
        <script type="text/javascript" src="android.js"></script>
```

```
        </head>
        <body>
            <div id="header"><h1>AAA</h1></div>
            <div id="container"></div>
        </body>
    </html>
```

（2）编写样式文件 android.css，主要代码如下。

```
body {
    background-color: #ddd;
    color: #222;
    font-family: Helvetica;
    font-size: 14px;
    margin: 0;
    padding: 0;
}
#header {
    background-color: #ccc;
    background-image: -webkit-gradient(linear, left top, left bottom,
from(#ccc), to(#999));
    border-color: #666;
    border-style: solid;
    border-width: 0 0 1px 0;
}
#header h1 {
    color: #222;
    font-size: 20px;
    font-weight: bold;
    margin: 0 auto;
    padding: 10px 0;
    text-align: center;
    text-shadow: 0px 1px 1px #fff;
    max-width: 160px;
    overflow: hidden;
    white-space: nowrap;
    text-overflow: ellipsis;
}
ul {
    list-style: none;
    margin: 10px;
    padding: 0;
}
ul li a {
    background-color: #FFF;
    border: 1px solid #999;
    color: #222;
    display: block;
    font-size: 17px;
    font-weight: bold;
    margin-bottom: -1px;
    padding: 12px 10px;
```

```
      text-decoration: none;
   }
   ul li:first-child a {
      -webkit-border-top-left-radius: 8px;
      -webkit-border-top-right-radius: 8px;
   }
   ul li:last-child a {
      -webkit-border-bottom-left-radius: 8px;
      -webkit-border-bottom-right-radius: 8px;
   }
   ul li a:active, ul li a:hover {
      background-color: blue;
      color: white;
   }
   #content {
      padding: 10px;
      text-shadow: 0px 1px 1px #fff;
   }
   #content a {
      color: blue;
   }
```

（3）继续编写如下 HTML 文件

- about.html
- blog.html
- contact.html
- consulting-clinic.html
- index.html

它们的代码都是相同的，具体如下。

```
<html>
    <head>
        <title>AAA</title>
        <meta name="viewport" content="user-scalable=no, width=device-width"
/>
        <link rel="stylesheet" type="text/css" href="android.css" media="only
screen and (max-width: 480px)" />
        <link    rel="stylesheet"    type="text/css"    href="desktop.css"
media="screen and (min-width: 481px)" />
        <!--[if IE]>
            <link    rel="stylesheet"    type="text/css"    href="explorer.css"
media="all" />
        <![endif]-->
        <script type="text/javascript" src="jquery.js"></script>
        <script type="text/javascript" src="android.js"></script>
    <meta http-equiv="Content-Type" content="text/html; charset=gb2312">
    </head>
    <body>
        <div id="container">
         <div id="header">
```

```
            <h1><a href="./">AAAA</a></h1>
            <div id="utility">
                <ul>
                    <li><a href="about.html">AAA</a></li>
                    <li><a href="blog.html">BBB</a></li>
                    <li><a href="contact.html">CCC</a></li>
                </ul>
            </div>
            <div id="nav">
                <ul>
                    <li><a href="bbb.html">DDD</a></li>
                    <li><a href="ccc.html">EEE</a></li>
                    <li><a href="ddd.html">FFF</a></li>
                    <li><a href="http://www.aaa.com">GGG</a></li>
                </ul>
            </div>
        </div>
        <div id="content">
            <h2>About</h2>
            <p>欢迎大家学习 Android，都说这是一个前途辉煌的职业，我也是这么是认为的，
希望事实如此....</p>
        </div>
        <div id="sidebar">
            <img alt="好图片" src="aaa.png">
            <p>欢迎大家学习 Android，都说这是一个前途辉煌的职业，我也是这么是认为的，
希望事实如此....</p>
        </div>
        <div id="footer">
            <ul>
                <li><a href="bbb.html">Services</a></li>
                <li><a href="ccc.html">About</a></li>
                <li><a href="ddd.html">Blog</a></li>
            </ul>
            <p class="subtle">巅峰卓越</p>
        </div>
    </div>
    </body>
</html>
```

（4）编写 JavaScript 文件 android.js，在此文件中使用了 Ajax 技术。具体代码如下。

```
var hist = [];
var startUrl = 'index.html';
$(document).ready(function(){
    loadPage(startUrl);
});
function loadPage(url) {
    $('body').append('<div id="progress">wait for a moment...</div>');
    scrollTo(0,0);
    if (url == startUrl) {
        var element = ' #header ul';
    } else {
```

```
                var element = ' #content';
        }
    $('#container').load(url + element, function(){
            var title = $('h2').html() || '你好!';
            $('h1').html(title);
            $('h2').remove();
            $('.leftButton').remove();
            hist.unshift({'url':url, 'title':title});
            if (hist.length > 1) {
                $('#header').append('<div
class="leftButton">'+hist[1].title+'</div>');
                $('#header .leftButton').click(function(e){
                    $(e.target).addClass('clicked');
                    var thisPage = hist.shift();
                    var previousPage = hist.shift();
                    loadPage(previousPage.url);
                });
            }
            $('#container a').click(function(e){
                var url = e.target.href;
                if (url.match(/aaa.com/)) {
                    e.preventDefault();
                    loadPage(url);
                }
            });
            $('#progress').remove();
    });
}
```

对于上述代码的具体说明如下。

● 第 1～5 行：使用了 iQuery 的 document ready 函数，目的是使浏览器在加载页面完成后运行 loadPage()函数。

● 剩余的行数是函数 loadPage(url)部分，此函数的功能是载入地址为 URL 的网页，但是在载入时使用了 Ajax 技术特效。

● 第 7 行：为了使 Ajax 效果能够显示出来，在这个 loadPage()函数启动时，在 body 中增加一个正在加载的 div，然后在 hij ackLinks()函数结束时删除。

● 第 9～13 行：如果没有在调用函数时指定 url（比如第一次在 document ready 函数中调用），url 将会是 undefined，这一行会被执行。这一行和下一行是 iQuery 的 load()函数样例。load()函数在给页面增加简单快速的 Ajax 实用性上非常出色。如果把这一行翻译出来，它的意思是"从 index.html 中找出所有#header 中的 ul 元素，并把它们插入当前页面的#container 元素中，完成之后再调用 hij ackLinks()函数"。当 url 参数有值时，执行第 12 行。从效果上来看，"从传给 loadPage()函数的 url 中得到#content 元素，并把它们插入当前页面的#container 元素，完成之后调用 hij ackLinks()函数。"

（5）最后的修饰

为了能使我们设计的页面体现出 Ajax 效果，我们还需继续设置样式文件 android.css。

● 为了能够显示出"加载中……"的样式，需要在 android.css 中添加如下对应的修饰代码。

```
#progress {
```

```
    -webkit-border-radius: 10px;
    background-color: rgba(0,0,0,.7);
    color: white;
    font-size: 18px;
    font-weight: bold;
    height: 80px;
    left: 60px;
    line-height: 80px;
    margin: 0 auto;
    position: absolute;
    text-align: center;
    top: 120px;
    width: 200px;
}
```

- 用边框图片修饰返回按钮，并清除默认的点击后高亮显示的效果。在 android.css 中添加如下修饰代码。

```
#header div.leftButton {
    font-weight: bold;
    text-align: center;
    line-height: 28px;
    color: white;
    text-shadow: 0px -1px 1px rgba(0,0,0,0.6);
    position: absolute;
    top: 7px;
    left: 6px;
    max-width: 50px;
    white-space: nowrap;
    overflow: hidden;
    text-overflow: ellipsis;
    border-width: 0 8px 0 14px;
    -webkit-border-image: url(images/back_button.png) 0 8 0 14;
    -webkit-tap-highlight-color: rgba(0,0,0,0);
}
```

此时在 Android 中执行我们的上述文件，执行后先加载页面，在加载时会显示"wait for a moment..."的提示，如图 10-6 所示。在滑动选择某个链接时，被选中的会有不同的颜色，如图 10-7 所示。

图 10-6　提示特效

图 10-7　被选择的不同颜色

而文件 android.html 的执行效果和其他文件相比稍有不同，如图 10-8 所示。这是因为在编码时的有意而为之。

图 10-8　文件 android.html

注意：

充分利用开源的 JQTouch

其实最后的步骤就是使用 JQTouch 了，因为是开源部分，所以无须笔者耗费篇幅，笔者做的工作只是设置了里面的几个属性而已。文件 jqtouch.js 比较长，读者若想理解 JQTouch 开源代码的各个部分，可以参阅相关资料。如果个人 JavaScript、Ajax、CSS、HTML 水平很不错，建议下载开源代码自己分析。网上也有很多参考资料，现在比较著名的是 LUPA 社区中的在线分析教程。此教程界面清新，左侧是导航，十分便于我们的浏览，如图 10-9 所示。

图 10-9　JQTouch 在线源码分析

10.3　打造一个 iOS+jQuery Mobile+PhoneGap 程序

下面将创建第一个基于 iO 系统的 PhoneGap 实例。首先，利用 HTML、CSS 和 JavaScript 来搭建一个标准的 Web 应用程序，然后用 PhoneGap 封装来访问移动设备的基本信息，在 iOS 模拟器上调试成功后，最后部署到实体机。为了在不同的设备上得到一样的渲染效果，将采用 jQuery Mobile 来设计应用程序界面。

实例 10-3	说　　明
源码路径	daima\2\phonegap-2.9.0
功能	在 iOS 系统中创建一个基于 PhoneGap 的应用程序

（1）在开始之前需要先准备集成开发环境 Xcode，安装 iOS SDK 及 PhoneGap。如果应

用程序仅在模拟器中运行，则不需要准备开发者证书。

（2）利用 Xcode 中的模板创建一个空项目，将整个目录结构主要分为三个部分：项目文件夹（以项目名称为文件夹名称，这里是 HelloWorld）、Frameworks 和 Products。Frameworks 中包含该应用可能用到的所有库文件，一般不需要修改。Products 文件夹包含了编译成功后的.app 文件。HelloWorld 文件夹包含项目的主体文件，其中Cordova.framework 引入了 Cordova 静态库，Resources 目录包含图片和国际化有关的资源。Classes 目录包含了应用程序委派的头文件和可执行文件、主界面控制器的头文件和可执行文件。Plugins 中包含了可能添加的插件头文件和可执行文件。Supporting Files 中的文件.plist 类似项目的 properties，包含项目基本信息（如名称和图标），InfoPlist.strings 包含国际化info.plist 键值对。

图 10-10　目录结构

（3）把系统生成的"www"文件夹添加到"HelIoWorld"中，具体做法是右击"HelloWorld"项目，在弹出的快捷菜单中选择"添加文件到"HelloWorld"菜单，然后选择"www"目录，最后单击"Finish"按钮。此时可以看到"www"文件夹出现在项目的文件列表下，并且文件夹的图标是蓝色的，表示该文件夹已经成为文件引用类型，而不是虚拟的目录。

创建后的目录结构如图 10-10 所示。

在"www"目录下编写测试的网页文件 index.html，具体实现代码如下。

```html
<!DOCTYPE html>
<html>
<head>
  <meta charset="utf-8">
  <meta name="viewport" content="width=device-width, initial-scale=1">
  <title>index.html</title>
  <link rel="stylesheet" href="jquery.mobile-1.0.1.min.css" />
  <script type="text/javascript" charset="utf-8" src="jquery.js"></script>
  <script                 type="text/javascript"                 charset="utf-8"
src="jquery.mobile-1.0.1.min.js"></script>
  <script type="text/javascript" charset="utf-8" src="cordova.js" ></script>
  <script type="text/javascript" charset="utf-8">

$( function() {

});
$(document).ready(function(){

    console.log("jquery ready");
    document.addEventListener("deviceready", onDeviceReady, false);
    console.log("register the listener");
});


function onDeviceReady()
```

```
    {
        console.log("onDeviceReady");
        $(".content").html("<ul data-role='listview'><li>"+device.name+"</li>
<li>"+device.cordova+"</li><li>"+device.platform+"</li><li>"+device.version+"
</li><li>"+device.uuid+"</li></ul>");
    }


    </script>
</head>
<body>
<!-- begin first page -->
<div id="page1" data-role="page" >
<header data-role="header"><h1>Hello World</h1></header>
<div data-role="content" class="content">
<h3>设备信息</h3>

</ul>
</div>
<footer data-role="footer"><h1>Footer</h1></footer>
</div>
<!-- end first page -->
</body>
</html>
```

在 iOS 模拟器中的执行效果如图 10-11 所示。

图 10-11　执行效果

10.4　综合演练——打造一个 Android+jQuery Mobile+PhoneGap 程序

在接下来的内容中，将详细讲解在 Android 平台中创建一个基于 PhoneGap 的程序的过程。

实例 10-4	说　　明
源码路径	daima\10\HelloWorld\
功能	在 Android 平台创建基于 PhoneGap 的应用程序

首先，利用 HTML、CSS 和 JavaScript 来搭建一个标准的 Web 应用程序，然后用 PhoneGap 封装来访问移动设备的基本信息，在 Android 模拟器上调试成功后，最后部署到实体机。为了在不同的设备上得到相同的渲染效果，将采用 jQuery Mobile 来设计应用程序界面。

10.4.1 建立一个基于 Web 的 Android 应用

创建标准 Android 应用的操作步骤如下。

（1）启动 Eclipse，依次选择"File"→"New"→"Other"菜单，然后在向导的树形结构中找到 Android 节点。并单击 Android Project，在项目名称上填写 HelloWorld。

（2）单击"Next"按钮，选择目标 SDK，在此选择 2.3.3。单击"Next"按钮，然后填写包名为"com.adobe.phonegap"，如图 10-12 所示。

（3）单击"Finish"按钮，此时将成功构建一个标准的 Android 项目。图 10-13 所示展示了当前项目的目录结构。

图 10-12　创建 Android 工程

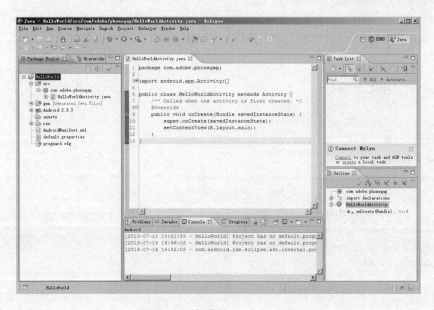

图 10-13　创建的 Android 工程

10.4.2　添加 Web 内容

在 HelloWorld 中，将要添加的 Web 页面只有 index.html，该页面要完成的功能是在内容区域输出 HelloWorld。为了确保在不同的移动平台上显示相同的效果，使用 jQuery Mobile 来设计 UI。

（1）在 HelloWorld 的 assets 目录下创建 www 文件夹，这个文件夹是所有 Web 内容的容器。

（2）下载 jQuery Mobile，笔者在此实例使用的版本是 1.1.0 RC1。除了需要 jQuery Mobile 的 CSS 和相关 JavaScript 文件外，还需要用到 jquery.js。

（3）下载完 jQuery Mobile 并解压缩后，将 jquery.mobile-l.0.min.css、jquery.mobile-l.O.min.js 和 jquery.js 放置在 www 文件夹下，如图 10-14 所示。

图 10-14　添加 jQuery Mobile 文件

（4）开始编写文件 index.html，该页面是个单页结构，共包含三部分，分别是页头、内容和页脚。文件 index.html 的具体代码如下。

```
<!DOCTYPE html>
<html>
<head>
  <meta charset="utf-8">
  <meta name="viewport" content="width=device-width, initial-scale=1">
  <title>index.html</title>
  <link rel="stylesheet" href="jquery.mobile-1.0.1.min.css" />
  <script type="text/javascript" charset="utf-8" src="jquery.js"></script>
  <script                    type="text/javascript"                    charset="utf-8"
src="jquery.mobile-1.0.1.min.js"></script>
</head>
<body>
<!-- begin first page -->
<div id="page1" data-role="page" >
<header data-role="header"><h1>Hello World</h1></header>
<div data-role="content" class="content">
<h3>设备信息</h3>

</ul>
</div>
<footer data-role="footer"><h1>Footer</h1></footer>
</div>
<!-- end first page -->
</body>
</html>
```

目前，该页面无法显示在移动设备中，它在桌面浏览器上的显示效果如图 10-15 所示。

图 10-15　文件 index.html 的执行效果

10.4.3　利用 PhoneGap 封装成移动 Web 应用

整个封装过程可以分为如下四个部分：

- 第一部分：修改项目结构，即创建一些必要的目录结构；
- 第二部分：引入 PhoneGap 相关文件，包含 cordova.js 和 cordova.j ar，其中 cordova.js 主要用于 HTML 页面，而 cordova.jar 作为 Java 库文件引入；
- 第三部分：修改项目文件（包含 HTML 页面和 activity 类文件）；
- 第四部分：是可选的，就是修改项目元数据 AndroidManifest.xml，我们可以根据实际需要来修改该配置文件。

在接下来的内容中，将逐一介绍每一部分的具体实现过程。

（1）修改项目结构

在项目的根目录下创建 libs 和 assets/www 文件夹，前者是将要添加的 cordova.jar 包的容器，后者（该文件夹在"添加 Web 内容"一节中已经创建）是 Web 内容的容器。

（2）引入 PhoneGap 相关文件

在前面已经下载了最新的 PhoneGap 发布包 2.9.0。进入发布包的\lib\android 目录，将文件 cordova.js 复制到 assets/www 目录下，将 cordova-2.9.0.jar 库文件复制到 libs 目录下，将 XML 文件夹复制到 res 目录下，作为 res 目录的一个子目录。在 PhoneGap 2.0 以前，XML 文件夹包含两个配置文件 cordova.xml 和 plugins.xml，从 2.0 开始这两个文件合并成一个 config.xml。修改项目的 Java 构建路径，把 libs 下的 cordova-2.9.0.jar 添加到编译路径中。

（3）修改项目文件

修改默认的 Java 文件 HelloWorldActivity，使其继承 DroidGap，修改后的代码如下。

```java
package com.adobe.phonegap;
import org.apache.cordova.DroidGap;
import android.app.Activity;
import android.os.Bundle;
public class HelloWorldActivity extends DroidGap {
    /** Called when the activity is first created. */
    @Override
    public void onCreate(Bundle savedInstanceState) {
        super.onCreate(savedInstanceState);
        super.loadUrl("file:///android_asset/www/index.html");
```

```
        }
    }
```

在上述代码中，DroidGap 是 PhoneGap 提供的，此类继承自 android.app.Activity 类。如果需要 PhoneGap 提供的 API 访问设备的原生功能或设备信息，则需要在 index.html 的 <header>标签中加入如下代码：

```
<script type="text/javascript" charset="utf-8" src="cordova.js" >
```

在本例中，我们先实验一下不引入 cordova.js 时的情况，此时在模拟器上的运行效果如图 10-16 所示。

图 10-16　不引入 cordova.js 时的执行效果

现在修改文件 index.html，将文本"I am here"替换为显示设备信息。更改后的 index.html 页面的代码如下。

```
<!DOCTYPE html>
<html>
<head>
  <meta charset="utf-8">
  <meta name="viewport" content="width=device-width, initial-scale=1">
  <title>index.html</title>
  <link rel="stylesheet" href="jquery.mobile-1.0.1.min.css" />
  <script type="text/javascript" charset="utf-8" src="jquery.js"></script>
  <script                  type="text/javascript"                  charset="utf-8"
src="jquery.mobile-1.0.1.min.js"></script>
  <script type="text/javascript" charset="utf-8" src="cordova.js" ></script>
  <script type="text/javascript" charset="utf-8">

  $( function() {

  });
  $(document).ready(function(){

    console.log("jquery ready");
    document.addEventListener("deviceready", onDeviceReady, false);
    console.log("register the listener");
  });
```

```
    function onDeviceReady()
    {
        console.log("onDeviceReady");
        $(".content").html("<ul data-role='listview'><li>"+device.name+"</li><li>"+
device.cordova+"</li><li>"+device.platform+"</li><li>"+device.version+"</li><li>"+devi
ce.uuid+"</li></ul>");
    }


    </script>
</head>
<body>
<!-- begin first page -->
<div id="page1" data-role="page" >
<header data-role="header"><h1>Hello World</h1></header>
<div data-role="content" class="content">
<h3>设备信息</h3>

</ul>
</div>
<footer data-role="footer"><h1>Footer</h1></footer>
</div>
<!-- end first page -->
</body>
</html>
```

在上述代码中，使用函数 onDeviceReady()调用$(".content").html()函数来修改 div 中的
HTML 内容。

10.4.4　修改权限文件

在文件 AndroidManifest.xml 中，增加访问网络和照相机的权限，并添加适用不同分辨率
的设置代码。文件 AndroidManifest.xml 的具体代码如下。

```
<?xml version="1.0" encoding="utf-8"?>
<manifesat xmlns:android="http://schemas.android.com/apk/res/android"
    package="com.adobe.phonegap"
    android:versionCode="1"
    android:versionName="1.0">


    <supports-screens   android:largeScreens="true"   android:normalScreens="true"
android:smallScreens="true"  android:resizeable="true" android:anyDensity="true"  />
  <uses-permission android:name="android.permission.CAMERA" />
  <uses-permission android:name="android.permission.VIBRATE" />
  <uses-permission android:name="android.permission.ACCESS_COARSE_LOCATION" />
  <uses-permission android:name="android.permission.ACCESS_FINE_LOCATION" />
  <uses-permission android:name="android.permission.ACCESS_LOCATION_EXTRA_COMMANDS" />
  <uses-permission android:name="android.permission.READ_PHONE_STATE" />
  <uses-permission android:name="android.permission.INTERNET" />
  <uses-permission android:name="android.permission.RECEIVE_SMS" />
  <uses-permission android:name="android.permission.RECORD_AUDIO" />
```

```
<uses-permission android:name="android.permission.MODIFY_AUDIO_SETTINGS" />
<uses-permission android:name="android.permission.READ_CONTACTS" />
<uses-permission android:name="android.permission.WRITE_CONTACTS" />
<uses-permission android:name="android.permission.WRITE_EXTERNAL_STORAGE" />
<uses-permission android:name="android.permission.ACCESS_NETWORK_STATE" />
<uses-permission android:name="android.permission.BROADCAST_STICKY" />
   <uses-sdk android:minSdkVersion="10" />

   <application android:icon="@drawable/icon" android:label="@string/app_name">
      <activity android:name=".HelloWorldActivity"
            android:label="@string/app_name">
         <intent-filter>
            <action android:name="android.intent.action.MAIN" />
            <category android:name="android.intent.category.LAUNCHER" />
         </intent-filter>
      </activity>
   </application>
</manifest>
```

此时在 Android 中的执行效果如图 10-17 所示。

图 10-17　最终的执行效果

11

Web Sockets 实时数据处理

Web Sockets 是 HTML 5 中的一种 Web 应用通信机制，能够在客户端与服务器端之间进行非 HTTP 的通信功能。通过使用 Web Sockets API 技术，可以在服务器与客户端之间建立一个非 HTTP 的双向连接。当服务器想向客户端发送数据时，可以立即将数据推送到客户端的浏览器中，在整个过程中无须重建立新连接。只要客户端有一个被打开的 Socket（套接字），并且与服务器建立了连接，服务器就可以把数据推送到这个 Socket 上，服务器不再需要轮询客户端的请求，从被动转为主动。本章将详细介绍移动 Web 页面中使用 Web Sockets API 实现通信的方法。

11.1 安装 jWebSocket 服务器

随着当今生活节奏的加快，对站点效率的要求也越来越高。为了提高开发动态 Web 的效率，市面中诞生了以 Web Sockets 为基础开发的 jWebSocket 框架。jWebSocket 框架是一个成熟的、可以实现 Socket 通信的框架，可以直接使用它所提供的服务器插件及 API 来实现 Socket 通信的 Web 应用程序。因为 jWebSocket 服务器是基于纯 Java 技术建立起来的，因此在运行 jWebSocket 服务器时一定要确保已经安装了 Java Runtime Environment (JRE) 1.6 或者更高版本，并且设置好 Java-HOME 环境变量并将其指向 Java 的安装路径。在 Windows 操作系统中，推荐在 PATH 环境变量中添加 java.exe 文件的所在路径，否则需要调整安装包内提供的启动 jWebSocket 服务器时所使用的批处理文件。

在开发应用中，安装 jWebSocket 服务器的具体步骤如下。

（1）下载 jWebSocket 服务器安装包（jWebSocketServer-<版本号>.zip）

在该压缩文件中包括 jWebSocketServer-<版本号>.jar 文件，包括所有运行 jWebSocket 服务器时所必需的库文件及 jWebSocketServer-<版本号>.bat 批处理文件。

（2）解压安装包

在解压后的路径中包括 jWebSocketServer-<版本号>目录，该目录就是 jWebSocket 服务器的根目录，里面包含了以下 4 个子目录。

- conf 子目录：包含一个用于对 jWebSocket 服务器进行配置的 jWebSocket.xml 文件。
- Libs 子目录：包含 jWebSocketServer.jar 文件与所有运行 jWebSocket 服务器时所必需

的库文件，包括利用插件或过滤器对 jWebSocket 进行扩展时所需要的 jar 文件。

- bin 目录：包含所有的 Windows 可执行文件，作为 Windows 服务被使用时的文件，启动 jWebSocket 服务器时所需要使用的批处理文件，安装与卸载 Windows 的 32 位或 64 位的服务时所需要使用的文件。
- Logs 目录：包含作为日志来使用的 jWebSocket.log 日志文件。

（3）设置 JWEBSOCKET-HOME 环境变量，并将其指向 jWebSocket 的根目录：

```
jWebSocketServer-<版本号>目录。
```

（4）在 Windows 操作系统中，运行 bin 目录下的批处理文件 jWebSocketServer.bat。

在运行 jWebSocket 服务器时，可以在命令行中添加如下参数：

```
-config <jWebSocket 服务的配置文件的路径>
```

这样可以在该参数中手动指定运行 jWebSocket 服务器时使用的配置文件及其路径，而无须使用默认的配置文件。

11.2 实现跨文档传输数据

在 JavaScript 脚本程序中，出于对代码安全性的考虑，不允许跨域访问其他页面中的元素。但是这样也造成了一个问题，给不同区域的页面数据互访会带来障碍。在 HTML 5 标记语言中，可以利用 postMessage 方法在两个不同域名与端口的页面之间实现数据的接收与发送功能。想要实现跨域页面间的数据互访，需要调用对象的 postMessage()方法，具体调用格式如下。

```
otherWindow.postMessage (message,targetOrlgin)
```

各个参数的具体说明如下。

- otherWindow：数据接收数据页面的引用对象，可以是 window.open 的返回值，也可以是 iframe 的 contentWindow 属性，或者通过下标返回的 window.frames 单个实体对象。
- Message：表示所有发送的数据、字符类型，也可以是 JSON 对象转换后的字符内容。
- targetOrigin：表示发送数据的 URL 来源，用于限制 otherWindow 对象的接收范围，如果该值为通配符号（t），则表示不限制发送来源，指向全部的地址。

在接下来的内容中，将通过一个具体的演示实例的实现过程，来讲解在网页中实现跨文档传输数据的方法。

实例 11-1	说明
源码路径	daima\11\11-1\1.html
功能	在网页中实现跨文档传输数据

本实例演示了使用方法 postMessage()实现跨文档传输数据的过程。在本实例的实现文件是 1.html，具体实现流程如下。

（1）首先创建了一个 HTML 5 页面，并在页面中添加一个<iframe>标记作为子页面。

（2）在主页面的文本框中输入生成随机数的位数，在单击"请求"按钮后，子页面将接收该位数信息，并向主页面返回根据该位数生成的随机数。

（3）主页面能够接收指定位数的随机数，并将随机数显示在页面中，从而完成在不同文档之间的数据互访功能。

实例文件 1.html 的具体实现代码如下。

```html
<!DOCTYPE html>
<html>
<head>
<meta charset="utf-8" />
<title>用 PostMessage()实现跨文档传输数据</title>
<link href="css.css" rel="stylesheet" type="text/css">
<script type="text/javascript" language="jscript"
        src="js1.js"/>
</script>
</head>
<body onLoad="pageload();">
 <fieldset>
   <legend>跨文档请求数据</legend>
   <p id="pStatus"></p>
   <input id="txtNum" type="text" class="inputtxt">
   <input id="btnAdd" type="button" value="请求"
        class="inputbtn" onClick="btnSend_Click();">
   <iframe id="ifrA" src="Message.html"
          width="0px" height="0px" frameborder="0"/>
 </fieldset>
</body>
</html>
```

CSS 样式文件 css.css 的具体代码如下。

```css
@charset "utf-8";
/* CSS Document */
body {
   font-size:12px
}
.inputbtn {
    border:solid 1px #ccc;
    background-color:#eee;
    line-height:18px;
    font-size:12px
}
.inputtxt {
    border:solid 1px #ccc;
    line-height:18px;
    font-size:12px;
    padding-left:3px
}
fieldset{
    padding:10px;
    width:285px;
    float:left
}
#pStatus{
    display:none;
```

```
        border:1px #ccc solid;
        width:248px;
        background-color:#eee;
        padding:6px 12px 6px 12px;
        margin-left:2px
    }
    textarea{
        border:solid 1px #ccc;
        padding:3px;
        text-align:left;
        font-size:10px
    }
    .w176{
        width:176px
        }
    .w85{
        width:85px
    }
    .pl140{
        padding-left:135px
    }
    .pl2{
        padding-left:2px
    }
    .ml4{
        margin-left:4px
    }
    #divMap{
        height:260px;
        width:560px;
    }
```

脚本文件 js1.js 的具体代码如下。

```
function $$(id) {
    return document.getElementById(id);
}
var strOrigin = "http://localhost";
//自定义页面加载函数
function pageload() {
    window.addEventListener('message',
    function(event) {
        if (event.origin == strOrigin) {
            $$("pStatus").style.display = "block";
            $$("pStatus").innerHTML += event.data;
        }
    },
    false);
}
//点击"请求"按钮时调用的函数
function btnSend_Click() {
```

```
    //获取发送内容
    var strTxtValue = $$("txtNum").value;
    if (strTxtValue.length > 0) {
        var targetOrigin = strOrigin;
        $$("ifrA").contentWindow.postMessage(strTxtValue, targetOrigin);
        $$("txtNum").value = "";
    }
}
```

然后通过<iframe>元素的"src"属性导入一个名称为 Message.html 的子页面，功能是接收主页面请求生成随机数长度的值，并返回根据该值生成的随机数。文件 Message.html 的具体代码如下。

```
<!DOCTYPE html>
<html>
<head>
<meta charset="utf-8" />
<title></title>
<link href="css.css" rel="stylesheet" type="text/css">
<script type="text/javascript" language="jscript"
        src="js162.js"/>
</script>
</head>
<body onLoad="PageLoadForMessage();">
</body>
</html>
```

在本实例的上述代码中，为了接收页面间传输的数据，在加载主、子页面时都为页面添加了 message 事件，添加方式如下。

```
window.addEventListener( 'messagel,function (event)  {…},false);
```

执行效果如图 11-1 所示。

图 11-1　执行效果

11.3　使用 WebSocket 传送数据

在移动 Web 页面中，WebSocket 为客户端与服务器端搭起了一座双向通信的桥梁，实现了服务器端信息的推送功能。本节将详细讲解使用 WebSocket 传送数据的基本知识。

11.3.1 使用 Web Sockets API 的方法

WebSocket 这座桥梁是一个实时、永久性的连接，服务器端一旦与客户端建立了这样的双向连接，就可以将数据推送至 Socket 中。而客户端只要有一个 Socket 绑定的地址和端口与服务器建立联系，就可以接收推送来的数据。在网页开发过程中，使用 Web Sockets API 的基本步骤如下。

（1）创建连接

新建一个 WebSocket 对象的方法十分方便，具体代码如下。

```
var objns=new WebSocket ("ws://localhost:3131/test/demo");
```

其中，URL 必须以"ws"字符开头，剩余部分可以像使用 HTTP 地址一样来编写。该地址没有使用 HTTP，因为它的属性为 WebSocket URL；URL 必须由 4 个部分组成，分别是通信标记（ws）、主机名称（host）、端口号（port）及 Web Sockets Server。

（2）发送数据

当 WebSocket 对象与服务器建立联系后，可以使用下面的代码发送数据。

```
objns.send(dataInfo);
```

其中，objns 为新创建的 WebSocket 对象，send()方法中的参数 dataInfo 为字符类型，即只能使用文本数据或者将 JSON 对象转换成文本内容的数据格式。

（3）接收数据

客户端添加事件机制用于接收服务器发送来的数据，具体代码如下。

```
objns.onmessage=function( event){
alert (event.data)
)
```

其中，通过回调函数中 event 对象的"data"属性来获取服务器端发送的数据内容，该内容可以是一个字符串或者 JSON 对象。

（4）设置状态标志

通过 WebSocket 对象的"readyState"属性记录连接过程中的状态值。属性"readyState"是一个连接的状态标志，用于获取 WebSocket 对象在连接、打开、关闭中和关闭时的状态。

11.3.2 实战演练

在本实例中新建了一个 HTML 5 页面，当用户在文本框中输入发送内容并单击"发送"按钮后，通过创建的 WebSocket 对象将内容发送至服务器端，同时页面接收服务器端返回来的数据，并展示在页面的<textarea>元素中。

实例 11-2	说明
源码路径	daima\11\11-2\2.html
功能	在网页中使用 WebSocket 传送数据

实例文件 2.html 的具体实现代码如下。

```
<!DOCTYPE html>
<html>
<head>
```

```
<meta charset="utf-8" />
<title>使用 WebSocket 传送数据</title>
<link href="css.css" rel="stylesheet" type="text/css">
<script type="text/javascript" language="jscript"
        src="js2.js"/>
</script>
</head>
<body onLoad="pageload();">
    <textarea id="txtaList" cols="26" rows="12"
            readonly="true"></textarea><br>
    <input id="txtMessage" type="text" class="inputtxt">
    <input id="btnAdd" type="button" value="发送"
        class="inputbtn" onClick="btnSend_Click();">
</body>
</html>
```

编写脚本文件 js2.js，具体实现流程如下。

（1）设置当页面加载 onLoad 事件时会调用自定义函数 pageload()，该函数的实现流程如下。

- 首先根据变量 SocketCreated 与 readyState 属性的值，检测是否还存在没有关闭的连接，如果存在则调用 WebSocket 对象的 close()方法关闭。
- 然后使用 try 语句通过新创建的 WebSocket 对象与服务器请求连接。
- 如果连接成功则将变量 SocketCreated 赋值为 true，否则执行 catch 部分代码，将错误显示在页面的<textarea>元素中。
- 为了能实时捕捉与服务器端连接的各种状态，在函数 pageload()中自定义了 WebSocket 对象的打开（open）、接收数据（message）、关闭连接（close）、连接出错（error）等事件，在触发这些事件时会将获取的数据显示在<textarea>元素中。

（2）当单击"发送"按钮时，先检测发送的内容是否为空，再调用 WebSocket 对象的 send() 方法，将获取的数据发送至服务器端。文件 js2.js 的具体代码如下。

```
function $$(id) {
    return document.getElementById(id);
}
var strTip = "";
var objWs = null;
var conUrl = "ws://localhost:3131/test/demo";
var SocketCreated = false;
var arrState = new Array("正在建立连接...", "连接成功!",
                    "正在关闭连接...", "连接已关闭!",
                    "正在初始化值...", "连接出错!");
//自定义页面加载时函数
function pageload() {
    if (SocketCreated && (objWs.readyState == 0 || objWs.readyState == 1)) {
        objWs.close();
    } else {
        Handle_List(arrState[4]);
        try {
            objWs = new WebSocket(conUrl);
```

```
                    SocketCreated = true;
            } catch(ex) {
                Handle_List(ex);
                return;
            }
    }
    //添加加 socket 对象的打开事件
    objWs.onopen = function() {
        Handle_List(arrState[objWs.readyState]);
    }
    //添加加 socket 对接收服务器数据事件
    objWs.onmessage = function(event) {
        Handle_List("系统消息:" +event.data);
    }
    //添加加 socket 对象关闭开事件
    objWs.onclose = function() {
        Handle_List(arrState[objWs.readyState]);
    }
    //添加加 socket 对象的出错事件
    objWs.onerror = function() {
        Handle_List(arrState[5]);
    }
}
//自定义单击"发送"按钮时调用的函数
function btnSend_Click() {
    var strTxtMessage = $$("txtMessage").value;
    if (strTxtMessage.length > 0) {
        objWs.send(strTxtMessage);
        Handle_List("我说:" + strTxtMessage);
        $$("txtMessage").value = "";
    }
}
//自定义显示与服务器交流内容的函数
function Handle_List(message) {
    strTip += message + "\n";
    $$("txtaList").innerHTML = strTip;
}
```

执行效果如图 11-2 所示。

图 11-2　执行效果

注　意

　　想要实现客户端与服务器端的连接并且双方互通数据，首要条件需要在服务器端进行一些系统的配置，并使用服务器端代码编写程序支持客户端的请求。

11.4　处理 JSON 对象

　　在移动 Web 页面中，客户端能够发送与接收 JSON 对象。但是，在发送与接收过程中需要借助 JavaScript 中的如下两个方法：

- JSON.parse：功能是将文本数据转换成 JSON 对象。
- JSON.stringify：功能是将 JSON 对象转换成文本数据。

　　在 HTML 5 标记语言中，因为 WebScoket 对象中的方法 send()只能接收字符型的数据，所以在发送数据时需要将 JSON 对象转换成文本数据，在接收过程中再将服务器推送的文本数据转换成 JSON 对象。

　　下面将通过一个具体的演示实例的实现过程，来讲解在网页中传送 JSON 对象的方法。

实例 11-3	说明
源码路径	daima\11\11-3\3.html
功能	在网页中传送 JSON 对象

　　在本实例的实现文件是 3.html，具体实现流程如下。

　　（1）以实例 11-2 为基础，新添加了一个<textarea>元素，用于显示从服务器接收的在线人员数据。

　　（2）当用户输入发送内容并单击"发送"按钮后，将使用 JSON 对象的形式向服务器端发送输入的发送内容与时间。

　　实例文件 3.html 的具体实现代码如下。

```
<!DOCTYPE html>
<html>
<head>
<meta charset="utf-8" />
<title>用 WebSocket 传送对象</title>
<link href="Ccss.css" rel="stylesheet" type="text/css">
<script type="text/javascript" language="jscript"
        src="js3.js"/>
</script>
</head>
<body onLoad="pageload();">
 <fieldset>
   <legend>用 JSON 对象传输数据</legend>
     <div>
        <span><b>对话记录</b></span>
        <span class="pl140">
            <b>在线人员</b>
```

```
            </span>
        </div>
    <textarea id="txtaList" cols="26" rows="12"
            readonly="true"></textarea>
    <textarea id="txtaUser" cols="10" rows="12"
            readonly="true"></textarea>
        <div class="pl2">
    <input id="txtMessage" type="text" class="inputtxt w176">
    <input id="btnAdd" type="button" value="发送"
        class="inputbtn w85 ml4" onClick="btnSend_Click();">
        </div>
    </fieldset>
</body>
</html>
```

编写脚本文件 js3.js，此文件与实例 11-2 基本相同，具体实现流程如下。

（1）为了能够向服务器端发送输入内容与对应时间，需要将获取的内容变量 strTxtMessage 与当前时间 strTime.toLocaleTimeString()这两项内容，通过调用 JSON.stringify 方法转换成文本数据，再调用 send()方法向服务器端发送数据。

（2）在 message 事件中，为了更好地接收服务器端推送来的数据，先调用 JSON.parse 方法将获取的 event.data 数据转换成 JSON 对象，再通过遍历对象元素的方法，将接收的全部数据信息展示在对应的<textarea>元素中。

文件 js3.js 的具体实现代码如下。

```
function $$(id) {
    return document.getElementById(id);
}
var strList = "";
var strUser = "";
var objWs = null;
var conUrl = "ws://localhost:3131/test/JSON";
var SocketCreated = false;
var arrState = new Array("正在建立连接...", "连接成功!", "正在关闭连接...",
                        "连接已关闭!", "正在初始化值...", "连接出错!");
//自定义页面加载时函数
function pageload() {
    if (SocketCreated && (objWs.readyState == 0 || objWs.readyState == 1)) {
        objWs.close();
    } else {
        Handle_List(arrState[4]);
        try {
            objWs = new WebSocket(conUrl);
            SocketCreated = true;
        } catch(ex) {
            Handle_List(ex);
            return;
        }
    }
```

```
    //添加加 socket 对象的打开事件
    objWs.onopen = function() {
        Handle_List(arrState[objWs.readyState]);
    }
    //添加加 socket 对接收服务器数据事件
    objWs.onmessage = function(event) {
        var objJSON =JSON.parse(event.data);
        for (var intI = 0; intI < objJSON.length; i++) {
            Handle_User(objJSON[intI].UserName);
            Handle_User(objJSON[intI].Stauts);
        }
    }
    //添加加 socket 对象关闭开事件
    objWs.onclose = function() {
        Handle_List(arrState[objWs.readyState]);
    }
    //添加加 socket 对象的出错事件
    objWs.onerror = function() {
        Handle_List(arrState[5]);
    }
}
//自定义单击“发送”按钮时调用的函数
function btnSend_Click() {
    var strTxtMessage = $$("txtMessage").value;
    //定义一个日期型对象
    var strTime = new Date();
    if (strTxtMessage.length > 0) {
        objWs.send(JSON.stringify({
            content: strTxtMessage,
            datetime: strTime.toLocaleTimeString()
        }));
        Handle_List(strTime.toLocaleTimeString());
        Handle_List("我说:" + strTxtMessage);
        $$("txtMessage").value = "";
    }
}
//自定义显示对话记录内容的函数
function Handle_List(message) {
    strList += message + "\n";
    $$("txtaList").innerHTML = strList;
}
//自定义显示在线人员内容的函数
function Handle_User(message) {
    strUser += message + "\n";
    $$("txtaUser").innerHTML = strUser;
}
```

执行效果如图 11-3 所示。

图 11-3　执行效果

11.5　jWebSocket 框架

在移动 Web 页面中，jWebSocket 是一个安全、可靠的 Java/JavaScript 高速双向通信解决方案，开发人员可以通过 jWebSocket 创建基于 HTML 5 的流媒体和通信 Web 应用程序。HTML5 中的 WebSockets 是一种超高速双向 TCP 套接字通信技术，是实现 HTML 5 上的 WebSocket 功能的 Java 和 JavaScript 的开源框架。在本节将详细讲解在 HTML 5 中使用 jWebSocket 框架的基本知识。

11.5.1　jWebSocket 框架的构成

在移动 Web 页面中，jWebSocket 包含了 jWebSocket Server、jWebSocket Clients 及 jWebSocket、FlashBridge 等内容，具体说明如下。

- jWebSocket Server：基于 Java 的 WebSocket 服务器，用于 server-to-client（S2C）客户端到服务器的流媒体解决方案，和服务器控制（C2C）client-to-client 客户端到客户端的通信。
- jWebSocket Clients：这是纯 JavaScript 的 WebSocket 客户端，多个子协议和可选的用户、session、timeout 管理机制。无须插件，并且现在可以应用在任何其他 Java、Android 客户端。
- jWebSocket：基于 Flash 的 WebSocket 插件的跨浏览器兼容性。
- FlashBridge：告诉双向所有浏览器双向通信。

11.5.2　创建 jWebSocket 服务器端的侦听器

在本节的内容中，将详细讲解创建一个 jWebSocket 服务器端的侦听器的方法。在创建侦听器之前，将首先介绍 jWebSocket 服务器层通信架构的知识。

1．jWebSocket 的通信架构

HTML 5 中的 WebSocket 协议是一种基于 TCP 套接字（Socket）通信协议之上的通信协议，但是当使用 WebSocket 协议时，在浏览器与客户端之间只需做一个握手动作即可形成一条快速通道，这样两者之间可以直接互相传送数据。当使用 HTTP 协议进行通信时，浏览器

需要不断向服务器发出请求，由于 HTTP request 的 header 非常长，而其中包含的数据可能是一个很小的值，这样会占用很多的带宽和服务器资源。此时如果使用 Socket 协议进行通信，就可以避免这种情况的发生，可以很好地节省服务器资源和带宽，同时也实现了实时通信。在现实应用中，一个服务器可以同时处理几百个并发的客户端连接。因为 jWebSocket 具有可扩展性的特性，所以使用多个服务器组成的群集几乎可以支持无限个客户端，其实这也是 jWebSocket 2.0 版的实现目标。

在 HTML 5 应用中使用 jWebSocket 服务器时，每个客户端与 jWebSocket 服务器的一个连接器（connetor）建立连接。连接器由一个类似 jWebSocket 的内部 TCP 引擎（Engine）或诸如 Jbos Netty 之类的第三方引擎所驱动，jWebSocket 的核心服务层可以驱动很多第三方引擎。

2．创建侦听器

下面将详细讲解创建一个 jWebSocket 服务器端侦听器（Listener）的过程。创建侦听器后，开发者可以更加容易地处理服务器端接收到的消息，可以自定义客户端与服务器端建立连接、关闭连接或执行其他操作时服务器端所执行的处理。

在 HTML 5 开发应用中，创建侦听器并实现自定义逻辑的基本步骤如下。

（1）创建一个服务器端的侦听器类

要实现自定义侦听器类，首先需要创建一个继承 WebSocketListener 类或 WebSocketTokenListener 类的 jWebSocket 侦听器类。例如，在下面的代码中，自定义了一个当客户端发送 getInfo 类型的令牌时服务器端可以返回自定义令牌的令牌侦听器，在令牌中存储了一组客户端与服务器端之间相互发送的令牌消息，客户端可以向服务器端发送令牌，服务器可以根据客户端发送的令牌类型返回对应的令牌。

源码路径：daima\11\jWebSocketTest\src\serverTest\JWebSocketTokenListenerSample.java

```
package serverTest;
import javax.servlet.http.HttpServlet;

import org.apache.log4j.Logger;
import org.jwebsocket.api.WebSocketPacket;
import org.jwebsocket.kit.WebSocketServerEvent;
import org.jwebsocket.listener.WebSocketServerTokenEvent;
import org.jwebsocket.listener.WebSocketServerTokenListener;
import org.jwebsocket.logging.Logging;
import org.jwebsocket.token.Token;
import org.jwebsocket.config.*;
public class JWebSocketTokenListenerSample extends HttpServlet implements
WebSocketServerTokenListener{
    private static Logger log =Logging.getLogger(JWebSocketTokenListenerSample.
class);

    @Override
    public void processToken(WebSocketServerTokenEvent aEvent, Token aToken) {
```

```
        log.info("Client '" + aEvent.getSessionId() + "' sent Token: '" +
aToken.toString() + "'.");
        String lNS = aToken.getNS();
        String lType = aToken.getType();
        //你可以在此根据客户端发送的令牌类型返回相应的自定义的令牌
        if (lType != null && "my.namespace".equals(lNS)) {
          //创建一个服务器端的响应令牌
          Token lResponse = aEvent.createResponse(aToken);
          //如果令牌类型为 getInfo,则在响应令牌中加入一些自定义消息
          if ("getInfo".equals(lType)) {
            lResponse.put("vendor", JWebSocketCommonConstants.VENDOR);
            lResponse.put("copyright",JWebSocketCommonConstants.COPYRIGHT);
            lResponse.put("license", JWebSocketCommonConstants.LICENSE);
          }
          //如果令牌类型为 my.namespace 命名空间中的其他类型，则加入一些自定义错误信息
          else {
            lResponse.put("code", -1);
            lResponse.put("msg", "令牌类型 '" + lType + "' 在'" + lNS + "'命名
空间里不被支持.");
          }
          aEvent.sendToken(lResponse);
        }
    }
    @Override
    public void processClosed(WebSocketServerEvent aEvent) {
        // TODO Auto-generated method stub
        log.info("Client '" + aEvent.getSessionId() + "' disconnected.");
    }
    @Override
    public void processOpened(WebSocketServerEvent aEvent) {
        // TODO Auto-generated method stub
        log.info("Client '" + aEvent.getSessionId() + "' connected.");
    }
    @Override
    public void processPacket(WebSocketServerEvent aEvent, WebSocketPacket
aPacket) {
        //可以在此处直接处理非令牌的更低阶层的数据包
    }
}
```

在上述代码中，当服务器端接收到客户端发送的令牌时会调用 procesToken 事件处理函数。上述代码的具体实现流程如下。

第一步：自定义一个 INFO，并将该 INFO 消息输出到控制台，也可以输出到日志。

第二步：获取客户端发送令牌的命名空间并赋值给变量 1NS，获取客户端发送令牌的类型并赋值给变量 1Type。如果客户端发送的令牌存在令牌类型且命名空间是"my.namespace"，则创建服务器端的响应令牌。

第三步：判断客户端发送令牌的令牌类型。如果令牌类型等于"getInfo"，则在响应中加入如下一些自定义消息。

- 加入 vendor 字段，并设置字段值为提供 jWebSocket 服务的供应商。
- 加入 copyright 字段，并设置字段值为供应商所声明的版权信息。
- 加入 license 字段，并且设置字段值为供应商所声明的许可证信息。

第四步：当客户端接收到令牌时，可以通过 aToken 参数（表示接收到的服务器端的响应令牌）的 vendor 属性、copyright 属性和 license 属性访问到这些内容。

如果客户端发送的令牌的命名空间等于 "my.namespace"，而令牌类型不是 "getInfo"，则在响应令牌中加入如下自定义错误消息。

- 加入 code 字段，并且设置字段值为-1。
- 加入 msg 字段，并且设置字段值为自定义错误信息，文字为："令牌类型"，+客户端发送令牌的令牌类型+"在"+ 客户端发送令牌的命名空间+"命名空间里不被支持"。

第五步：当客户端接收到令牌时可以通过 aToken 参数的 code 属性与 msg 属性访问到这些内容。

第六步：在 processToken 事件处理函数的最后，将在 procesToken 事件处理函数中创建的服务器端的响应令牌发送给客户端，具体代码如下。

```
aEvent.sendToken (lResponse);
```

（2）在 jWebSocket 服务器中注册自定义的侦听器类

在定义好侦听器类之后，接下来需要在 jWebSocket 服务器中注册所定义的侦听器类，具体实现代码如下。

源码路径：daima\11\jWebSocketTest\src\serverTest\ContextListener.java

```java
package serverTest;
import javax.servlet.ServletContextEvent;
import javax.servlet.ServletContextListener;
import org.jwebsocket.server.TokenServer;
import org.jwebsocket.factory.JWebSocketFactory;
import plugInTest.SamplePlugIn;
public class ContextListener  implements ServletContextListener{
    @Override
    public void contextInitialized(ServletContextEvent sce) {
        //启动 jWebSocket 服务器的子系统
        JWebSocketFactory.start();
        //获取令牌服务器
        TokenServer lServer = (TokenServer)JWebSocketFactory.getServer("ts0");
        //如果获取到令牌服务器
        if( lServer != null ) {
            //将自定义侦听器注册到服务器的侦听器链中
            lServer.addListener(new JWebSocketTokenListenerSample());
            SamplePlugIn ISP=new SamplePlugIn();
            lServer.getPlugInChain().addPlugIn(ISP);
        }
    }
    @Override
    public void contextDestroyed(ServletContextEvent sce) {
        //关闭 jWebSocket 服务器的子系统
        JWebSocketFactory.stop();
```

```
        }
    }
```

上述代码的具体实现流程如下。

第一步：通过 start()启动一个 jWebSocket 服务器的子系统，每一个使用 jWebSocket 服务器的 ContextListener 类都需要使用这行代码，因为在运行每一个应用程序时都需要启动一个 WebSocket 服务器的子系统。启动完毕后需要获取 jWebSocket 服务器中的令牌服务器。

第二步：因为在 jWebSocket 服务器的配置文件中，org.jwebsocket.server.TokenServer（令牌服务器类）的 id 属性被配置为"ts0"，所以在此需要获取令牌服务器。

第三步：在 Web 工程的文件 web.xml 中添加类 ContextListener 与令牌（Jweb SocketTokenListenerSample）的定义。具体实现代码如下。

源码路径：daima\11\jWebSocketTest\WebRoot\WEB-INF\web.xml

```xml
<?xml version="1.0" encoding="UTF-8"?>
<web-app version="2.5"
    xmlns="http://java.sun.com/xml/ns/javaee"
    xmlns:xsi="http://www.w3.org/2001/XMLSchema-instance"
    xsi:schemaLocation="http://java.sun.com/xml/ns/javaee
    http://java.sun.com/xml/ns/javaee/web-app_2_5.xsd">
    <listener>
        <description>ServletContextListener</description>
        <listener-class>serverTest.ContextListener</listener-class>
    </listener>
        <listener>
        <description>HttpSessionListener</description>
        <listener-class>serverTest.SessionListener</listener-class>
    </listener>
            <servlet>
        <servlet-name>JWebSocketTokenListenerSample</servlet-name>
        <servlet-class>
            serverTest.JWebSocketTokenListenerSample
        </servlet-class>
        <load-on-startup>1</load-on-startup>
    </servlet>
    <servlet-mapping>
        <servlet-name>JWebSocketTokenListenerSample</servlet-name>
        <url-pattern>/JWebSocketTokenListenerSample</url-pattern>
    </servlet-mapping>

    <session-config>
        <session-timeout>
            30
        </session-timeout>
    </session-config>
  <welcome-file-list>
    <welcome-file>index.jsp</welcome-file>
  </welcome-file-list>
</web-app>
```

此时，即可直接在页面中使用自定义的令牌侦听器。

（3）在页面上使用自定义的令牌侦听器

编写 HTML 5 文件 helloworld.html，具体实现代码如下。

源码路径：daima\11\jWebSocketTest\WebRoot\hello_world.html

```
<!DOCTYPE html>
<html>
<head>
<meta charset="UTF-8">
<title>jWebSocket 示例</title>
<style>
div#msg{
    border: 0px;
    margin:10px 0px 10px 0px;
    padding: 3px;
    background-color: #f0f0f0;
    -moz-border-radius: 5px;
    -webkit-border-radius: 5px;
    position:relative;
    height:300px;
    overflow:auto;
    font-size: 14px;
}
</style>
<script type="text/javascript" src="jWebSocket.js"></script>
<script type="text/javascript" src="samplesPlugIn.js"></script>
<script type="text/javascript" language="JavaScript">
var jWebSocketClient;
var userName;
function window_onload()
{
    if( jws.browserSupportsWebSockets() ) {
        jWebSocketClient = new jws.jWebSocketJSONClient();
        jWebSocketClient.setSamplesCallbacks({OnSamplesServerTime:
getServerTimeCallback});
        document.getElementById("btnConnect").disabled="";
    }
    else {
        var lMsg = jws.MSG_WS_NOT_SUPPORTED;
        alert( lMsg );
    }
}
 function btnConnect_click()
{
    var lURL = jws.JWS_SERVER_URL;
    userName = document.getElementById("userName").value;
    var userPass = document.getElementById("userPass").value;
    var msg=document.getElementById("msg");
    msg.innerHTML="连接到地址：" + lURL + " 并且以\"" + userName + "\"用户名与
服务器建立链接...";
        var lRes = jWebSocketClient.logon(lURL,userName,userPass, {
```

```
        OnOpen: function( aEvent ) {
            msg.innerHTML+="<br/>jWebSocket 连接已建立" ;
        },
        OnMessage: function( aEvent, aToken ) {
            msg.innerHTML+="<br/>jWebSocket \"" + aToken.type + "\" 令牌收到, 消
息字符串为: \"" + aEvent.data + "\"" ;
        },
        OnClose: function( aEvent ) {
            msg.innerHTML+="<br/>jWebSocket 连接被关闭." ;
            document.getElementById("btnbroadcastText").disabled="disabled";
            document.getElementById("btnDisConnect").disabled="disabled";
            document.getElementById("btnTestPlugIn").disabled="disabled";
        }
    });
    msg.innerHTML+="<br/>"+jWebSocketClient.resultToString(lRes);
    if(lRes.code==0)
    {
        document.getElementById("btnbroadcastText").disabled="";
        document.getElementById("btnDisConnect").disabled="";
        document.getElementById("btnTestPlugIn").disabled="";
    }
}
function btnbroadcastText_click()
{
    var sendMsg=document.getElementById("sendMsg").value;
    var msg=document.getElementById("msg");
    msg.innerHTML+="<br/>广播消息: \""+sendMsg+"\"...";
    var lRes = jWebSocketClient.broadcastText("",sendMsg);
    if(lRes.code!=0)
        msg.innerHTML=jWebSocketClient.resultToString( lRes );
    document.getElementById("sendMsg").value="";
}
function btnDisConnect_click()
{
    if(jWebSocketClient)
    {
        var msg=document.getElementById("msg");
        msg.innerHTML+="<br/>用户"+"\""+userName+"\"关闭连接";
        var lRes=jWebSocketClient.close();
        msg.innerHTML+="<br/>"+jWebSocketClient.resultToString( lRes );
        if(lRes.code==0)
        {
            document.getElementById("btnbroadcastText").disabled="disabled";
            document.getElementById("btnDisConnect").disabled="disabled";
            document.getElementById("btnTestPlugIn").disabled="disabled";
        }
    }
}
function btnTestPlugIn_click()
{
```

```
    var msg=document.getElementById("msg");
    msg.innerHTML+="<br/>通过 WebSockets 获取服务器的系统时间..." ;
    var lRes = jWebSocketClient.requestServerTime();
    //发生错误时显示错误消息
    if( lRes.code != 0 )
        msg.innerHTML+="<br/>"+jWebSocketClient.resultToString(lRes);
}
function getServerTimeCallback( aToken ) {
    msg.innerHTML+="<br/>服务器的系统时间: " + aToken.time ;
}
function window_onunload()
{
    if(jWebSocketClient)
    {
        jWebSocketClient.close({timeout:3000});
    }
}

</script>
<body onload="window_onload()" onunload="window_onunload()">
用 户  名: <input type="text" id="userName"><br/>
密      码: <input type="text" id="userPass">
<br/>
发送消息: <input type="text" id="sendMsg"><br/>
<input type="button" id="btnConnect" onclick="btnConnect_click()" value="建
立连接" disabled="disabled">
<input type="button" id="btnbroadcastText" onclick="btnbroadcastText_click()"
value="广播消息" disabled="disabled">
<input type="button"  id="btnDisConnect"  onclick="btnDisConnect_click()"
value="关闭连接" disabled="disabled">
<input  type="button"  id="btnTestPlugIn"  onclick="btnTestPlugIn_click()"
value="测试插件" disabled="disabled">
<div id="msg">
</body>
</html>
```

在上述代码中，在 JavaScript 脚本代码中添加了用户单击"测试侦听器"按钮时所调用的 btnTestListenerclick 函数，并且在有关函数中编写了控制测试侦听器按钮有效性的代码。函数 btnTestListenerclick 的具体实现流程如下。

- 首先定义一个令牌，令牌的命名空间为"my.namespace"，令牌的类型为"getInfo"。
- 然后发送该令牌，并定义当接收到服务器端响应令牌时执行的回调函数。
- 在回调函数中，指定当接收到服务器端响应令牌时如果 aToken 参数（表示服务器端响应令牌）的 vendor 属性值不为空，则在通信消息显示区域中显示文字："服务器响应如下消息:"+（换行标志）+"供应商:"+服务器端响应令牌的 vendor 属性值+（换行标志+"版权:"+服务器端响应令牌的 copyright 属性值+（换行标志）+"许可证:"+服务器端响应令牌的 license 属性值。如果参数 aToken 的 vendor 属性值为空，则在通信消息显示区域中显示文字："服务器响应错误消息:"+服务器端响应令牌的 msg 属性值（在令牌侦听器自定义的错误消息）。

11.6　jWebSocket 令牌详解

在移动 Web 页面应用中，当客户端与服务器端建立连接、向服务器端发送消息及服务器断开连接时，服务器端都会向客户端发送一个令牌，客户端也可以直接通过 jWebSocketjSONClient 对象的 sendToken 方法向服务器端发送令牌，服务器端在接收到令牌后向客户端发送响应令牌，开发者可以通过创建令牌侦听器的方法来自定义响应令牌中的内容。本节将详细讲解 jWebSocket 令牌的基本知识。

11.6.1　令牌的格式

在 jWebSocket 应用中，令牌是一个可以包含多个字段与字段值的对象。在 jWebSocketSerer-0.10.jar 包的类 org.jWebSocket.token.Token 中内置了一个 HashMap 类，在该类中可以包含多个字段与字段值。在类 HashMap 中，字段名（又称为键名）以字符串形式保存，字段值（又称为键值）可以为任何对象。在 jWebSocket 应用中分为三种令牌，分别是 JSON 格式的令牌、XML 格式的令牌与 CSV 格式的令牌，其中 CSV 格式的令牌中只能使用简单数据类型的字段值，不能使用复合的对象结构。在接下来的内容中，将对这三种格式的令牌的知识进行简要介绍。

（1）JSON 格式令牌

在使用 JavaScript 语言的客户端脚本代码中，可以很容易地解析出 JSON 格式的令牌。而在使用 Java 语言的客户端中，则不能很容易地解析出 JSON 格式的令牌。同时，使用 JSON 格式的令牌会带来一些不安全因素。因为 JSON 格式的令牌可以在客户端执行恶意代码，所以在服务器端使用 JSON 格式的令牌时要牢记将一些潜在的可执行的代码抽离出来。当浏览器客户端与具有可以用来确保安全的脚本过滤器的服务器需要大量交互时，可以使用 JSON 格式的令牌。与 JSON 格式的令牌不同的是，CSV 格式的令牌是安全的，因为它的数据不是由 eval 函数来解析的，而是简单地利用字符串分析器（string tokenizer）来进行解析的。

（2）CSV 格式令牌

CSV 是一种简便易用的格式，其缺点是不支持复合的对象结构，只支持使用简单数据类型的行结构。要想交换大量的简单类型的数据，CSV 是最好的选择。

（3）XML 格式令牌

XML 格式是一种最灵活也是最冗长的数据格式，在 XML 格式中可以包含任意的对象类型。在不需要交换大量的数据而又想灵活使用令牌中包含的数据时，XML 格式是最好的选择。目前 XML 格式的令牌在 1.0 及之前版本的 jWebSocket 中没有使用，预计在 1.1 版中将会使用。

11.6.2　令牌的常用术语

（1）令牌类型

每个令牌都具有一个令牌类型，该令牌类型被保存在其 type 字段中。令牌类型决定了令牌可以拥有哪些其他字段。

（2）命名空间

在 jWebSocket 应用中，各种强大的通信能力是依靠各种服务器端或客户端的插件来实现的。我们可以通过自定义插件来扩展 jWebSocket 中现有的通信功能。为了避免各种令牌中字段名冲突，jWebSocket 提供了一种使用命名空间来管理令牌的机制。可以将各种自定义的令牌指定在不同的命名空间中，一个插件在启动并读取令牌的内容时，首先会检查令牌的命名空间与插件的命名空间是否匹配。

（3）令牌的 id

每一个令牌都在 session 中拥有一个唯一的 id，客户端与服务器端在交换令牌（即客户端发送令牌，服务器端响应令牌）时会交换令牌 id。基于 jWebSocket 服务器的多线程处理机制的特性，jWebSocket 框架并不保证客户端提出请求的顺序与它随后接收到的服务器端的 session 顺序是一致的。所以当客户端向服务器端发送请求时，会为每 id 个新的令牌分配一个新 session 中唯一的令牌 id。服务器端在作出响应时会接管这个令牌 id 并将放在响应令牌中，这样客户端就能将每一个接收到的响应分配给它之前发送的请求。

💡 注 意

不需要在开发应用程序时关注令牌 id。所有客户端接收到的响应都可以在 OnMessage 回调函数中被捕获，因此多数时候可以不必关注令牌 id。

11.6.3　系统令牌详解

下面将详细讲解在 jWebSocket 中 SystemPlugIn 支持的令牌，首先介绍服务器端和客户端的令牌。

1. 服务器端发送给客户端的令牌

（1）welcome 令牌

当客户端与服务器端之间建立连接后，服务器端将 welcome 令牌发送给客户端。welcome 令牌是唯一一个将标识每个客户端的唯一 session id 发送给客户端的令牌。在整个会话期间，服务器端不会再次将该 session id 发送给客户端，客户端也不会再次向服务器端请求其 session id。在任何情况下，只要客户端与服务器端之间建立连接，总会执行该客户端的 processOpened 方法。

在 jWebSocket 应用中，welcome 令牌中所包含的字段及其说明如表 11-1 所示。

表 11-1　welcome 令牌中所包含的字段及其说明

字　　段	数据类型	说　　明
Type	String	始终为 "welcome"
vendor	String	提供 jWebSocket 服务的供应商的名字。可以在 Config.java 文件中对其进行设置
version	String	jWebSocket 服务器的版本号
usid	String	jWebSocket 服务器端用来标识每个客户端的唯一 session id
sourceId	Integer	每个客户端的唯一 id，可以用来标识不同的客户端
timeout	Integer	以毫秒为单位的会话超时时间。如果在此期间客户端一直处于非活动状态，服务器端将自动关闭服务器端与该客户端之间的连接

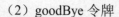
（2）goodBye 令牌

当客户端向服务器端发出关闭连接的请求后，服务器端将 goodBye 令牌作为响应令牌发送给客户端。采用 JavaScipt 脚本语言的客户端的 close 方法支持一个 timeout 选项。如果 timeout 的值<=0，客户端与服务器端之间的连接将被立即关闭。如果 timeout 的值>0，客户端将向服务器端发送一个 close 令牌并为 goodBye 响应令牌等待 timeout 值中指定的时间，在这种情况下，服务器端将在发出 goodBye 响应令牌后关闭连接。如果客户端在 timeout 值所指定的时间范围内没有收到 goodBye 响应令牌，客户端也将关闭与服务器端的连接。在任何情况下，只要客户端与服务器端的连接被中止，都会执行该客户端的 processClosed 方法。goodBye 令牌中所包含的字段及其说明如表 11-2 所示。

表 11-2　goodBye 令牌中所包含的字段及其说明

字　　段	数据类型	说　　明
type	String	始终为"goodBye"
vendor	String	提供 jWebSocket 服务的供应商的名字。可以在 Config.java 文件中对其进行设置
version	String	jWebSocket 服务器的版本号
usid	String	jWebSocket 服务器端用来标识每个客户端的唯一 session id
port	Integer	服务器端与客户端之间建立连接时所使用的 TCP 端口号

（3）response 令牌

当客户端向服务器端或其他客户端发出请求后，服务器端或其他客户端将 response 响应令牌发送给该客户端。response 令牌中所包含的字段及其说明如表 11-3 所示。

表 11-3　response 令牌中所包含的字段及其说明

字　　段	数据类型	说　　明
type	String	始终为"response"
utid	Integer	作为响应而发送给发出请求的客户端的唯一的令牌 id
reqType	String	作为响应而发送给发出请求的客户端的令牌类型，总是等于客户端请求令牌的类型
code	Integer	当客户端请求被正确执行时返回结果为 0。执行发生错误时为对应的错误号
sult	Variant	客户端请求的执行结果，可以为任意类型（依客户端的请求及其所调用的服务器端或其他客户端的方法而定）
msg	String	客户端请求在执行过程中发生错误时的错误信息描述

（4）event 令牌

event 令牌是服务器或其他客户端作为消息主动发送给客户端的令牌。当其他客户端建立或关闭与 jWebSocket 服务器之间的连接，或者当服务器端的会话超时，将主动关闭与客户端之间的连接时会触发事件，向客户端发送 event 令牌。event 令牌中所包含的字段及其说明如表 11-4 所示。

表 11-4　event 令牌中所包含的字段及其说明

字　　段	数据类型	说　　明
type	String	始终为"event"

字　　段	数据类型	说　　明
name	String	事件名，该令牌中的其他字段依不同的事件而定
……	……	其他字段，依不同的事件而定　　i

（5）connect event 令牌

当客户端接收到 connect event 令牌时，表示有一个新的客户端与 jWebSocket 服务器之间建立了连接。这个事件是可选的，也是可配置的。如果配置了该事件，则一个客户端与 jWebSocket 服务器之间建立连接时，jWebSocket 服务器将向当前所有与自己处于连接状态的其他客户端发送 connect event 令牌。connect event 令牌中所包含的字段及其说明如表 11-5 所示。

表 11-5　connect event 令牌中所包含的字段及其说明

字　　段	数据类型	说　　明
type	String	始终为"event"
name	String	始终为"connect"
sourceId	String	与服务器端建立连接的客户端的唯一 id（可选字段，可以在服务器端配置是否广播 sourceId 字段值）
clientCount	Integer	当前与服务器端处于连接状态的客户端数（可选字段，可以在服务器端配置是否广播 clientCount 字段值）

（6）disconnect event 令牌

当客户端收到 disconnect event 令牌时，表示有一个客户端与 jWebSocket 服务器之间连接被关闭。这个事件是可选的，同时也是可配置的。如果配置了该事件，则一个客户端与 jWebSocket 服务器之间建立的连接被关闭时，jWebSocket 服务器将向当前所有与自己处于连接状态的其他客户端发送 disconnect event 令牌。disconnect event 令牌中所包含的字段及其说明如表 11-6 所示。

表 11-6　disconnect event 令牌中所包含的字段及其说明

字　　段	数据类型	说　　明
type	String	始终为"event"
name	String	始终为"disconnect"
sourceId	String	与服务器端的连接被关闭的客户端的唯一 id（可选字段，可以在服务器端配置是否广播 sourceId 字段值）
clientCount	Integer	当前与服务器端处于连接状态的客户端数（可选字段，可以在服务器端配置是否广播 clientCount 字段值）

（7）login event 令牌

当客户端收到 login event 令牌时，表示有一个新的客户端登录到 jWebSocket 服务器。这个事件可以用于实时更新客户端的用户列表。这个事件是可选的，也是可配置的。如果配置了该事件，则一个客户端登录到 jWebSocket 服务器时，jWebSocket 服务器将向其他所有当前与自己处于连接状态的客户端发送 login event 令牌。login event 令牌中所包含的字段及其说明如表 11-7 所示。

表 11-7 login event 令牌中所包含的字段及其说明

字　　段	数据类型	说　　明
type	String	始终为"event"
name	String	始终为"login"
sourceId	String	登录到服务器的客户端的唯一 id（可选字段，可以在服务器端配置是否广播 sourceId 字段值）
clientCount	Integer	当前与服务器端处于连接状态的客户端数（可选字段，可以在服务器端配置是否广播 clientCount 字段值）
userName	String	登录到服务器的客户端所使用的用户名

2．客户端发送给服务器端的令牌

在大多数情况下，当客户端发送了令牌后，服务器端会发送一个 response 响应令牌（除非由于某些特殊的原因而显示指定服务器端不需要发送 response 响应令牌），客户端请求的执行结果将被包含在 response 响应令牌的 result 字段值、code 字段值与 msg 字段值中。因为 JavaScript 脚本不支持异步调用，所以它会为每个令牌提供一个可选的 OnResponse 侦听器。

（1）login 令牌

客户端与服务器端建立连接后登录到服务器，通知服务器对其进行验证。客户端将处于等待状态，直到服务器端发送响应令牌，通知客户端登录状态或潜在错误。一个用户已经通过验证并登录到服务器后，如果该客户端再次发送 login 令牌，之前已经登录的用户将会自动退出。login 令牌中所包含的字段及其说明如表 11-8 所示。

表 11-8 login 令牌中所包含的字段及其说明

字　　段	数据类型	说　　明
type	String	始终为"login"
ns	String	命名空间为"org.jWebSocket.plugins.system"
usemame	String	之前被自动退出服务器的用户名
password	String	字段值根据服务器端设置的安全级别来决定（可能是自动退出服务器的用户的密码）

（2）logout 令牌

当前用户退出 jWebSocket 服务器，并没有关闭客户端与服务器端的连接。可以指定是否允许其他用户利用同一个连接登录到 jWebSocket 服务器。logout 令牌中所包含的字段及其说明如表 11-9 所示。

表 11-9 logout 令牌中所包含的字段及其说明

字　　段	数据类型	说　　明
type	String	始终为"logout"
ns	String	命名空间为"org.jWebSocket.plugins.system"

（3）close 令牌

允许采用 JavaScript 脚本语言的客户端的 close 方法使用一个 timeout 可选参数。如果 timeout 参数值<=0，客户端与服务器端之间的连接将立即被关闭。如果 timeout 参数值>0，客户端将向服务器端发送一个 close 令牌，并且处于等待状态，直到接收到服务器端的

goodBye 响应令牌。在这种情况下，服务器端在发送了 goodBye 响应令牌之后关闭与客户端之间的连接。如果客户端在 timeout 参数值指定的时间内没有接收到 goodBye 响应令牌，客户端也将关闭与服务器端的连接。close 令牌中所包含的字段及其说明如表 11-10 所示。

表 11-10　close 令牌中所包含的字段及其说明

字　　段	数据类型	说　　明
type	String	始终为"close"
ns	String	命名空间为"org.j WebSocket.plugins.system"
timeout	Integer	以毫秒为单位的超时时间

（4）send 令牌

当客户端在 send 令牌的 tagetId 字段值中指定其他客户端 id 并将其发送给服务端时，服务器端会将接收到的 send 令牌转发给在 tagetId 字段值中指定的其他客户端。可以在 send 令牌的 responseRequested 字段中指定是否要求该客户端（接收 send 令牌的客户端）作出响应（确认已接收到服务器端转发的 send 令牌）。如果服务器端没有找到 tagetId 字段值中指定的客户端，服务器端将向发送 send 令牌的客户端发送一个 response 令牌，并且在其中包含错误信息。

send 令牌中所包含的字段及其说明如表 11-11 所示。

表 11-11　send 令牌中所包含的字段及其说明

字　　段	数据类型	说　　明
type	String	始终为"send"
ns	String	命名空间为"org.jWebSocket.plugins.system"
data	String	发送的消息字符串
sourceId	String	发送消息的客户端的 id
targetId	String	接收消息的客户端的 id
responseRequested	Boolean	指定接收消息的客户端是否要作出响应
sender	String	发送消息的客户端的用户名

（5）broadcast 令牌

客户端向服务器端发送 broadcast 令牌后，服务器端将该令牌广播给所有与之相连接的客户端。可以指定是否因为某种特殊原因而将令牌广播给发送 broadcast 令牌的客户端自身。可以指定服务器端是否向广播消息的客户端发送响应令牌，响应令牌的内容取决于其他客户端对广播令牌做出的响应结果。广播令牌可以在聊天室网站中用来广播聊天内容，可以在游戏网站中用来向所有玩家分配游戏角色等，也可以在服务器被配置成不自动发送 connect、disconnect、login 与 logout 事件令牌时，用来将某个客户端与服务器端的交互操作通知给其他所有的客户端。broadcast 令牌中所包含的字段及其说明如表 11-12 所示。

表 11-12　broadcast 令牌中所包含的字段及其说明

字　　段	数据类型	说　　明
type	String	始终为"broadcast"

续表

字　　段	数据类型	说　　明
ns	String	命名空间为 "org.j WebSocket.plugins.system"
data	String	发送的消息字符串
sourceId	String	发送消息的客户端的 id
senderIcluded	Boolean	是否将消息发送给发送消息的客户端自身（默认为 false）
responseRequested	Boolean	指定接收消息的客户端是否希望接收响应令牌
sender	String	发送消息的客户端的用户名

（6）echo 令牌

客户端可以通过发送 echo 令牌来向服务器端发送一个消息。客户端期望得到的服务器端发送的响应令牌中包含相同的数据。通常 Web 应用程序中不会使用这个令牌，除非 Web 应用程序需要进行连接测试或性能测试。echo 令牌中所包含的字段及其说明如表 11-13 所示。

表 11-13　echo 令牌中所包含的字段及其说明

字　　段	数据类型	说　　明
type	String	始终为 "echo"
ns	String	命名空间为 "org.j Web Socket.plugins.system"
data	String	需要发送给服务器端并返回的数据

（7）ping 令牌

ping 令牌中包含了一个客户端发送给服务器端的简单而短小的消息，该消息仅仅用来说明客户端依然处于活动状态。如果服务器端在 timeout 指定的会话超时时间内没有接收客户端的任何数据，超过 timeout 指定的超时时间后，服务器端将主动关闭与客户端之间的连接。ping 令牌中所包含的字段及其说明如表 11-14 所示。

表 11-14　ping 令牌中所包含的字段及其说明

字　　段	数据类型	说　　明
type	String	始终为 "ping"
ns	String	命名空间为 "org.jWeb Socket.plugins.system"
echo	Boolean	指定服务器端是否需要作出响应（默认为 false）。只有客户端需要检查服务器是否处于活动状态时才有必要将 echo 字段值设定为 true

（8）getClients 令牌

客户端使用 getClients 令牌来向服务器端请求与之连接的客户端名单。可以使用 mode 可选项（默认为 0）来指定服务器端是否返回所有与之相连接的客户端名单、只返回所有已登录到服务器的客户端名单与只返回所有只连接而没有登录到服务器的客户端名单。response 响应令牌的 result 字段值为一个数组，该数组中的每个数组项的内容为一串字符串，文字为：已登录到服务器的客户端所使用的用户名或虚线（表示该客户端只与服务器端建立了连接，并没有登录到服务器）+ "@" +客户端的 id。getClients 令牌中所包含的字段及其说明如表 11-15 所示。

表 11-15 getClients 令牌中所包含的字段及其说明

字　　段	数据类型	说　　明
type	String	始终为 "getClients"
ns	String	命名空间为 "org.jWeb Socket.plugins.system"
mode	Integer	0：请求服务器端返回所有的与之相连接的客户端名单
		1：请求服务器端返回所有已登录到服务器的客户端名单
		2：返回所有只连接而没有登录到服务器的客户端名单

11.7 综合应用——使用 jWebSocketTest 框架进行通信

下面将通过一个具体的演示实例的实现过程，来讲解使用 jWebSocketTest 框架进行通信的方法。

实例 11-4	说明
源码路径	daima\11\11-4\jWebSocketTest\WebRoot\hello_world.html
功能	在网页中使用 jWebSocketTest 框架进行通信

在本实例的实现文件是 hello_world.html.html，具体实现流程如下。

（1）首先明确目标，在 HTML 5 页面中利用 jWebSocket 框架进行 Socket 通信。

（2）在客户端建立一个与 jWebSocket 服务器之间的连接，这样客户端可以向 jWebSocket 服务器端，或者向其他所有与 jWebSocket 服务器建立连接的客户端发送消息。

（3）在建立连接后，服务器端也可以通过同一个连接（客户端与服务器端的连接）向客户端发送消息。除非客户端或服务器端显示的关闭连接，否则任何一方都可以向另一方发送任何消息。

实例文件 hello_world.html 的主要实现代码如下。

```
<script type="text/javascript" src="jWebSocket.js"></script>
<script type="text/javascript" src="samplesPlugIn.js"></script>
<script type="text/javascript" language="JavaScript">
var jWebSocketClient;
var userName;
function window_onload()
{
    if( jws.browserSupportsWebSockets() ) {
        jWebSocketClient = new jws.jWebSocketJSONClient();
        jWebSocketClient.setSamplesCallbacks({OnSamplesServerTime:
getServerTimeCallback});
        document.getElementById("btnConnect").disabled="";
    }
    else {
        var lMsg = jws.MSG_WS_NOT_SUPPORTED;
        alert( lMsg );
    }
}
function btnConnect_click()
```

```
    {
        var lURL = jws.JWS_SERVER_URL;
        userName = document.getElementById("userName").value;
        var userPass = document.getElementById("userPass").value;
        var msg=document.getElementById("msg");
        msg.innerHTML="连接到地址: " + lURL + " 并且以\"" + userName + "\"用户名与
服务器建立链接...";
        var lRes = jWebSocketClient.logon(lURL,userName,userPass, {
            OnOpen: function( aEvent ) {
                msg.innerHTML+="<br/>jWebSocket 连接已建立";
            },
            OnMessage: function( aEvent, aToken ) {
                msg.innerHTML+="<br/>jWebSocket \"" + aToken.type + "\" 命令收到, 消
息字符串为: \"" + aEvent.data + "\"";
            },
            OnClose: function( aEvent ) {
                msg.innerHTML+="<br/>jWebSocket 连接被关闭.";
                document.getElementById("btnbroadcastText").disabled="disabled";
                document.getElementById("btnDisConnect").disabled="disabled";
                document.getElementById("btnTestPlugIn").disabled="disabled";
            }
        });
        msg.innerHTML+="<br/>"+jWebSocketClient.resultToString(lRes);
        if(lRes.code==0)
        {
            document.getElementById("btnbroadcastText").disabled="";
            document.getElementById("btnDisConnect").disabled="";
            document.getElementById("btnTestPlugIn").disabled="";
        }
    }
    function btnbroadcastText_click()
    {
        var sendMsg=document.getElementById("sendMsg").value;
        var msg=document.getElementById("msg");
        msg.innerHTML+="<br/>广播消息: \""+sendMsg+"\"...";
        var lRes = jWebSocketClient.broadcastText("",sendMsg);
        if(lRes.code!=0)
            msg.innerHTML=jWebSocketClient.resultToString( lRes );
        document.getElementById("sendMsg").value="";
    }
    function btnDisConnect_click()
    {
        if(jWebSocketClient)
        {
            var msg=document.getElementById("msg");
            msg.innerHTML+="<br/>用户"+"\""+userName+"\"关闭连接";
            var lRes=jWebSocketClient.close();
            msg.innerHTML+="<br/>"+jWebSocketClient.resultToString( lRes );
            if(lRes.code==0)
            {
```

```
            document.getElementById("btnbroadcastText").disabled="disabled";
            document.getElementById("btnDisConnect").disabled="disabled";
            document.getElementById("btnTestPlugIn").disabled="disabled";
        }
    }
}
function btnTestPlugIn_click()
{
    var msg=document.getElementById("msg");
    msg.innerHTML+="<br/>通过 WebSockets 获取服务器的系统时间...";
    var lRes = jWebSocketClient.requestServerTime();
//发生错误时显示错误消息
    if( lRes.code != 0 )
        msg.innerHTML+="<br/>"+jWebSocketClient.resultToString(lRes);
}
function getServerTimeCallback( aToken ) {
    msg.innerHTML+="<br/>服务器的系统时间: " + aToken.time ;
}
function window_onunload()
{
    if(jWebSocketClient)
    {
        jWebSocketClient.close({timeout:3000});
    }
}

</script>
<body onload="window_onload()" onunload="window_onunload()">
用 户  名: <input type="text" id="userName"><br/>
密      码: <input type="text" id="userPass">
<br/>
发送消息: <input type="text" id="sendMsg"><br/>
<input type="button" id="btnConnect" onclick="btnConnect_click()" value="建
立连接" disabled="disabled">
<input type="button" id="btnbroadcastText" onclick="btnbroadcastText_click()"
value="广播消息" disabled="disabled">
<input type="button" id="btnDisConnect" onclick="btnDisConnect_click()"
value="关闭连接" disabled="disabled">
<input type="button" id="btnTestPlugIn" onclick="btnTestPlugIn_click()"
value="测试插件" disabled="disabled">
<div id="msg">
</body>
<html>
```

　　想要在页面中使用 jWebSocket 插件进行 Socket 通信，需要在页面中加入对文件 jWebSocket.js 或文件 jWebSocket_min.js 的引用。接下来需要在页面脚本代码的开头处定义如下两个全局变量。

- 变量 jWebSocketClient：代表在 jWebSocket 中使用的一个 jWebSocketjSONClient 类的对象，类 jWebSocketjSONClient 的命名空间为 jws。类 jWebSocketjSONClient 提供了

通过 JSON 协议来建立和关闭客户端与 jWebSocket 服务器端的连接，以及互相发送消息的方法。

● 全局变量 userName：代表用户登录到 jWebSocket 服务器中时所使用的用户名。

本实例执行后的效果如图 11-4 所示。

图 11-4　执行效果

12 Web Workers 通信处理

在移动 Web 页面开发应用中，使用 Worker 可以将前台中的 JavaScript 代码分割成若干个分散的代码块，分别由不同的后台线程负责执行，这样可以避免由于前台单线程执行缓慢出现用户等待的情况。后台的单个独立线程不仅可以被前台调用以实现数据间的互访，而且在后台线程中还可以调用新的子线程分割父线程的功能，以实现线程的嵌套调用。在本章将详细介绍使用 Worker 线程实现前台数据和后台数据交互的过程，并通过具体实例来演示具体实现流程。

12.1　Web Workers API 基础

从传统意义上来说，浏览器是单线程的，它们会强制应用程序中的所有脚本一起在单个 UI 线程中运行。虽然可以通过使用文档对象模型（DOM）事件和 setTimeout API 造成一种多个任务同时在运行的假象，但是只需一个计算密集型任务就会使用户的体验急转直下。在本节的内容中，将简要介绍 Web Workers API 的基本知识。

12.1.1　使用 HTML5 Web Workers API

在移动 Web 页面中，使用 Web Workers 的方法非常简单，具体流程如下。

（1）首先创建一个 Web Workers 对象，然后传入希望执行的 JavaScript 文件。

（2）在页面中再设置一个事件监听器，用来监听由 Web Worker 发来的消息和错误信息。

（3）如果想要在页面和 Web Workers 之间建立通信，需要通过函数 postMessage() 来传递数据。

在 Web Worker Javascript 中的代码的实现过程亦是如此，也必须通过设置事件处理程序来处理发来的消息和错误信息，并通过函数 postMessage() 实现与页面数据的交互。具体流程如下。

（1）创建 HTML 5 Web Workers 对象

在 Web Workers 初始化时会接受一个 Javascript 文件的 URL 地址，其中包含了供 Worker 执行的代码。这段代码会设置事件监听器，并与生成 Worker 的容器进行通信。Javascript 文件的 URL 可以是相对路径或绝对路径，只要是同源（相同协议、主机和端口）即可：

```
worker=new Worker("echoWorker.js");
```

（2）实现多个 Javascript 文件的加载与执行

对于由多个 Javascript 文件组成的应用程序来说，可以通过包含<script>元素的方式，在页面加载时同步加载 Javascript 文件。然而，由于 Web Workers 没有访问 document 对象的权限，所以在 Worker 中必须使用另外一种方法导入其他的 Javascript 文件：importScripts：

```
importScripts("helper.js");
```

导入的 Javascript 文件只会在某一个已有的 Worker 中加载和执行。多个脚本的导入同样也可以使用 importScript 函数，它们会按顺序执行：

```
importScripts("helper.js","anotherHelper.js");
```

（3）与 HTML5 Web Workers 进行通信

在生成 Web Work 之后，就可以使用 postMessage API 传送和接收数据。另外，postMessage API 还支持跨框架和跨窗口通信功能。大多数 Javascript 对象都可以通过 postMessage 进行发送，含有循环引用的除外。

12.1.2 需要使用.js 文件

在移动 Web 页面中，Web Worker API 为 Web 应用程序开发人员提供了一种新方法，用于生成与主页并行运行的后台脚本，并且可以一次性生成多个线程用于长时间运行的任务。新的 Worker 对象需要一个.js 文件，该文件通过一个发给服务器的异步请求包含在内。

```
var myWorker = new Worker('worker.js');
```

在 Worker 线程中的所有通信都是通过消息进行管理的，主机 Worker 和 Worker 脚本可以通过 postMessage 发送消息并使用 onmessage 事件侦听响应。消息的内容作为事件的数据属性进行发送。

例如，通过如下代码，创建了一个 Worker 线程并侦听消息。

```
var hello = new Worker('hello.js');
hello.onmessage = function(e) {
  alert(e.data);
};
```

这样 Worker 线程就可以通过如下代码发送要显示的消息。

```
postMessage('Hello world!');
```

12.1.3 与 Web Worker 进行双向通信

在移动 Web 页面中，想要建立双向通信机制，主页和 Worker 线程都要侦听 onmessage 事件。例如，在下面的实现流程中，Worker 线程在指定的延迟后返回消息。

（1）通过脚本创建 Worker 线程，具体代码如下。

```
var echo = new Worker('echo.js');
echo.onmessage = function(e) {
  alert(e.data);
}
```

在 HTML 5 页面表单中，需要指定消息文本和具体的超时值。

（2）当用户单击"提交"按钮时，脚本会将两条信息以 JavaScript 对象文本的形式传递给 Worker 对象。为了防止页面在新的 HTTP 请求中提交表单值，事件处理程序还对事件对象调用 preventDefault。例如，如下代码。

```
<script>
window.onload = function() {
  var echoForm = document.getElementById('echoForm');
  echoForm.addEventListener('submit', function(e) {
    echo.postMessage({
      message : e.target.message.value,
      timeout : e.target.timeout.value
    });
    e.preventDefault();
  }, false);
  }
</script>
<form id="echoForm">
  <p>Echo the following message after a delay.</p>
  <input type="text" name="message" value="Input message here."/><br/>
  <input type="number" name="timeout" max="10" value="2"/> seconds.<br/>
  <button type="submit">Send Message</button>
</form>
```

（3）Worker 开始侦听消息，并在指定的超时间隔之后将其返回。

```
onmessage = function(e)
{
  setTimeout(function()
  {
    postMessage(e.data.message);
  },
  e.data.timeout * 1000);
}
```

在 Internet Explorer 浏览器和使用 JavaScript 的 Metro 风格应用中，Web Worker API 支持表 12-1 所示的方法。

表 12-1　Web Worker API 支持的方法

方　法	描　述
void close()	终止 Worker 线程
void importScripts(inDOMString... urls)	导入其他 JavaScript 文件的逗号分隔列表
void postMessage（在任何数据中）	从 Worker 线程发送消息或发送消息到 Worker 线程

在 Internet Explorer 浏览器和使用 JavaScript 的 Metro 风格应用中，支持表 12-2 所示的 Web Workers API 属性。

表 12-2　Web Workers API 属性

属　性	类　型	描　述
location	WorkerLocation	代表绝对 URL，包括 protocol、host、port、hostname、pathname、search 和 hash 组件
navigator	WorkerNavigator	代表用户代理客户端的标识和 onLine 状态
self	WorkerGlobalScope	Worker 范围，包括 WorkerLocation 和 WorkerNavigator 对象

在 Internet Explorer 浏览器和使用 JavaScript 的 Metro 风格应用中，支持表 12-3 中所示的 Web Workers API 事件。

表 12-3　Web Workers API 事件

事　件	描　述
Onerror	出现运行时错误
Onmessage	接收到消息数据

Web Worker API 还支持更新的 HTML 5 WindowTimers 功能方法，具体说明如表 12-4 所示。

表 12-4　WindowTimers 方法

方　法	描　述
void clearInterval(inlonghandle)	取消 handel 设定的定时执行操作
void clearTimeout(inlonghandle)	取消由句柄 handel 所确定的超时
long setInterval(inanyhandler, inoptionalanytimeout, inany... args)	设置在指定的毫秒数后重复运行某个动作，通过方法 clearInterval 清除。
long setTimeout(inanyhandler, 在可选的任何超时中，在任何...参数中）	设置在指定的毫秒数之后超时

12.2　Worker 线程处理

在 HTML 5 网页开发应用中，如果一个网页的执行时间较长，则可能需要用户等待一段时间去操作，此时可以将工作交给后台线程 Worker 去处理。虽然它与前台的线程分离并互不影响，但是可以通过方法 postMessage()与 onmessage 事件进行数据的交互。方法 postMessage()通过 worker 对象发送数据，具体使用格式如下。

```
var objWorker=new Worker("脚本文件 URL");
objWorker.postMessage (data);
```

- 第一行代码：用于实例化一个 Worker 类对象，创建了一个名为 objWorker 的后台线程。
- 第二行代码：通过 objWorker 调用方法 postMessage()，向后台线程发送文本格式的 data 数据。

为了在前台接收后台线程返回的数据，需要在定义 objWorker 对象后添加一个 message 事件，用于捕捉后台线程返回的数据，具体调用的格式如下。

```
obj Worker.addEventListener(' message',
function (event) {
alert (event.data);
),
false);
```

其中，event.data 表示后台线程处理完成后返回给前台的数据。

12.2.1 使用 Worker 处理线程

在接下来的内容中，将通过一个具体的演示实例的实现过程，来讲解使用 Worker 处理线程的方法。

实例 12-1	说明
源码路径	daima\12\12-1\1.html
功能	使用 Worker 处理线程

在本实例的实现文件是 1.html，具体实现流程如下。

（1）创建一个 HTML 5 页面，当页面在加载时创建了一个 Worker 后台线程。

（2）当用户在文本框中输入生成随机数的位数，然后单击"请求"按钮时，向该后台线程发送文本框中的输入值。

（3）后台线程根据接收的数据生成指定位数的随机数，返回给前台调用代码并显示在页面中。

实例文件 1.html 的具体实现代码如下。

```
<link href="css.css" rel="stylesheet" type="text/css">
<script type="text/javascript" language="jscript"
        src="js1.js"/>
</script>
</head>
<body onLoad="pageload();">
 <fieldset>
   <legend>线程脚本处理数据</legend>
   <p id="pStatus"></p>
   <input id="txtNum" type="text" class="inputtxt">
   <input id="btnAdd" type="button" value="请求"
        class="inputbtn" onClick="btnSend_Click();">
 </fieldset>
</body>
</html>
```

在上述页面代码中引入了一个 JavaScript 文件 js1.js，在里面自定义了两个函数，分别在页面加载和单击"请求"按钮时调用。文件 js1.js 的具体代码如下。

```
function $$(id) {
    return document.getElementById(id);
}
var objWorker = new Worker("js1_1.js");
//自定义页面加载时调用的函数
function pageload() {
    objWorker.addEventListener('message',
```

```
    function(event) {
        $$("pStatus").style.display = "block";
        $$("pStatus").innerHTML += event.data;
    },
    false);
}
//自定义点击"请求"按钮时调用的函数
function btnSend_Click() {
    //获取发送内容
    var strTxtValue = $$("txtNum").value;
    if (strTxtValue.length > 0) {
        objWorker.postMessage(strTxtValue);
        $$("txtNum").value = "";
    }
}
```

在上述 JavaScript 文件 js1.js 的代码中，通过 Worker 对象调用了一个后台线程脚本文件 js1_1.js。在文件 js1_1.js 中，根据获取的位数生成随机数并将该数值返回前台。文件 js1_1.js 的具体实现代码如下。

```
self.onmessage = function(event) {
    var strRetHTML = "<span><b> ";
    strRetHTML += event.data + " </b>位随机数为: <b> ";
    strRetHTML += RetRndNum(event.data);
    strRetHTML += " </b></span><br>";
    self.postMessage(strRetHTML);
}
//生成指定长度的随机数
function RetRndNum(n) {
    var strRnd = "";
    for (var intI = 0; intI < n; intI++) {
        strRnd += Math.floor(Math.random() * 10);
    }
    return strRnd;
}
```

样式文件 css.css 的具体代码如下。

```
@charset "utf-8";
/* CSS Document */
body {
    font-size:12px
}
.inputbtn {
    border:solid 1px #ccc;
    background-color:#eee;
    line-height:18px;
    font-size:12px
}
.inputtxt {
    border:solid 1px #ccc;
    line-height:18px;
```

```
    font-size:12px;
    padding-left:3px
}
fieldset{
    padding:10px;
    width:285px;
    float:left
}
#pStatus{
    display:none;
    border:1px #ccc solid;
    width:248px;
    background-color:#eee;
    padding:6px 12px 6px 12px;
    margin-left:2px
}
textarea{
    border:solid 1px #ccc;
    padding:3px;
    text-align:left;
    font-size:10px
}
.w2{
    width:2px
    }
.w85{
    width:85px
}
.pl140{
    padding-left:135px
}
.pl2{
    padding-left:2px
}
.ml4{
    margin-left:4px
}
#divMap{
    height:260px;
    width:560px;
}
```

到此为止，整个实例介绍完毕。接下来将对本实例的具体实现流程进行总结。

（1）首先定义一个后台线程 objWorker，其脚本文件指向 js1_1.js，表示由该文件实现前台请求的操作。

（2）当用户在文本框中输入随机数长度并单击"请求"按钮时，该输入的内容通过调用线程 objWorker 对象的 postMessage()方法，发送至脚本文件 js1_1.js。

（3）在脚本文件 js1_1.js 中，通过添加 message 事件获取前台传回的数据，并将该数据值 event.data 作为自定义函数 RetRndNum()的实参，生成指定位数的随机数，并将该随机数通过方法 self.postMessage()发送至调用后台线程的前台程序。

本实例的最终执行效果如图 12-1 所示。

图 12-1　执行效果

12.2.2　使用线程传递 JSON 对象

在 HTML 5 网页中，可以使用后台线程传递 JSON 对象。在具体传递 JSON 对象时，需要通过后台线程传递一个 JSON 对象给前台，然后前台接收并显示 JSON 对象内容的方法。下面将通过一个具体的演示实例的实现过程，来讲解使用线程传递 JSON 对象的方法。

实例 12-2	说明
源码路径	daima\12\12-2\2.html
功能	使用线程传递 JSON 对象

在本实例的实现文件是 2.html，具体实现流程如下。

（1）新建一个 HTML 5 页面，设置当加载页面时创建一个 Worker 后台线程。

（2）将线程返回给前台页面的一个 JSON 对象，当前台获取该 JSON 对象后，使用遍历的方式显示对象中的全部内容。

实例文件 2.html 的具体实现代码如下。

```html
<link href="css.css" rel="stylesheet" type="text/css">
<script type="text/javascript" language="jscript"
        src="js2.js"/>
</script>
</head>
<body onLoad="pageload();">
 <fieldset>
   <legend>使用线程传递 JSON 对象</legend>
   <p id="pStatus"></p>
 </fieldset>
</body>
</html>
```

在上述页面文件中引入了一个 JavaScript 文件 js2.js，在里面自定义了一个在页面加载时调用的函数 pageload()。文件 js2.js 的具体实现代码如下。

```javascript
function $$(id) {
    return document.getElementById(id);
}
var objWorker = new Worker("js2_1.js");
//自定义页面加载时调用的函数
function pageload() {
    objWorker.addEventListener('message',
    function(event) {
        var strHTML = "";
        var ev = event.data;
        for (var i in ev) {
            strHTML +="<span>"+ i + " :";
            strHTML +="<b> " + ev[i] + " </b></span><br>";
```

```
        }
        $$("pStatus").style.display = "block";
        $$("pStatus").innerHTML = strHTML;
    },
    false);
    objWorker.postMessage("");
}
```

在上述 JavaScript 文件 js2.js 的代码中，调用了后台线程脚本文件为 js2_1.js。在文件 js2_1.js 中通过方法 postMessage()向前台发送 JSON 对象，此文件的具体实现代码如下。

```
// JavaScript Document
var json = {
    姓名: "aaaaaa",
    性别: "男",
    邮箱: "aaaaaaa@163.com",
    武器: "x 神剑",
    攻击值: "10000"
};
self.onmessage = function(event) {
    self.postMessage(json);
    close();
}
```

在上述代码中，当加载页面时触发 onLoad 事件，该事件调用了 pageload()函数，在此函数中首先定义一个后台线程对象 objWorker，脚本文件指向 js2_1.js，并通过调用对象的方法 postMessage()向后台线程发送一个空字符请求。在后台线程指向文件 js2_1.js 中，先自定义一个 JSON 对象 json，当通过 message 事件监测前台页面请求后，调用方法 selfpostMessage()向前台代码传递 JSON 对象，并使用 close 语句关闭后台线程。前台为了在 message 事件中获取传递来的 JSON 对象内容，使用 for 语句的遍历了整个 JSON 对象的内容，并将内容显示在页面中。

执行后的效果如图 12-2 所示。

图 12-2　执行效果

12.2.3　使用线程嵌套交互数据

在 HTML 5 开发应用中，通过在后台线程中继续调用线程的方式实现分割主线程的功能，并最终形成线程嵌套处理代码的格局。这种方式可以将各个功能块分离，形成独立的子模块，有利于开发 Web 应用。

💡 注　意

目前，只有 Firefox 5.0 以上的版本浏览器支持这种后台子线程嵌套交互数据的方法。

在接下来的实例中，基于实例 12-2 新添加了一个显示随机数奇偶特征的功能。

实例 12-3	说明
源码路径	daima\12\12-3\3.html
功能	使用线程嵌套交互数据

在本实例的实现文件是 3.html，具体实现流程如下。

（1）设计一个 HTML 5 页面，在里面设置了一个输入数据的表单。

（2）当用户在页面中输入生成随机数的位数并单击"请求"按钮后，不仅在页面中显示对应位数的随机数，而且将随机数的奇偶特征一起显示在页面中。

实例文件 3.html 的具体实现代码如下。

```html
<!DOCTYPE html>
<html>
<head>
<meta charset="utf-8" />
<title>使用线程嵌套交互数据</title>
<link href="css.css" rel="stylesheet" type="text/css">
<script type="text/javascript" language="jscript"
        src="js3.js"/>
</script>
</head>
<body onLoad="pageload();">
 <fieldset>
   <legend>线程嵌套请交互求数据</legend>
   <p id="pStatus"></p>
   <input id="txtNum" type="text" class="inputtxt">
   <input id="btnAdd" type="button" value="请求"
        class="inputbtn" onClick="btnSend_Click();">
 </fieldset>
</body>
</html>
```

在上述 HTML 5 页面中导入了一个 JavaScript 文件 js3.js，在里面自定义了两个函数，分别在页面加载与单击"请求"按钮时调用。文件 js3.js 的实现代码如下。

```javascript
function $$(id) {
    return document.getElementById(id);
}
var objWorker = new Worker("js3_1.js");
//自定义页面加载时调用的函数
function pageload() {
    objWorker.addEventListener('message',
    function(event) {
        $$("pStatus").style.display = "block";
        $$("pStatus").innerHTML += event.data;
    },
    false);
}
//自定义单击"请求"按钮时调用的函数
function btnSend_Click() {
    //获取发送内容
```

```
    var strTxtValue = $$("txtNum").value;
    if (strTxtValue.length > 0) {
        objWorker.postMessage(strTxtValue);
        $$("txtNum").value = "";
    }
}
```

在上述 JavaScript 文件 js3.js 代码中，调用了后台线程脚本文件 js3_1.js，此文件能够通过指定位数生成随机数。文件 js3_1.js 的实现代码如下。

```
self.onmessage = function(event) {
    var intLen = event.data;
    var LngRndNum = RetRndNum(intLen);
    var objWorker = new Worker("js3_1_1.js");
    objWorker.postMessage(LngRndNum);
    objWorker.onmessage = function(event) {
        var strRetHTML = "<span><b> ";
        strRetHTML += intLen + " </b>位随机数为: <b> ";
        strRetHTML += LngRndNum;
        strRetHTML += " </b> " + event.data + " </span><br>";
        self.postMessage(strRetHTML);
    }
}
//生成指定长度的随机数
function RetRndNum(n) {
    var strRnd = "";
    for (var intI = 0; intI < n; intI++) {
        strRnd += Math.floor(Math.random() * 10);
    }
    return strRnd;
}
```

在上述 JavaScript 文件 js3_1.js 代码中，调用了另外一个后台线程脚本文件 js3_1_1.js，此文件可以检测随机数奇偶的特征。文件 js3_1_1.js 的实现代码如下。

```
self.onmessage = function(event) {
    if (event.data % 2 == 0) {
        self.postMessage("oushu");
    } else {
        self.postMessage("jishu");
    }
    self.close();
}
```

本实例是以实例 12-2 为基础的，为了既可以在前台页面中显示按指定位数生成的随机数，同时能够检测随机数奇偶特征，在调用的后台线程中使用了嵌套的方式来实现。在脚本文件 js3.js 中指定的后台线程文件 js3_1.js 为主线程。文件 js3_1.js 的运作流程如下。

（1）在 message 事件中获取前台页面传来的生成随机数的长度值 event.data，并保存至变量 intLen 中。

（2）根据该变量值调用函数 RetRndNum()，生成一个指定长度的随机数，并保存至变量 LngRndNum 中。

（3）创建一个后台子线程对象 objWorker，并指定该对象的脚本文件为 js3_1_1.js，通过方法 postMessage()将生成的随机数发送给 objWorker 对象对应的脚本文件。

子线程文件 js3_1_1.js 的功能是通过监测 message 事件获取 event.data 值，得到主线程传回的随机数，并通过"event.data%2"的方法检测随机数的奇偶性，通过 postMessage()方法返回给主线程。主线程 js3_1.js 文件在监测的 message 事件中接收子线程传回的随机数奇偶特征，与生成的随机数一起组成一个字符串，通过方法 self.postMessage()将字符串传递给前台页面。前台页面在监测的 message 事件中，获取后台主线程传回的数据 event.data，即将字符串内容显示在页面中。

本实例执行后的效果如图 12-3 所示。

图 12-3　执行效果

12.2.4　通过 JSON 发送消息

在移动 Web 页面中，Web Workers 可以通过 Message channels 进行通信。在大多数情况下，虽然会发送更加结构化的数据给 Workers，但是使用 JSON 格式是唯一可以给 worker 发送结构化消息的方法。幸运的是，现在主流浏览器支持 Worker 的程度已经与原生支持 JSON 的程度一样好了。

在下面的实例中编写了另一个 WorkerMessage 类型的对象，这种类型将被用来向 Web Workers 发送一些带参数的命令。

实例 12-4	说明
源码路径	daima\12\12-4\4.html
功能	通过 JSON 发送消息

实例文件 4.html 的具体实现代码如下。

```
<!DOCTYPE html>
<html>
<head>
    <title>Hello Web Workers</title>
</head>
<body>
    <input id=inputForWorker />
<button id=btnSubmit>Send to the worker</button>
<button id=killWorker>Stop the worker</button>
    <div id="output"></div>
    <script src="js4.js" type="text/javascript"></script>
</body>
</html>
```

脚本文件 js4.js 的具体代码如下。

```
function WorkerMessage(cmd, parameter) {
this.cmd = cmd; this.parameter = parameter;
}
// 显示输出部分
```

```
var _output = document.getElementById("output");
/* Checking if Web Workers are supported by the browser */
if (window.Worker) {
//被引用到其他 3 个元素
var _btnSubmit = document.getElementById("btnSubmit");
var _inputForWorker = document.getElementById("inputForWorker");
var _killWorker = document.getElementById("killWorker");
var myHelloWorker = new Worker('helloworkersJSON_EN.js');
myHelloWorker.addEventListener("message", function (event) {
_output.textContent = event.data;
}, false);
// 发送初始化命令
myHelloWorker.postMessage(new WorkerMessage('init', null));
//添加的提交按钮单击事件
// 发送信息
_btnSubmit.addEventListener("click", function (event) {
// We're now sending messages via the 'hello' command
myHelloWorker.postMessage(new WorkerMessage('hello', _inputForWorker.value));
}, false);
//添加的按钮单击事件
// which will stop the worker. It won't be usable anymore after that.
_killWorker.addEventListener("click", function (event) {
myHelloWorker.terminate();
_output.textContent = "The worker has been stopped.";
}, false);
} else {
_output.innerHTML = "Web Workers are not supported by your browser. Try with
IE10: <a href=\"http://ie.microsoft.com/testdrive\">download the latest IE10
Platform Preview</a>";
}
```

在上述 JavaScript 代码中，使用了一种非侵入式的 JavaScript 方法来帮助我们分离表现层和逻辑层。

执行后的效果如图 12-4 所示。

图 12-4 执行效果

12.3 执行大计算量任务

一直以来，广大游戏程序员中一直致力于寻求一种高性能的图形渲染方法，以便将其用于最终的游戏渲染工作。而路径查找则是一个非常有用的功能，可以用于创建道路或显示角色从 A 点到 B 点的过程。也就是说，路径查找算法就是要在 n 维（通常是 2D 或 3D）空间中找出两点之间的最短路线。在本节的内容中，将详细讲解通过 Worker 方式实现大计算量任务的过程。

12.3.1 创建 Worker

在 HTML 5 开发应用中，处理路径查找的最佳算法叫作 A*，这是迪杰斯特拉（Dijkstra）算法的变体。路径查找（或者类似的计算时间超过数毫秒的操作）的最大问题是会导致 JavaScript 产生一种名为"界面锁定"的效果，也就是在操作完成以前浏览器将一直被冻结。幸运的是，HTML 5 规范也提供了一个名为 Web Workers 的新 API。Web Workers（通常称为"worker"）可以让我们在后台执行计算量相对较大及执行时间较长的脚本，而不会影响浏览器中的主用户界面。

在移动 Web 页面中，创建 Worker 的语法格式如下。

```
var worker = new Worker(PATH_TO_A_JS_SCRIPT);
```

其中的 PATHTOAJSSCRIPT 可以是一个脚本文件，比如 astar.js。

在创建 Worker 之后，随时可以调用方法 worker.close()终止它的执行。如果终止了一个 Worker，然后又需要执行一个新操作，那么就得再创建一个新的 Worker 对象。在 Web Workers 之间的通信，是通过在 worker.onmessage 事件的回调函数中调用 worker.postMessage(object)来实现的。此外，还可以通过 onerror 事件处理程序来处理 Worker 的错误。与普通的网页类似，Web Workers 也支持引入外部脚本，使用的是 importScripts()函数。此函数可以接受 0 个或多个参数，如果有参数，每个参数都应该是一个 JavaScript 文件。

12.3.2 使用 Web Workers API 执行大计算量任务

下面将通过一个具体的演示实例的实现过程，来讲解使用 Web Workers API 执行大计算量任务的方法。

实例 12-5	说明
源码路径	daima\12\12-5\5.html
功能	使用 Web Workers API 执行大计算量任务

在本实例的 HTML 5 页面中，定义了一个用 JavaScript 代码编写的 A* 算法，在实现过程中使用了 Web Worders。实例文件 5.html 的具体实现代码如下。

```
<!DOCTYPE html>
<html lang="en">
<head>
<meta charset="UTF-8" />
<title>使用 web workers)</title>
<script>
window.onload = function () {
var tileMap = [];
var path = {
start: null,
```

```
stop: null
}
var tile = {
width: 6,
height: 6
}
var grid = {
width: 100,
height: 100
}
var canvas = document.getElementById('myCanvas');
canvas.addEventListener('click', handleClick, false);
var c = canvas.getContext('2d');
// 随机生成1000个元素
for (var i = 0; i < 1000; i++) {
generateRandomElement();
}
// 绘制整个网格
draw();
function handleClick(e) {
// 检测到单击后，把鼠标坐标转换为像素坐标
var row = Math.floor((e.clientX - 10) / tile.width);
var column = Math.floor((e.clientY - 10) / tile.height);
if (tileMap[row] == null) {
tileMap[row] = [];
}
if (tileMap[row][column] !== 0 && tileMap[row][column] !== 1) {
tileMap[row][column] = 0;
if (path.start === null) {
path.start = {x: row, y: column};
} else {
path.stop = {x: row, y: column};
callWorker(path, processWorkerResults);
path.start = null;
path.stop = null;
}
draw();
}
}
function callWorker(path, callback) {
var w = new Worker('js5.js');
w.postMessage({
tileMap: tileMap,
grid: {
width: grid.width,
height: grid.height
},
start: path.start,
stop: path.stop
});
```

```
w.onmessage = callback;
}
function processWorkerResults(e) {
if (e.data.length > 0) {
for (var i = 0, len = e.data.length; i < len; i++) {
if (tileMap[e.data[i].x] === undefined) {
tileMap[e.data[i].x] = [];
}
tileMap[e.data[i].x][e.data[i].y] = 0;
}
}
draw();
}
function generateRandomElement() {
var rndRow = Math.floor(Math.random() * (grid.width + 1));
var rndCol = Math.floor(Math.random() * (grid.height + 1));
if (tileMap[rndRow] == null) {
tileMap[rndRow] = [];
}
tileMap[rndRow][rndCol] = 1;
}
function draw(srcX, srcY, destX, destY) {
srcX = (srcX === undefined) ? 0 : srcX;
srcY = (srcY === undefined) ? 0 : srcY;
destX = (destX === undefined) ? canvas.width : destX;
destY = (destY === undefined) ? canvas.height : destY;
c.fillStyle = '#FFFFFF';
c.fillRect (srcX, srcY, destX + 1, destY + 1);
c.fillStyle = '#000000';
var startRow = 0;
var startCol = 0;
var rowCount = startRow + Math.floor(canvas.width / tile.
width) + 1;
var colCount = startCol + Math.floor(canvas.height / tile.
height) + 1;
rowCount = ((startRow + rowCount) > grid.width) ? grid.width :
rowCount;
colCount = ((startCol + colCount) > grid.height) ? grid.height :
colCount;
for (var row = startRow; row < rowCount; row++) {
for (var col = startCol; col < colCount; col++) {
var tilePositionX = tile.width * row;
var tilePositionY = tile.height * col;
if (tilePositionX >= srcX && tilePositionY >= srcY &&
tilePositionX <= (srcX + destX) &&
tilePositionY <= (srcY + destY)) {
if (tileMap[row] != null && tileMap[row][col] != null) {
if (tileMap[row][col] == 0) {
c.fillStyle = '#CC0000';
} else {
```

```
c.fillStyle = '#0000FF';
}
c.fillRect(tilePositionX, tilePositionY, tile.width,
tile.height);
} else {
c.strokeStyle = '#CCCCCC';
c.strokeRect(tilePositionX, tilePositionY, tile.width,
tile.height);
}
}
}
}
}
}
</script>
</head>
<body>
<canvas id="myCanvas" width="600" height="300"></canvas>
<br />
</body>
</html>
```

脚本文件 js5.js 的具体代码如下。

```
//此 worker 处理负责 aStar 类的实例
onmessage = function(e){
var a = new aStar(e.data.tileMap, e.data.grid.width, e.data.grid.height,
e.data.start, e.data.stop);
postMessage(a);
}
// 基于非连续索引的 tileMap 调整后的 A* 路径查找类
var aStar = function(tileMap, gridW, gridH, src, dest, createPositions) {
this.openList = new NodeList(true, 'F');
this.closedList = new NodeList();
this.path = new NodeList();
this.src = src;
this.dest = dest;
this.createPositions = (createPositions === undefined) ? true :
createPositions;
this.currentNode = null;
var grid = {
rows: gridW,
cols: gridH
}
this.openList.add(new Node(null, this.src));
while (!this.openList.isEmpty()) {
this.currentNode = this.openList.get(0);
this.currentNode.visited = true;
if (this.checkDifference(this.currentNode, this.dest)) {
// 到达目的地 :)
break;
```

```
}
this.closedList.add(this.currentNode);
this.openList.remove(0);
// 检查与当前节点相近的 8 个元素
var nstart = {
```

```
x: (((this.currentNode.x - 1) >= 0) ? this.currentNode.x - 1 : 0),
y: (((this.currentNode.y - 1) >= 0) ? this.currentNode.y - 1 : 0),
}
var nstop = {
x: (((this.currentNode.x + 1) <= grid.rows) ? this.currentNode.
x + 1 : grid.rows),
y: (((this.currentNode.y + 1) <= grid.cols) ? this.currentNode.
y + 1 : grid.cols),
}
for (var row = nstart.x; row <= nstop.x; row++) {
for (var col = nstart.y; col <= nstop.y; col++) {
// 在原始的 tileMap 中还没有行, 还继续吗?
if (tileMap[row] === undefined) {
if (!this.createPositions) {
continue;
}
}
// 检查建筑物或其他障碍物
if (tileMap[row] !== undefined && tileMap[row][col] === 1) {
continue;
}
var element = this.closedList.getByXY(row, col);
if (element !== null) {
// 这个元素已经在 closedList 中了
continue;
} else {
element = this.openList.getByXY(row, col);
if (element !== null) {
// 这个元素已经在 closedList 中了
continue;
}
}
// 还不在任何列表中, 继续
var n = new Node(this.currentNode, {x: row, y: col});
n.G = this.currentNode.G + 1;
n.H = this.getDistance(this.currentNode, n);
n.F = n.G + n.H;
this.openList.add(n);
}
}
}
while (this.currentNode.parentNode !== null) {
this.path.add(this.currentNode);
this.currentNode = this.currentNode.parentNode;
```

```
}
}
aStar.prototype.checkDifference = function(src, dest) {
return (src.x === dest.x && src.y === dest.y);
}
aStar.prototype.getDistance = function(src, dest) {
return Math.abs(src.x - dest.x) + Math.abs(src.y - dest.y);
}
function Node(parentNode, src) {
this.parentNode = parentNode;
this.x = src.x;
this.y = src.y;
this.F = 0;
this.G = 0;
this.H = 0;
}
var NodeList = function(sorted, sortParam) {
this.sort = (sorted === undefined) ? false : sorted;
this.sortParam = (sortParam === undefined) ? 'F' : sortParam;
this.list = [];
this.coordMatrix = [];
}
NodeList.prototype.add = function(element) {
this.list.push(element);
if (this.coordMatrix[element.x] === undefined) {
this.coordMatrix[element.x] = [];
}
this.coordMatrix[element.x][element.y] = element;
if (this.sort) {
var sortBy = this.sortParam;
this.list.sort(function(o1, o2) { return o1[sortBy] - o2[sortBy]; });
}
}
NodeList.prototype.remove = function(pos) {
this.list.splice(pos, 1);
}
NodeList.prototype.get = function(pos) {
return this.list[pos];
}
NodeList.prototype.size = function() {
return this.list.length;
}
NodeList.prototype.isEmpty = function() {
return (this.list.length == 0);
}
NodeList.prototype.getByXY = function(x, y) {
if (this.coordMatrix[x] === undefined) {
return null;
} else {
var obj = this.coordMatrix[x][y];
```

```
if (obj == undefined) {
return null;
} else {
return obj;
}
}
}
NodeList.prototype.print = function() {
for (var i = 0, len = this.list.length; i < len; i++) {
console.log(this.list[i].x + ' ' + this.list[i].y);
}
}
```

执行后的效果如图 12-5 所示。

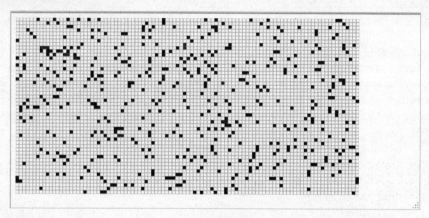

图 12-5　执行效果

12.4　综合应用——在后台运行耗时较长的运算

下面将通过一个具体的演示实例的实现过程，来讲解使用 Web Workers API 在后台运行耗时运算的方法。

实例 12-6	说明
源码路径	daima\12\12-6\6.html
功能	使用 Web Workers API 设置在后台运行耗时较长的运算

在移动 Web 页面中，新增的 Web Workers 用于在 Web 应用程序中实现后台处理功能。在使用 HTML 4 与 JavaScript 创建出来的 Web 程序中，因为所有的处理都是在单线程内执行的，所以如果花费的时间比较长的话，程序界面会处于长时间没有响应的状态。更为严重的是，当时间长到一定程度，浏览器还会跳出一个提示脚本运行时间过长的提示框，使用户不得不中断正在执行的处理。为了解决这个问题，HTML 5 新增了一个 Web Workers API，使用这个 API 可以很容易地创建在后台运行的线程（在 HTML 5 中被称为 worker）。如果将可能耗费较长时间的处理交给后台去执行的话，对用户在前台页面中执行的操作就完全没有影响。

在本实例的实现文件是 6.html，此文件是用 HTML 4 实现的，具体实现流程如下。

（1）在页面中放置一个文本框。

（2）当用户在该文本框中输入数字，然后单击旁边的"计算"按钮时，在后台计算从 1 到给定数值的合计值。

（3）虽然对于从 1 到给定数值的求和计算过程中，只需使用一条求和公式即可。但是本实例中，为了展示后台线程的使用方法，特意采取了循环计算的方法。

文件 6.html 的具体实现代码如下。

```html
<!DOCTYPE html>
<html>
<head>
<meta charset="utf-8">
<script type="text/javascript">
function calculate()
{
    var num = parseInt(document.getElementById("num").value, 10);
    var result = 0;
    //循环计算求和
    for (var i = 0; i <= num; i++)
    {
      result += i;
    }
    alert("合计值为" + result + "。");
}
</script>
</head>
<body>
<h1>从 1 到给定数值的求和示例</h1>
输入数值:<input type="text" id="num">
<button onclick="calculate()">计算</button>
</body>
</html>
```

执行后的效果如图 12-6 所示。

图 12-6　执行效果

在执行上述代码时，当在数值文本框中输入数值并单击"计算"按钮之后，在弹出合计值消息框之前用户是不能在该页面上进行操作的。另外，虽然用户在文本框中输入比较小的值时不会有什么问题，但是当用户在该文本框中输入大数值时，例如输入 10 亿时，浏览器会跳出一个如图 12-7 所示的提示脚本运行时间过长的对话框，导致不得不停止当前计算。

图 12-7　计算大数值时

接下来新建一个 HTML 5 页面文件 6_1.html，对以上文件进行重新书写，使用 Web Workers API 让耗时较长的运算在后台运行，这样在上例的文本框中无论输入多么大的数值都可以正常运算。文件 6_1.html 是对上例进行修改后的 HTML 5 中的代码，具体代码如下。

```
<!DOCTYPE html>
<head>
<meta charset="UTF-8">
<script type="text/javascript">
// 创建执行运算的线程
var worker = new Worker("js6.js");
//接收从线程中传出的计算结果
worker.onmessage = function(event)
{
    //消息文本放置在 data 属性中，可以是任何 JavaScript 对象.
    alert("合计值为" + event.data + "。");
};
function calculate()
{
    var num = parseInt(document.getElementById("num").value, 10);
    //将数值传给线程
    worker.postMessage(num);
}
</script>
</head>
<body>
<h1>从 1 到给定数值的求和示例</h1>
输入数值:<input type="text" id="num">
<button onClick="calculate()">计算</button>
</body>
</html>
```

脚本文件 js6.js 的具体代码如下。

```
    onmessage = function(event
    {
        var num = event.data;
        var result = 0;
        for (var i = 0; i <= num; i++)
        result += i;
        //向线程创建源送回消息
        postMessage(result);
    }
```

此时就可以在后台执行大数运算操作了。

页面数据离线处理

在当今 Web 应用技术中，离线技术已经成为最主要的应用之一。这样即使在离线的情况下，也可以正常实现数据交互功能。在 HTML 5 中新增加了一个专用 API，用于实现本地数据的缓存，通过调用这个 API 使得开发离线应用成为可能。在本章的内容中，将详细介绍在移动 Web 页面中实现页面数据离线处理的基本过程。

13.1 离线应用基础

在 Web 开发应用中，离线应用程序就是一个 URL 列表，在该列表中包括 HTML、CSS、JavaScript、图片及其他资源性文件的 URL 清单。当应用程序与服务器建立联系时，浏览器会在本地缓存所有 URL 清单中的资源文件。当应用与服务器失去联系时，浏览器会调用缓存的文件来支撑 Web 应用。

13.1.1 manifest 文件详解

在移动 Web 页面应用中，提供了 Cache Manifest 缓存机制技术，可以在线时将对应文件缓存在本地，在离线时调用这些本地文件，也可以通过 manifest 文件来实现对如下功能的管理。

- 需要保存哪些文件
- 不需要保存哪些文件
- 在线与离线时需要调用哪些文件

在移动 Web 页面应用中，为了实现正常访问 manifest 文件的功能，需要在服务器端进行相应的 IIS 配置。在使用 manifest 文件绑定页面后，浏览器可以与服务器进行数据交互。

在移动 Web 页面应用中，为了能在离线状态下继续访问 Web 应用，需要使用 manifest 文件将离线时需要缓存文件的 URL 写入该文件中。当浏览器与服务器建立联系后，浏览器就会根据 manifest 文件所列的缓存清单，将相应的资源文件缓存在本地。在具体应用时，可以使用所有创建文本文件的编辑器都来新建一个 manifest 文件，在保存时需要将扩展名设置为 ".manifest"。

例如，通过如下代码新建了一个名为 tmp.manifest 文件。

```
CACHE MANIFEST
#version 0.0.0
```

```
CACHE:
#下面列出了带有相对路径的资源文件
Js0.js
css0.css
Images/img0.jpg
Images/img1.png
NETWORK:
#下面列出了在线时需要访问的资源文件
Index.jsp
Online.do
FALLBACK:
#以成对形式列出不可访问文件的替补资源文件
/Project/Index.jsp    /BkProject/Index.jsp
```

对上述代码的具体说明如下。

- "CACHE:"标记：表示离线时浏览器需要缓存到本地的服务器资源文件列表。当为某个页面编写 manifest 类型文件时，不需要将该页面放入列表中，因为浏览器在进行本地资源缓存时会自动缓存这个页面。

- "NETWORK:"标记：表示在线时需要访问的资源文件列表，这些文件只有在浏览器与服务器之间建立联系时才能访问。如果设置为"*"，表示除了在"CACHE:"标记中标明需要缓存的文件之外都不进行本地缓存。

- "FALLBACK:"标记：表示以成对方式列出不访问文件的替补文件。其中前者是不可访问的文件，后者是替补文件，即当"/Project/Index.jsp"文件不可访问时，浏览器会尝试访问"/BkProject/Index.jsp"文件。

在创建完 manifest 类型文件后，就可以通过页面中<html>元素的"manifest"属性，将页面与 manifest 类型文件绑定起来。这样当在浏览器中查看页面时，会自动将 manifest 类型文件中所涉及的资源文件缓存在本地。例如，如下绑定代码。

```
<html manifest="tmp.manifest">
```

13.1.2 配置 IIS 服务器

完成 manifest 文件的创建工作，并将该文件与 Web 页进行了绑定后，接下来需要设置服务器支持".mainfest"扩展名的文件，否则服务器无法读取 mainfest 类型的文件。以 Windows 7 系统为例，介绍通过配置 IIS 选项以使服务器支持 manifest 类型文件的过程。

（1）依次单击"开始"→"控制面板"，打开"控制面板"界面。

（2）双击打开"管理工具"，然后双击打开"Internet 信息服务(IIS)管理器"。

（3）在左边依次单击"网站"→"默认网站"，右击"默认网站"，选择"属性"。

（4）在弹出的"属性"窗口中单击"HTTP 头"选项卡，在该选项卡中单击"MIME"映射区域中的"文件类型"按钮。

（5）在"HTTP 头"选项卡中单击"文件类型"按钮，在弹出的"文件类型"对话框中单击"新类型"按钮，弹出新建文件类型的对话框；在对应的"关联扩展名"文本框中输入".manifest"，在"内容类型"文本框中输入"textjcache-manifest"。

（6）在创建新"文件类型"时，当输入"关联扩展名"与"内容类型"后单击"确定"

按钮，此时便完成了扩展名为".manifest"文件类型的创建。

通过上述实现步骤，成功为 IIS 创建了一个扩展名为".manifest"的文件类型，使服务器能够支持 manifest 文件，实现对应站点下 Web 页离线访问的功能。

13.1.3　开发离线应用程序

在 HTML 5 网页开发应用中，开发离线的 Web 应用的基本流程如下。

（1）编写一个 manifest 类型文件，列出需要通过浏览器缓存至本地的资源性文件。

（2）开发一个 Web 页面，通过<html>元素的"manifest"属性将 manifest 文件与页面绑定。

（3）对服务器端进行配置，使其能读取 manifest 类型的文件。

下面将通过一个具体的演示实例的实现过程，来讲解开发一个简单的离线应用程序的方法。

实例 13-1	说明
源码路径	daima\13\13-1\1.html
功能	开发一个简单的离线应用

在本实例的实现文件是 1.html，具体实现流程如下。

（1）新建一个 HTML 5 页面，当浏览该页面时，通过 JS 文件 js1.js 来获取服务器时间，并按照指定的时间的格式动态地显示在页面中。

（2）当中断与服务器的联系再次浏览该页面时，仍然可以在页面中动态地显示时间。

实例文件 1.html 的具体实现代码如下。

```
<!DOCTYPE html>
<html manifest="she1.manifest">
<head>
<meta charset="utf-8" />
<title>开发一个简单离线应用</title>
<script type="text/javascript" language="jscript"
      src="js1.js"/>
</script>
</head>
<body>
 <fieldset>
   <legend>简单离线示例</legend>
     <output id="time">正在获取当前时间...</output>
 </fieldset>
</body>
</html>
```

查看 JS 文件 js1.js，在此自定义了两个函数，分别用于获取系统时间与格式化显示的时间。文件 js1.js 的具体实现代码如下。

```
function $$(id) {
    return document.getElementById(id);
}
//获取当前格式化后的时间并显示在页面上
function getCurTime(){
```

```
    var dt=new Date();
    var strHTML="当前时间是 ";
    strHTML+=RuleTime(dt.getHours(),2)+":"+
            RuleTime(dt.getMinutes(),2)+":"+
            RuleTime(dt.getSeconds(),2);
    $$("time").value=strHTML;
}
//转换时间显示格式
function RuleTime(num, n) {
    var len = num.toString().length;
    while(len < n) {
        num = "0" + num;
        len++;
    }
    return num;
}
//定时执行
setInterval(getCurTime,1000);
```

另外，在 1.html 页面中通过<html>元素的"manifest"属性绑定了一个"manifest"类型文件 shel.manifest，在此文件中列举了服务器需要缓存至本地的代码。文件 shel.manifest 的具体实现代码如下。

```
CACHE MANIFEST
#version 0.0.1
CACHE:
js1.js
```

在上述代码中缓存了两个资源文件，分别是 jsl.js 和 1.html 本身文件。因为使用了本地缓存，所以使浏览器与服务器之间的数据交互按照如下步骤进行。

（1）浏览器：请求访问文件 l.html。

（2）服务器：返回文件 l.html。

（3）浏览器：解析返回的文件 l.html，请求服务器返回文件 l.html 所包含的全部资源性文件，包括文件 shel.manifest。

（4）服务器：返回浏览器所请求的所有资源文件。

（5）浏览器：解析返回的文件 shel.manifest，请求返回 URL 清单中的资源文件。

（6）服务器：再次返回 URL 清单中的资源文件。

（7）浏览器：更新本地缓存，将新获取的 URL 清单中的资源文件更新至本地缓存中。在进行更新过程中会触发 onUpdateReady 事件，表示完成本地缓存的更新工作。

（8）浏览器再次查看访问文件 l.html 的页面，如果文件 shel.manifest 没有发生变化，则直接调用本地的缓存以响应用户的请求，从而实现离线访问页面的功能。

本实例执行后的效果如图 13-1 所示。

图 13-1　执行效果

13.2　检测本地缓存的更新状态

在 HTML 5 标记语言中，applicationCache 对象表示本地缓存。在开发 HTML 5 离线应用程序时，通过调用该对象的 onUpdateReady 事件来监测本地缓存是否更新完成。在当前有如下两种手动更新本地缓存的方法：

- 一种是在 onUpdateReady 事件中调用 swapCache()方法。
- 一种是直接调用 applicationCache 对象的 update()方法。

当更新本地缓存更新时，可以调用 applicationCache 对象的其他事件来实时监测本地缓存更新的状态。在本节的内容中，将详细讲解在移动 Web 页面应用中检测本地缓存的更新状态的基本知识。

13.2.1　updateready 事件

在实例 13-1 中，如果与页面绑定的 manifest 文件 shel.manifest 的内容发生变化，将会引起本地缓存的更新而触发 updateready 事件。基于此特征，可以在 updateready 事件中编写实时监测本地缓存是否完成更新的代码。

下面将通过一个具体的演示实例的实现过程，来讲解监测 updateready 事件触发过程的方法。

实例 13-2	说明
源码路径	daima\13\13-2\2.html
功能	监测 updateready 事件触发的过程

在本实例的实现文件是 2.html，具体实现流程如下。

（1）新建一个 HTML 5 页面，设置当加载页面时为 applicationCache 对象添加一个 updateready 事件，用于监测本地缓存是否发生改变。

（2）如果更新本地缓存，则会触发 updateready 事件，调用 JS 文件 js2.js 在页面中显示"正在触发 updateready 事件"的提示。

实例文件 2.html 的具体实现代码如下。

```html
<!DOCTYPE html>
<html manifest="she2.manifest">
<head>
<meta charset="utf-8" />
<title>监测updateready事件触发</title>
<script type="text/javascript" language="jscript"
        src="js2.js"/>
</script>
</head>
<body onLoad="pageload();">
 <fieldset>
   <legend>监测updateready事件触发过程</legend>
     <p id="pStatus"></p>
 </fieldset>
</body>
</html>
```

查看 manifest 文件 she2.manifest，在里面列举了服务器需要缓存至本地的文件清单，具体实现代码如下。

```
CACHE MANIFEST
#version 0.0.2
CACHE:
js2.js
```

再来看 JS 文件 js2.js，功能是设置在页面加载时调用函数 pageload()。文件 js2.js 的具体实现代码如下。

```
function $$(id) {
    return document.getElementById(id);
}
//自定义页面加载时调用的函数
function pageload() {
    window.applicationCache.addEventListener("updateready",function() {
        $$("pStatus").style.display="block";
        $$("pStatus").innerHTML = "正在触发 updateready 事件...";
    },true);
}
```

在上述实例代码中，当与页面绑定的服务端 manifest 文件 she2.manifest 的内容发生改变时，才会触发本地缓存的更新。如果完成了本地缓存更新，会触发设置好的 updateready 事件，显示"正在触发 updateready 事件……"的提示。

执行后的效果如图 13-2 所示。

图 13-2　执行效果

💡 注　意

即使完成了本地缓存的更新，当前页面也不会发生任何变化，需要重新打开该页面或刷新当前页面后，才能执行本地缓存更新后的页面效果。

13.2.2　update 方法

在 HTML 5 网页开发应用中，可以调用 applicationCache 对象中的 update 方法来手动更新本地缓存，具体调用格式如下。

```
window. applicationCache. update()
```

在使用 update 方法时，如果有可以更新的本地缓存，调用该方法后可以对本地缓存进行更新。

下面将通过一个具体的演示实例的实现过程，来讲解使用 update() 方法更新本地缓存的方法。

实例 13-3	说明
源码路径	daima\13\13-3\3.html
功能	使用 update() 方法更新本地缓存

在本实例的实现文件是 3.html，具体实现流程如下。

（1）新建一个 HTML 5 页面，当加载页面时检测是否有可更新的本地缓存。

（2）如果存在有可更新的本地缓存则显示"手动更新"按钮，单击该按钮后会更新本地的缓存，同时在页面中显示"手动更新完成！"的提示。

实例文件 3.html 的具体实现代码如下。

```html
<!DOCTYPE html>
<html manifest="she3.manifest">
<head>
<meta charset="utf-8" />
<title>使用 update()方法更新本地缓存</title>
<script type="text/javascript" language="jscript" src="js3.js"/>
</script>
</head>
<body onLoad="pageload();">
 <fieldset>
   <legend>检测是否有更新并手动更新缓存</legend>
    <p id="pStatus"></p>
    <p id="pShow">
     <input id="btnUpd" value="手动更新" type="button"
            class="inputbtn" onClick="btnUpd_Click()"/>
    </p>
 </fieldset>
</body>
</html>
```

再来看 JavaScript 文件 js3.js，功能是自定义多个函数，用于在页面加载与单击"手动更新"按钮时调用。文件 js3.js 的具体实现代码如下。

```javascript
// JavaScript Document
function $$(id) {
    return document.getElementById(id);
}
//检测 manifest 文件是否有更新
function pageload() {
    if (window.applicationCache.status == 4) {
        Status_Handle("找到可更新的本地缓存!");
        $$("pShow").style.display = "block";
    }
}
//单击"手动更新"按钮时调用
function btnUpd_Click() {
    window.applicationCache.update();
    Status_Handle("手动更新完成!");
}
//自定义显示执行过程中状态的函数
function Status_Handle(message) {
    $$("pStatus").style.display = "block";
    $$("pStatus").innerHTML = message;
}
```

在上述代码中定义了函数 pageload()，此函数的具体实现流程如下。

- 首先通过 applicationCache 对象中的"status"属性检测是否有可更新的本地缓存，如果存在，即该值为"4"时，显示"手动更新"按钮。
- 如果单击"手动更新"按钮，将触发按钮的"onClick"事件。在该事件中调用自定义的函数 btnUpd_Click()，该函数通过使用 applicationCache 对象中的 update()方法，更新了本地的缓存，并在页面中显示"手动更新完成！"的提示。

在文件 3.html 中，通过<html>元素的"manifest"属性绑定了一个"manifest"类型的文件 she3.manifest，在里面列举了服务器需要缓存至本地的文件清单。文件 she3.manifest 的具体实现代码如下。

```
CACHE MANIFEST
#version 0.3.0
CACHE:
js3.js
```

执行后的效果如图 13-3 所示。

13.2.3　使用 swapCache 方法

在 HTML 5 应用中，swapCache()方法与 update()方法的功能都是更新本地缓存。但是与 update()方法相比，有以下两点不同。

图 13-3　执行效果

- 更新本地缓存的时间不同：方法 swapCache()要早于方法 update()将本地的缓存进行更新，方法 swapCache()是将本地缓存立即更新。
- 触发事件不同：必须在 updateready 事件中才能调用 swapCache()方法，而 update()可以随时调用。

在移动 Web 页面应用中，无论是使用哪种方法，当前执行的页面都不会立即显示本地缓存更新后的页面效果，都要重新加载一次或手动刷新页面后才能发挥作用。

下面将通过一个具体的演示实例的实现过程，来讲解使用线程传递 JSON 对象的方法。

实例 13-4	说明
源码路径	daima\13\13-4\4.html
功能	使用 swapCache 方法更新本地缓存

在本实例的实现文件是 4.html，具体实现流程如下。

（1）新建一个 HTML 5 页面，设置当加载页面时检测是否有可更新的本地缓存。

（2）如果存在可更新的本地缓存，则调用方法 swapCache()立即更新本地缓存。

（3）更新成功后在页面中显示"本地缓存更新完成！"的提示，并自动刷新当前页面以展示更新后的效果。

实例文件 4.html 的具体实现代码如下。

```
<!DOCTYPE html>
<html manifest="she4.manifest">
<head>
<meta charset="utf-8" />
<title>使用 swapCache()方法更新本地缓存</title>
<script type="text/javascript" language="jscript" src="js4.js"/>
```

```
</script>
</head>
<body onLoad="pageload();">
 <fieldset>
   <legend>检测是否有更新并立即更新缓存</legend>
     <p id="pStatus"></p>
 </fieldset>
</body>
</html>
```

在 JavaScript 文件 js4.js 里面定义了页面加载时调用的函数 pageload()，具体实现的代码如下。

```
// JavaScript Document
function $$(id) {
    return document.getElementById(id);
}
//在添加 "updateready" 事件中执行 swapCache()方法，
function pageload() {
    window.applicationCache.addEventListener("updateready",function() {
        Status_Handle("找到可更新的本地缓存!");
         window.applicationCache.swapCache();
        Status_Handle("本地缓存更新完成!");
        location.reload();
    },false);
}
//自定义显示执行过程中状态的函数
function Status_Handle(message) {
    $$("pStatus").style.display = "block";
    $$("pStatus").innerHTML = message;
}
```

在文件 4.html 中，通过<html>元素的"manifest"属性绑定了一个"manifest"类型的文件 she4.manifest，在里面列举了服务器需要缓存至本地的文件清单。文件 she4.manifest 的具体实现的代码如下。

```
CACHE MANIFEST
#version 0.4.0
CACHE:
js4.js
```

到此整个实例介绍完毕。由此可见，如果在本地有可更新的缓存，那么将触发 updateready 事件。这是检测本地是否有可更新缓存的另外一个方法。当触发该事件时，调用 applicationCache 对象中的 swapCache()方法，更新本地已有的缓存。

本实例执行后的效果如图 13-4 所示。

图 13-4　执行效果

13.2.4 可能触发的其他事件

在 HTML 5 网页应用中，当浏览器加载一个离线应用时可能会触发许多其他的事件。例如，在更新本地缓存时除了触发 updateready 事件外，还会触发 downloading、progress、cached 等事件。

下面将通过一个具体的演示实例的实现过程，来讲解检测离线应用在加载过程中触发的事件的方法。

实例 13-5	说明
源码路径	daima\13\13-5\5.html
功能	检测离线应用在加载过程中触发的事件

在本实例的实现文件是 5.html，具体实现流程如下。

（1）新建一个 HTML 5 页面，在页面加载时为 applicationCache 对象添加各种可能触发的事件。

（2）当触发某一事件时，在页面中显示该事件的名称。

实例文件 5.html 的具体实现代码如下。

```
<!DOCTYPE html>
<html manifest="she5.manifest">
<head>
<meta charset="utf-8" />
<title>检测离线应用在加载过程中触发的事件</title>
<script type="text/javascript" language="jscript" src="js5.js"/>
</script>
</head>
<body onLoad="pageload();">
 <fieldset>
   <legend>检测离线应用在加载过程中触发的事件</legend>
     <p id="pStatus"></p>
 </fieldset>
</body>
</html>
```

下面来看 JavaScript 文件 js5.js，在自定义函数 pageload 中添加了多个可能触发的事件，用于在页面加载时调用。文件 js5.js 的具体实现代码如下。

```
// JavaScript Document
function $$(id) {
    return document.getElementById(id);
}
//自定义页面加载时调用的函数
function pageload() {
   window.applicationCache.addEventListener("checking",function() {
      Status_Handle("正在检测是否有更新...");
   },true);
   window.applicationCache.addEventListener("downloading",function() {
      Status_Handle("正在下载可用的缓存...");
   },true);
```

```
    window.applicationCache.addEventListener("noupdate",function() {
        Status_Handle("没有最新的缓存更新！");
    },true);
    window.applicationCache.addEventListener("progress",function() {
        Status_Handle("本地缓存正在更新中...");
    },true);
    window.applicationCache.addEventListener("cached",function() {
        Status_Handle("本地缓存已更新成功！");
    },true);
    window.applicationCache.addEventListener("error",function() {
        Status_Handle("本地缓存更新时出错！");
    },true);
}
//自定义显示执行过程中状态的函数
function Status_Handle(message) {
    $$("pStatus").style.display = "block";
    $$("pStatus").innerHTML = message;
```

在上述代码中，为 applicationCache 对象添加了各种可能触发的事件。当第一次在浏览器中加载一个离线应用时，所触发的整个事件的运作过程如下。

（1）浏览器：请求访问页面 5.html。

（2）服务器：返回页面 5.html。

（3）浏览器：解析页面头部时发现 manifest 属性，触发 checking 事件以检测属性对应的 manifest 类型文件是否存在，如果不存在则触发 error 事件。

（4）浏览器：解析返回的页面 5.html，请求服务器返回页面中所有的资源文件，包括 manifest 文件。

（5）服务器：返回请求的所有资源文件。

（6）浏览器：处理 manifest 文件，请求服务器返回所有 manifest 文件中所要求缓存在本地的文件，即使是第一次请求过的文件也要重新请求一次。

（7）服务器：返回所请求的需要缓存至本地的资源文件。

（8）浏览器：下载资源文件时触发 downloading 事件，如果文件很多，则会间歇性地触发 progress 事件，表示正在下载过程中。在下载完成后触发 cached 事件，表示下载完成并存入缓存中。如果没有修改 manifest 文件，则再次通过浏览器加载页面 5.html 时，并重复执行上述过程中的第 1～5 步。当执行到第 6 步会检测是否有可更新的本地缓存，如果无，则触发 noupdate 事件，表示没有最新的缓存可更新。如果有，则触发 updateready 事件表示更新已下载完成，刷新页面或手动更新即可展示本地缓存更新后的效果。由此可见，当本地缓存更新的资源文件很多时，可以调用文件在下载时的 progress 事件动态显示已更新的总量与未更新数量，从而达到优化用户在更新本地缓存过程中的 UI 体验的目的。

在文件 5.html 中，通过"manifest"属性绑定了一个"manifest"文件 she5.manifest，在里面列举了服务器需要缓存至本地的文件清单。文件 she5.manifest 的具体实现代码如下。

```
CACHE MANIFEST
#version 0.5.0
```

```
CACHE:
js5.js
```

执行后的效果如图 13-5 所示。

图 13-5　执行效果

13.3　检测在线状态

在本章前面的内容中，已经详细介绍了通过调用 applicationCache 对象中的方法与事件手动更新本地缓存的方法。但是在 HTML 5 网页开发过程中，除了静态页面的离线应用外，更多的是离线时用户数据的交互应用，这也是 Web 技术发展的必然趋势。想要开发浏览器与服务器在数据交互时的离线应用程序，其中一个很重要的标志是必须获取应用的在线状态。只有检测出页面的在线状态，才能在离线后将数据保存在本地，在上线时将本地数据同步至服务器，从而实现离线数据交互功能。在 HTML 5 标记语言中，可以通过访问 onLine 属性和触发 online 事件的方法分别检测应用是否在线。在本节的内容中，将详细讲解使用这两种方法检测在线状态的基本知识。

13.3.1　使用 onLine 属性

在 HTML 5 标记语言中，属性 onLine 是一个布尔值，当值为 true 时表示在线，否则表示离线。如果当前的网络状态发生了变化，属性 onLine 的值就会随之发生变动。基于此，可以通过获取属性 onLine 的值来检测当前网络的状态，确定应用是否在线或离线，从而可以编写出不同的代码。

下面将通过一个具体的演示实例的实现过程，来讲解使用属性 onLine 检测网络的当前状态的方法。

实例 13-6	说明
源码路径	daima\13\13-16\6.html
功能	使用属性 onLine 检测网络的当前状态

在本实例的实现文件是 6.html，具体实现流程如下。

（1）新建一个 HTML 5 页面，设置在页面加载时调用 onLine 属性。

（2）如果属性 onLine 的值为 true，则在页面中显示"在线"字样，否则显示"离线"字样。

实例文件 6.html 的具体实现代码如下。

```
<!DOCTYPE html>
<html manifest="she6.manifest">
```

```
<head>
<meta charset="utf-8" />
<title>通过 onLine 属性检测网络的当前状态</title>
<script type="text/javascript" language="jscript"
      src="js6.js"/>
</script>
</head>
<body onLoad="pageload();">
 <fieldset>
   <legend>通过 onLine 属性检测网络的当前状态</legend>
     <p id="pStatus"></p>
 </fieldset>
</body>
</html>
```

查看 JavaScript 文件 js6.js，自定义函数 pageload()的功能是根据"onLine"属性检测当前网络的状态，在页面加载时调用。文件 js6.js 的具体实现代码如下。

```
function $$(id) {
    return document.getElementById(id);
}
//自定义页面加载时调用的函数
function pageload() {
    if (navigator.onLine) {
        Status_Handle("在线");
    } else {
        Status_Handle("离线");
    }
}
//自定义显示执行过程中状态的函数
function Status_Handle(message) {
    $$("pStatus").style.display = "block";
    $$("pStatus").innerHTML = message;
}
```

在上述代码中，通过调用 navigator 对象的属性 onLine 来检测当前浏览器的在线模式。如果为"true"表示在线，否则表示离线。

再来看 manifest 文件 she6.manifest，功能是列举服务器需要缓存至本地的文件清单，具体实现代码如下。

```
CACHE MANIFEST
#version 0.6.0
CACHE:
js6.js
```

执行后的效果如图 13-6 所示。

图 13-6 执行效果

注　意

在移动 Web 页面应用中，navigator 是一个独立的对象，用于向用户返回浏览器和操作系统的相关信息，所有信息都是以 navigator 对象的属性方式进行调用的。在日常的代码开发过程中，除了使用属性 onLine 检测当前浏览器的在线模式外，还可以使用 navigator 对象中如表 13-1 所示的属性。

表 13-1　navigator 对象中的属性

appCodeName	代码
appName	名称
appVersion	版本
language	语言
mimeType	以数组表示所支持的 MIME 类型
platform	编译浏览器的机器类型
plugins	以数组表示已安装的外挂程序
userAgent	用户代理程序的表头

13.3.2　使用 online 事件和 offline 事件

在 HTML 5 网页开发过程中，在使用 navigator 对象中的"onLine"属性来检测当前网络的状态时，因为该属性有滞后性，所以不能及时反馈当前网络的变化状态。为了解决这个问题，在 HTML 5 中可以调用 online 与 offline 事件及时侦测网络在线与离线的状态。这两个事件是基于 body 对象触发的，以冒泡的方式传递给 document、window 对象，因此这两个事件可以准确及时地捕获当前浏览器的在线状态。

下面将通过一个具体的演示实例的实现过程，来讲解使用 online 与 offline 事件检测网络的当前状态的方法。

实例 13-7	说明
源码路径	daima\13\13-7\7.html
功能	使用 online 与 offline 事件检测网络的当前状态

在本实例的实现文件是 7.html，具体实现流程如下。

（1）新建一个 HTML 5 页面，在浏览页面的过程中，如果用户有切换网络连接状态的操作，页面将自动触发 online 或 offline 事件。

（2）如果是连接网络，则在页面中显示"在线"提示，否则显示"离线"提示。

实例文件 7.html 的具体实现代码如下。

```
<!DOCTYPE html>
<html manifest="she7.manifest">
<head>
<meta charset="utf-8" />
<title>通过 online 与 offline 事件检测网络的当前状态</title>
```

```
<script type="text/javascript" language="jscript" src="js7.js"/>
</script>
</head>
<body>
 <fieldset>
   <legend>通过online与offline事件检测网络的当前状态</legend>
     <p id="pStatus">连接已经断开</p>
 </fieldset>
</body>
</html>
```

再来看 JavaScript 文件 js7.js，设置当页面加载时调用函数 pageload()为 window 对象添加 "online" 事件和 "offline" 事件。文件 js7.js 的具体实现代码如下。

```
// JavaScript Document
function $$(id) {
    return document.getElementById(id);
}
//自定义页面加载时调用的函数
function pageload() {
    window.addEventListener("online",function() {
        Status_Handle("网络连接正常");
    },false);
    window.addEventListener("offline",function() {
        Status_Handle("连接已经断开");
    },false);
}
//自定义显示执行过程中状态的函数
function Status_Handle(message) {
    $$("pStatus").style.display = "block";
    $$("pStatus").innerHTML = message;
}
```

因为本实例是通过事件的机制捕获网络状态的，所以只有在触发 online 事件和 offline 事件时才能在页面中展现提示信息。通常在手动或异常使网络断开后会触发 offline 事件，打开的页面将自动侦测，无须刷新，并在页面中显示 "连接已断开" 的提示。使用手动或自动重试的方式将网络连接成功后，打开的页面也无须刷新，自动在页面中显示 "网络连接正常" 的提示。如果不触发网络断开与连接的事件，则不会在页面中展示任何提示信息。

下面来看 manifest 文件 she7.manifest，功能列举服务器需要缓存至本地的文件清单，具体实现的代码如下。

```
CACHE MANIFEST
#version 0.7.0
CACHE:
js7.js
```

本实例执行后的效果如图 13-7 所示。

13.3.3 开发一个离线留言系统

在 HTML 5 网页开发过程中，如果目标对象仅仅是简单的静态页面，那么使用 Cache Manifest 处理方法就可以实现离线页面的访问。但如果是数据交互型的离线应用，不仅需要在离线时访问页面，而且还要支持数据在离线时

图 13-7　执行效果

的传输功能。想要数据在离线时也能与服务器发生交互功能，通常的处理方式是使用属性 onLine 来检测当前网络的状态，具体处理过程如下。

- 如果是离线，则先将交互的数据暂时存储至本地。例如，保存到 localStorage 对象或 Web SQL 数据库中。
- 在上线时将存储的数据同步至服务器，从而实现数据在离线时的交互功能。

下面将通过一个具体的演示实例的实现过程，来讲解开发一个离线留言系统的方法。

实例 13-8	说明
源码路径	daima\13\13-8\8.html
功能	开发一个离线留言系统

本实例的功能是创建一个 HTML 5 页面，无论是网络在线或离线时都可以访问页面，并在文本框中输入留言内容。单击"发表"按钮时，如果是在线状态，将向服务器与本地存储对象同时写入数据；如果是离线则将数据保存在本地，等上线时再将存储的数据同步至服务器中。

本实例的实现文件为 8.html，具体实现代码如下。

```
<!DOCTYPE html>
<html manifest="ex8.manifest">
<head>
<meta charset="utf-8" />
<title>离线留言系统</title>
<link href="css.css" rel="stylesheet" type="text/css">
<script type="text/javascript" language="jscript" src="js8.js"/>
</script>
</head>
<body onLoad="SynclocalData();">
  <ul id="ulMessage">
      亲，请稍等，正在读取数据中……
  </ul>
  <p class="p4">
    <textarea id="txtContent" class="inputtxt"
            cols="37" rows="5">
    </textarea><br>
    <input id="btnAdd" type="button" value="发表"
            class="inputbtn" onClick="btnAdd_Click();">
  </p>
</body>
```

```
</html>
```

然后编写脚本文件 js8.js，具体代码如下。

```
function $$(id) {
    return document.getElementById(id);
}
//单击"发表"按钮时调用
function btnAdd_Click() {
    //获取文本框中的内容
    var strContent = $$("txtContent").value;
    //如果不为空，则保存
    if (strContent.length > 0) {
        var strKey = RetRndNum(4);
        var strVal = strContent;
        if (navigator.onLine) {
            //如果在线向服务器端增加数据
            AddServerData(strKey, strVal);
        }
        localStorage.setItem(strKey, strVal);
    }
    //重新加载
    SynclocalData();
    //清空原先内容
    $$("txtContent").value = "";
}


//获取保存数据并显示在页面中
function SynclocalData() {
    //标题部分
    var strHTML = "<li class='li_h'>";
    strHTML += "<span class='spn_a'>ID</span>";
    strHTML += "<span class='spn_b'>内容</span>";
    strHTML += "</li>";
    //内容部分
    for (var intI = 0; intI < localStorage.length; intI++) {
        //获取 Key 值
        var strKey = localStorage.key(intI);
        //过滤键名内容
        var strVal = localStorage.getItem(strKey);
        strHTML += "<li class='li_c'>";
        strHTML += "<span class='spn_a'>" + strKey + "</span>";
        strHTML += "<span class='spn_b'>" + strVal + "</span>";
        strHTML += "</li>";
        if (navigator.onLine) {
            //如果在线向服务端增加数据
            AddServerData(strKey, strVal);
        }
    }
    $$("ulMessage").innerHTML = strHTML;
}
```

```
//生成指定长度的随机数
function RetRndNum(n) {
    var strRnd = "";
    for (var intI = 0; intI < n; intI++) {
        strRnd += Math.floor(Math.random() * 10);
    }
    return strRnd;
}
//向服务器同步点评数据
function AddServerData(id, val) {
    //根据 ID 号与内容,向服务器端数据库增加记录
}
```

最后通过<html>元素的"manifest"属性绑定了一个"manifest"类型的文件 ex8.manifest,用于列举服务器需要缓存至本地的文件清单。文件 ex8.manifest 的具体实现代码如下。

```
CACHE MANIFEST
#version 0.8.0
CACHE:
js8.js
css.css
```

- SynclocalData()函数：当页面加载时调用此函数，该函数的功能是调用本地存储的数据，并显示在页面中。同时在遍历数据的过程中，如果网络是在线状态，则通过 AddServerData()函数向服务器同步数据，以确定本地存储的数据与服务器完全一致。当用户单击"发表"按钮提交数据时，如果网络是在线状态，除了向本地添加数据外，还要调用 AddServerData()函数，向服务器添加一条记录，以确定数据的实时同步。
- AddServerData()函数：用于根据获取的 id 号与内容，在线时向服务器添加数据。这一功能可以借助 ajax 异步的方式，根据服务端提供的 URL 向服务器发送添加数据的请求，然后根据请求反馈的信息，确定本次增加是否成功。

本实例执行后的效果如图 13-8 所示。

图 13-8　执行效果

13.4 综合应用——开发一个离线式日历提醒系统

本实例的功能是，使用 HTML 5 技术开发一个离线式日历提醒系统。添加离线功能后用户可以在不与案例所在的网站建立网络连接的情况下，继续使用这个日程提醒簿功能。当用户在第一次访问本实例页面之后，案例所在网站会将该页面所使用的资源文件下载到客户端计算机（或移动设备）的本地缓存中，下一次即使客户端计算机（或移动设备）不与案例所在网站建立网络连接也可以继续使用案例中的日程提醒簿。一旦客户端计算机（或移动设备）再次与该网站建立连接，如果案例页面所使用的资源文件存在更新，客户端计算机（或移动设备）会再次将更新后的资源文件自动下载到客户端计算机（或移动设备）中，同时页面上弹出"本地缓存已被更新，需要刷新画面来获取应用程序最新版本，是否刷新？"的确认信息。如果用户单击确认信息中的"确定"按钮，则立即刷新页面，并使用最新的资源文件，否则源文件将在用户手工刷新页面或下次访问该页面时被使用。

实例 13-9	说明
源码路径	daima\13\13-9\9.html
功能	开发一个离线式日历提醒系统

本实例的具体实现流程如下。

（1）编写 manifest 文件 book.manifest

Web 应用程序的本地缓存是通过每个页面的 manifest 文件来管理的，在 manifest 文件中以清单的形式列举了需要被缓存或不需要被缓存的资源文件的文件名称，以及这些资源文件的访问路径。我们可以为每一个页面单独指定一个 manifest 文件，也可以对整个 Web 应用程序指定一个总的 manifest 文件。本实例 manifest 文件 book.manifest 的具体代码如下。

```
CACHE MANIFEST
#version 1.0
CACHE:
script.js
日历背景.png
```

（2）编写 HTML 5 文件 9.html

在 HTML 5 页面文件 9.html 中声明了引用的 manifest 文件和 JS 文件 script.js，具体实现代码如下。

```
<!DOCTYPE html>
<html manifest="book.manifest">
<head>
<meta charset="UTF-8">
<title>HTML 5 版本的日程提醒簿</title>
<style>
div{
    -webkit-border-image: url(日历背景.png) 10;
    -moz-border-image: url(日历背景.png) 10;
    width:300px;
    height:300px;
    padding:35px;
```

```
        background:#eee;
        font-weight:bold;
    }
    li{
        list-style:none;
    }
    </style>
    <script type="text/javascript" src="script.js"></script>
    </head>
    <body onload="window_onload()">
    <h1>HTML 5 版本的日程提醒簿</h1>
    选择日期: <input id="date1" type="date" onchange="date_onchange()"><input
type="button" value="保存" onclick="save()"/><br/>
    <div>
    本日日期: <span id="today"></span><br/>
    本日要事: <br/>
    <ul contentEditable="true">
    <li id="li1">(尚未记录) </li>
    <li id="li2">(尚未记录) </li>
    <li id="li3">(尚未记录) </li>
    <li id="li4">(尚未记录) </li>
    <li id="li5">(尚未记录) </li>
    </ul>
    </div>
    </body>
    </html>
```

（3）实现 JS 文件 script.js

在文件 script.js 中定义了函数 onchange、save、setInnerHTML 和 setToday，具体实现代码如下。

```
var dateElement;
var today;
function window_onload() {
    dateElement=document.getElementById("date1");
    today=document.getElementById("today");
    setToday();
    setInterval(function() {
        applicationCache.update();
    }, 5000);
    applicationCache.addEventListener("updateready", function() {
        if (confirm("本地缓存已被更新，需要刷新画面来获取应用程序最新版本，是否刷新？")) {
            applicationCache.swapCache();
            location.reload();
        }
    }, true);
}
function date_onchange()
{
    var obj;
    if(isNaN(Date.parse(dateElement.value)))
```

```
        {
            setToday();
            return;
        }
        today.innerHTML=dateElement.value;
        obj=JSON.parse(localStorage.getItem(dateElement.value));
        setInnerHTML(obj);
}
function save()
{
    var obj=new Object();
    obj.record=new Array();
    if(document.getElementById("li1").innerHTML!="(尚未记录)")
        obj.record.push(document.getElementById("li1").innerHTML);
    if(document.getElementById("li2").innerHTML!="(尚未记录)")
        obj.record.push(document.getElementById("li2").innerHTML);
    if(document.getElementById("li3").innerHTML!="(尚未记录)")
        obj.record.push(document.getElementById("li3").innerHTML);
    if(document.getElementById("li4").innerHTML!="(尚未记录)")
        obj.record.push(document.getElementById("li4").innerHTML);
    if(document.getElementById("li5").innerHTML!="(尚未记录)")
        obj.record.push(document.getElementById("li5").innerHTML);
    localStorage.setItem(dateElement.value,JSON.stringify(obj));
}
function setInnerHTML(obj)
{
    if(obj==null||obj.record==null)
    {
        document.getElementById("li1").innerHTML="(尚未记录)";
        document.getElementById("li2").innerHTML="(尚未记录)";
        document.getElementById("li3").innerHTML="(尚未记录)";
        document.getElementById("li4").innerHTML="(尚未记录)";
        document.getElementById("li5").innerHTML="(尚未记录)";
    }
    else
    {
        if(obj.record[0]!=null)
            document.getElementById("li1").innerHTML=obj.record[0];
        else
            document.getElementById("li1").innerHTML="(尚未记录)";
        if(obj.record[1]!=null)
            document.getElementById("li2").innerHTML=obj.record[1];
        else
            document.getElementById("li2").innerHTML="(尚未记录)";
        if(obj.record[2]!=null)
            document.getElementById("li3").innerHTML=obj.record[2];
        else
            document.getElementById("li3").innerHTML="(尚未记录)";
        if(obj.record[3]!=null)
            document.getElementById("li4").innerHTML=obj.record[3];
```

```
        else
            document.getElementById("li4").innerHTML="(尚未记录)";
        if(obj.record[4]!=null)
            document.getElementById("li5").innerHTML=obj.record[5];
        else
            document.getElementById("li5").innerHTML="(尚未记录)";
    }
}
function setToday()
{
    var date=new Date();
    var yearStr=String(date.getFullYear());
    var monthStr=String(date.getMonth()+1);
    var dateStr=String(date.getDate());
    if (monthStr.length == 1)  monthStr = '0' + monthStr;
    if (dateStr.length == 1) dateStr = '0' + dateStr;
    var str=yearStr+"-"+monthStr+"-"+dateStr;
    dateElement.value=str;
    today.innerHTML=dateElement.value;
    var obj=JSON.parse(localStorage.getItem(dateElement.value));
    setInnerHTML(obj);
}
```

在上述代码中，函数 window_onload 的具体运作流程如下。

- 首先获取页面中的选择日期文本框并将其赋值给 dateElement 全局变量，获取页面中用来显示本日日期的 span 元素并将其赋值给 today 全局变量。

- 然后调用setToday函数将本日日期显示在日期文本框与用来显示本日日期的span元素中，将用户保存的本日要处理的事件显示在日程提醒簿中。

- 设置每 5 秒钟自动检查一下服务器端的资源文件是否被更新（服务器端的资源文件被修改后会自动下载到客户端计算机或移动设备中），一旦当服务器端的资源文件被更新并且被下载到客户端计算机（或移动设备）中，会弹出询问用户是否立即更新本地缓存的提示信息。

- 如果用户单击"确定"按钮，客户端计算机（或移动设备）中的本地缓存将被立即更新，同时页面被刷新，页面中使用更新后的资源文件；否则（用户单击"取消"按钮）本地缓存将在案例页面被刷新，或者在下一次打开案例页面时被更新。

本实例执行后的效果如图 13-9 所示。

HTML 5版本的日程提醒簿

图 13-9　执行效果

💡 注　意

本实例必须在 Google Chrome 浏览器中运行，才能得到预期的执行效果。

绘制三维图形图像

WebGL 是一种 3D 绘图标准，这种绘图技术标准允许把 JavaScript 和 OpenGL ES 2.0 结合在一起，通过增加 OpenGL ES 2.0 的一个 JavaScript 绑定，WebGL 可以为 HTML5 Canvas 提供硬件 3D 加速渲染，这样 Web 开发人员就可以借助系统显卡在浏览器里更流畅地展示 3D 场景和模型，还能创建复杂的导航和数据视觉化。显然，WebGL 技术标准免去了开发网页专用渲染插件的麻烦，可被用于创建具有复杂 3D 结构的网站页面，甚至可以用来设计 3D 网页游戏等。在本章的内容中，将详细讲解使用 WebGL 在移动 Web 页面应用中绘制三维图形图像的基本知识。

14.1 WebGL 基础

在移动 Web 页面应用中，WebGL 和 3D 图形规范 OpenGL、通用计算规范 OpenGL 都是来自于 Khronos Group，而且免费开放。Adobe Flash Player 11、微软 Silverlight 3.0 也都已经支持 GPU 加速，但它们都是私有的、不透明的。WebGL 标准工作组的成员包括 AMD、爱立信、谷歌、Mozilla、Nvidia 及 Opera 等，这些成员会与 Khronos 公司通力合作，创建一种多平台环境可用的 WebGL 标准，该标准将完全免费对外提供。在本节的内容中，将简要讲解 WebGL 的基本知识。

14.1.1 发展历程

2011 年 3 月，多媒体技术标准化组织 Khronos 在美国洛杉矶举办的游戏开发大会上发布 WebGL 标准规范 R1.0，支持 WebGL 的浏览器不借助任何插件便可提供硬件图形加速从而提供高质量的 3D 体验。WebGL 标准已经获得了业界大佬们的支持：Apple（Mac OS Safari nightly builds），Google（Chrome9.0），Mozilla（Firefox4.0 beta）和 Opera（preview build）。

2012 年 4 月，Google 搜索悄然上线了一个新的功能，那就是在搜索框里输入一个曲线方程，那么 Google 就会在搜索页里为你画出这个曲线！这也是 WebGL 第一次被应用在 Google 的搜索引擎中，使用者可以在搜索框里输入任意二元方程，Google 都会将此方程绘制出来，并且是显示在全 3D 的空间中，另外还可以自由调整和编辑曲线及方程。如果想要临时查看一个方程的曲线，而周围又没有专业软件时，你可以应急使用一下 Google 的这个贴心新功能！但是目前这个功能只能运行在支持 WebGL 浏览器中，例如 Chrome 和 Firefox。

2013 年 4 月 1 日，国外开发者 Francois Remy 在泄露版 Windows Blue 附带的 Internet Explorer 11 中发现，WebGL 接口已经封装完成，但功能上还未能开放支持。在这之后，另一名开发者 Rafael Rivera 继续深入挖掘，竟然发现了在此版本的 Internet Explorer 11 中开启 WebGL 支持的方法。由此可见，微软终于加入了支持 WebGL 的大家庭。

在网页开发技术的发展历程中，WebGL 标准已出现在 Mozilla Firefox、Apple Safari 及开发者预览版 Google Chrome 等浏览器中，这项技术支持 Web 开发人员借助系统显示芯片在浏览器中展示各种 3D 模型和场景，未来有望推出 3D 网页游戏及复杂 3D 结构的网站页面。

14.1.2 WebGL 和 HTML 5 的关系

WebGL 完美地解决了现有的 Web 交互式三维动画的如下两个问题。

（1）WebGL 通过 HTML 脚本本身实现 Web 交互式三维动画的制作，无须任何浏览器插件支持。

（2）WebGL 利用底层的图形硬件加速功能进行的图形渲染，是通过统一的、标准的、跨平台的 OpenGL 接口实现的。

WebGL 相对于 HTML5 来说，两者关系就好比是 OpenGL 库和三维应用程序的关系。WebGL 只是提供了底层的渲染和计算的函数，而并没有定义一个高级的文件格式或交互函数。有一些开发者正在 WebGL 的基础上创建高级的程序库，比如在 Web3D 联盟推进下，浏览器可以解析 X3D-XML DOM 文档树中的三维内容，这样就可以直接在浏览器中浏览 X3D 格式的三维场景而不需要再安装额外的插件。

14.1.3 开发前的准备

在网页中使用 WebGL 进行开发之前，需要先下载 WebGL 的开源资料。下载地址是：https://www.khronos.org/registry/webgl/，效果如图 14-1 所示。

图 14-1 WebGL 官方页面

在日常开发应用中，使用最频繁的是开源脚本文件。在本书实例中，我们调用的脚本文件是 glMatrix-0.9.5.min.js。用户可以登录 https://github.com/gpjt/webgl-lessons 下载这个脚本文件,该脚本文件的主要功能是用来处理矩阵操作与 vector 动态数组操作。通过这个网址还可以获得其他开源脚本文件,用户可以免费登录获得。

14.2 使用 WebGL

在本节的内容中,将通过几个实例的具体实现流程,详细讲解在移动 Web 页面应用中使用 WebGL 绘制三维图形图像的方法。

14.2.1 绘制三角形和矩形

本实例的功能是,在网页上分别绘制一个具有 3D 效果的三角形与一个具有 3D 效果的矩形。

实例 14-1	说明
源码路径	daima\14\1.html
功能	绘制 3D 效果的三角形和矩形

本实例的实现文件是 1.html,具体实现流程如下。

(1)编写 HTML 代码,设置调用 WebGL 的脚本代码的调用语句,通过 canvas 设置一块绘图区域。具体实现代码如下。

```html
<html>
<head>
<title>使用 WebGL 绘制三角形与矩形</title>
<meta http-equiv="content-type" content="text/html; charset=utf-8">
<script type="text/javascript" src="glMatrix-0.9.5.min.js"></script>
<script id="shader-fs" type="x-shader/x-fragment">
……
</head>
<body onLoad="webGLStart();">
<canvas id="canvas1" style="border: none;" width="500" height="500"></canvas>
</body>

</html>
```

(2)编写 JavaScript 脚本代码,具体实现流程如下。

● 创建 WebGL 上下文对象,定义函数 initGL 初始化 WebGL,具体代码如下。

```javascript
//初始化 WebGL
function initGL(canvas)
{
    try
    {
        //获取 canvas 元素的 WebGL 上下文对象
        gl = canvas.getContext("experimental-webgl");
        //将 3D 视图的宽度设置为 canvas 元素的宽度
        gl.viewportWidth = canvas.width;
        //将 3D 视图的高度设置为 canvas 元素的高度
        gl.viewportHeight = canvas.height;
    }
```

```
    catch (e)
    {
    }
    if (!gl)                    //初始化失败
        alert("对不起，您不能初始化 WebGL。");
}
```

- 定义函数 getShader 创建一个渲染器，根据 id 查找页面上的元素，并根据这些元素分别创建片元渲染器和顶点渲染器。具体实现代码如下。

```
//创建渲染器
function getShader(gl, id)
{

    //根据 id 查找页面上的元素
    var shaderScript = document.getElementById(id);
     //如果找不到元素则返回
    if (!shaderScript)
        return null;
    //取出元素中所有内容
    var str ="";
    var k = shaderScript.firstChild;
    while (k)
    {
        if (k.nodeType==3)
            str+= k.textContent;
        k = k.nextSibling;
    }

    var shader;
    //如果元素类型为"x-shader/x-fragment"
    if (shaderScript.type=="x-shader/x-fragment")
        //创建片元渲染器
        shader = gl.createShader(gl.FRAGMENT_SHADER);
    //如果元素类型为"x-shader/x-vertex"
    else if (shaderScript.type=="x-shader/x-vertex")
        //创建顶点渲染器
        shader = gl.createShader(gl.VERTEX_SHADER);
    //如果元素类型为其他
    else
        //返回 null
        return null;
    //使用 WebGL 编译元素中内容
    gl.shaderSource(shader,str);
    gl.compileShader(shader);
    //执行错误处理
    if(!gl.getShaderParameter(shader,gl.COMPILE_STATUS))
    {
        alert(gl.getShaderInfoLog(shader));
        return null;
    }
```

```
    //返回渲染器
    return shader;
}
```

- 定义初始化渲染器函数 initShaders，根据获取的渲染器进行初始化操作。具体实现代码如下。

```
var shaderProgram;                    //程序对象
//初始化渲染器
function initShaders()
{
    //获取片元渲染器
    var fragmentShader = getShader(gl, "shader-fs");
    //获取顶点渲染器
    var vertexShader = getShader(gl, "shader-vs");
    //创建程序对象
    shaderProgram = gl.createProgram();
    //将渲染器绑定道程序对象上
    gl.attachShader(shaderProgram, vertexShader);
    gl.attachShader(shaderProgram, fragmentShader);
    gl.linkProgram(shaderProgram);

    //如果不能初始化渲染器
    if (!gl.getProgramParameter(shaderProgram, gl.LINK_STATUS))
        alert("不能初始化渲染器");

    gl.useProgram(shaderProgram);
    /*获取程序对象的 avertexPosition 属性的引用并将其保存在程序对象的
    vertexPosition 属性中*/
    shaderProgram.vertexPositionAttribute = gl.getAttribLocation(shaderProgram,
"aVertexPosition");
    //允许使用程序对象的 vertexPosition 属性值来绘制顶点
    gl.enableVertexAttribArray(shaderProgram.vertexPositionAttribute);
    //从 program 对象中获取两个一致（uniform）变量 uPMatrix 与 uMVMatrix 的信息
    shaderProgram.pMatrixUniform = gl.getUniformLocation(shaderProgram, "uPMatrix");
    shaderProgram.mvMatrixUniform = gl.getUniformLocation(shaderProgram, "uMVMatrix");
}
```

- 定义初始化缓冲区函数 initBuffers，具体实现代码如下。

```
//初始化缓冲区
function initBuffers()
{
    //创建三角形顶点位置缓冲区
    triangleVertexPositionBuffer = gl.createBuffer();
    //将 triangleVertexPositionBuffer 设定为接下来的操作所使用的缓冲区
    gl.bindBuffer(gl.ARRAY_BUFFER, triangleVertexPositionBuffer);
    //使用 JavaScript 列表定义一个等腰三角形的一组顶点信息
    var vertices =
    [
        0.0,  1.0,  0.0,
       -1.0, -1.0,  0.0,
```

```
        1.0, -1.0,  0.0
    ];
    //使用顶点列表创建 Float32Array 对象填充缓存
    gl.bufferData(gl.ARRAY_BUFFER, new Float32Array(vertices), gl.STATIC_DRAW);
    //缓冲区中存放三个顶点信息, 每个顶点由三个数据 (三维) 构成
    triangleVertexPositionBuffer.itemSize = 3;
    triangleVertexPositionBuffer.numItems = 3;

    //创建矩形顶点位置缓冲区
    squareVertexPositionBuffer = gl.createBuffer();
    //将 squareVertexPositionBuffer 设定为接下来的操作所使用的缓冲区
    gl.bindBuffer(gl.ARRAY_BUFFER, squareVertexPositionBuffer);
    //使用 JavaScript 列表定义一个矩形的一组顶点信息
    vertices =
    [
        1.0,  1.0,  0.0,
       -1.0,  1.0,  0.0,
        1.0, -1.0,  0.0,
       -1.0, -1.0,  0.0
    ];
    //使用顶点列表创建 Float32Array 对象填充缓存
    gl.bufferData(gl.ARRAY_BUFFER, new Float32Array(vertices), gl.STATIC_DRAW);
    //缓冲区中存放四个顶点信息, 每个顶点由三个数据 (三维) 构成
    squareVertexPositionBuffer.itemSize = 3;
    squareVertexPositionBuffer.numItems = 4;
}
```

● 定义绘制图形函数 drawScene, 在页面中分别绘制三角形和矩形。具体实现代码
  如下。

```
//绘制图形
function drawScene()
{
    //设置 3D 视图的视图大小
    gl.viewport(0, 0, gl.viewportWidth, gl.viewportHeight);
    //擦除 canvas 元素中内容
    gl.clear(gl.COLOR_BUFFER_BIT | gl.DEPTH_BUFFER_BIT);
    //设置对视图的观察视角
    mat4.perspective(45, gl.viewportWidth / gl.viewportHeight, 0.1, 100.0,
pMatrix);
    //使用恒等矩阵进行初始化, 将绘制位置设置在视图中央
    mat4.identity(mvMatrix);
    //将绘制位置左移 1.5 个单位, 内移 7 个单位 (三角形第一个顶点位置处)
    mat4.translate(mvMatrix, [-1.5, 0.0, -7.0]);
    //将 triangleVertexPositionBuffer 设定为接下来的操作所使用的缓冲区
    gl.bindBuffer(gl.ARRAY_BUFFER, triangleVertexPositionBuffer);
    /*通知 WebGL 缓冲区中存放的顶点位置信息将被作为三角形各顶点位置信息来使用,
    每个三角形使用三个数据(三维信息)*/
    gl.vertexAttribPointer(shaderProgram.vertexPositionAttribute,
triangleVertexPositionBuffer.itemSize, gl.FLOAT, false, 0, 0);
    //通知 WebGL 使用我们当前的模型-视图矩阵与投影矩阵
```

```
        setMatrixUniforms();
        //绘制三角形
        gl.drawArrays(gl.TRIANGLES, 0, triangleVertexPositionBuffer.numItems);

        //将绘制位置右移 3 个单位
        mat4.translate(mvMatrix, [3.0, 0.0, 0.0]);
        //将 squareVertexPositionBuffer 设定为接下来的操作所使用的缓冲区
        gl.bindBuffer(gl.ARRAY_BUFFER, squareVertexPositionBuffer);
        /*通知 WebGL 缓冲区中存放的顶点位置信息将被作为矩形各顶点位置信息来使用,
        每个矩形使用三个数据(三维信息)*/
        gl.vertexAttribPointer(shaderProgram.vertexPositionAttribute,
squareVertexPositionBuffer.itemSize, gl.FLOAT, false, 0, 0);
        //通知 WebGL 使用我们当前的模型-视图矩阵与投影矩阵
        setMatrixUniforms();
        //绘制矩形
        gl.drawArrays(gl.TRIANGLE_STRIP, 0, squareVertexPositionBuffer.numItems);
    }
```

- 定义绘制 3D 图形的函数 webGLStart，调用函数 drawScene 进行绘制，具体实现代码
  如下。

```
//绘制 3D 图形
function webGLStart()
{
    var canvas = document.getElementById("canvas1");      //获取 canvas 元素
    initGL(canvas);                                        //初始化 WebGL
    initShaders();                                         //初始化渲染器
    initBuffers();                                         //初始化缓冲区
    //每次清除 canvas 元素中的内容时均将其填充为黑色
    gl.clearColor(0.0, 0.0, 0.0, 1.0);
    gl.enable(gl.DEPTH_TEST);                              //使能深度测试
    drawScene();                                           //进行绘制
}
```

到此整个实例介绍完毕，执行后的效果如图 14-2
所示。

14.2.2 绘制有颜色的三角形和矩形

本实例的功能是，在网页中分别绘制一个有颜色
的并具有 3D 效果的三角形和矩形。

图 14-2　执行效果

实例 14-2	说明
源码路径	daima\14\2.html
功能	绘制有颜色的 3D 效果的三角形和矩形

本实例的实现文件是 2.html，具体实现流程如下。

（1）编写 HTML 代码，设置调用 WebGL 的脚本代码的调用语句，通过 canvas 设置一块
绘图区域。具体实现代码如下。

```html
<html>

<head>
<title>使用 WebGL 绘制彩色三角形与矩形</title>
<meta http-equiv="content-type" content="text/html; charset=utf-8">
<script type="text/javascript" src="glMatrix-0.9.5.min.js"></script>


</head>
<body onLoad="webGLStart();">
<canvas id="canvas1" style="border: none;" width="500" height="500"></canvas>
</body>
</html>
```

（2）编写 JavaScript 脚本代码，具体实现流程如下。

● 创建 WebGL 上下文对象，定义函数 initGL 初始化 WebGL，具体代码如下。

```javascript
var gl;//WebGL 上下文对象
//初始化 WebGL
function initGL(canvas)
{
    try
    {
        //获取 canvas 元素的 WebGL 上下文对象
        gl = canvas.getContext("experimental-webgl");
        //将 3D 视图的宽度设置为 canvas 元素的宽度
        gl.viewportWidth = canvas.width;
        //将 3D 视图的高度设置为 canvas 元素的高度
        gl.viewportHeight = canvas.height;
    }
    catch (e)
    {
    }
    if (!gl)                    //初始化失败
        alert("对不起，您不能初始化 WebGL。");
}
```

● 定义函数 getShader 创建一个渲染器，根据 id 查找页面上的元素，并根据这些元素分
别创建片元渲染器和顶点渲染器。具体实现代码如下。

```javascript
//创建渲染器
function getShader(gl, id)
{

    //根据 id 查找页面上的元素
    var shaderScript = document.getElementById(id);
     //如果找不到元素则返回
    if (!shaderScript)
        return null;
    //取出元素中所有内容
    var str ="";
    var k = shaderScript.firstChild;
```

```
        while (k)
        {
            if (k.nodeType==3)
                str+= k.textContent;
            k = k.nextSibling;
        }

        var shader;
        //如果元素类型为"x-shader/x-fragment"
        if (shaderScript.type=="x-shader/x-fragment")
            //创建片元渲染器
            shader = gl.createShader(gl.FRAGMENT_SHADER);
        //如果元素类型为"x-shader/x-vertex"
        else if (shaderScript.type=="x-shader/x-vertex")
            //创建顶点渲染器
            shader = gl.createShader(gl.VERTEX_SHADER);
        //如果元素类型为其他
        else
            //返回 null
            return null;
        //使用 WebGL 编译元素中内容
        gl.shaderSource(shader,str);
        gl.compileShader(shader);
        //执行错误处理
        if(!gl.getShaderParameter(shader,gl.COMPILE_STATUS))
        {
            alert(gl.getShaderInfoLog(shader));
            return null;
        }
        //返回渲染器
        return shader;
}
var shaderProgram;               //程序对象
```

- 定义初始化渲染器函数 initShaders，根据获取的渲染器进行初始化操作。具体实现代码如下。

```
//初始化渲染器
function initShaders()
{
    //获取片元渲染器
    var fragmentShader = getShader(gl, "shader-fs");
    //获取顶点渲染器
    var vertexShader = getShader(gl, "shader-vs");
    //创建程序对象
    shaderProgram = gl.createProgram();
    //将渲染器绑定道程序对象上
    gl.attachShader(shaderProgram, vertexShader);
    gl.attachShader(shaderProgram, fragmentShader);
    gl.linkProgram(shaderProgram);
```

```
      //如果不能初始化渲染器
      if (!gl.getProgramParameter(shaderProgram, gl.LINK_STATUS))
          alert("不能初始化渲染器");

      gl.useProgram(shaderProgram);
      /*获取程序对象的 avertexPosition 属性的引用并将其保存在程序对象的
      vertexPosition 属性中*/
      shaderProgram.vertexPositionAttribute = gl.getAttribLocation(shaderProgram,
"aVertexPosition");
      //使用数组来提供 vertexPositionAttribute 属性的值
      gl.enableVertexAttribArray(shaderProgram.vertexPositionAttribute);

      /*获取程序对象的 aVertexColor 属性的引用并将其保存在程序对象的
      vertexColor 属性中*/
      shaderProgram.vertexColorAttribute = gl.getAttribLocation(shaderProgram,
"aVertexColor");
      //使用数组来提供 vertexColor 属性的值
      gl.enableVertexAttribArray(shaderProgram.vertexColorAttribute);

      //从 program 对象中获取两个一致（uniform）变量 uPMatrix 与 uMVMatrix 的信息
      shaderProgram.pMatrixUniform = gl.getUniformLocation(shaderProgram, "uPMatrix");
      shaderProgram.mvMatrixUniform = gl.getUniformLocation(shaderProgram, "uMVMatrix");
  }

var mvMatrix = mat4.create();
var pMatrix = mat4.create();
function setMatrixUniforms()
{
    gl.uniformMatrix4fv(shaderProgram.pMatrixUniform, false, pMatrix);
    gl.uniformMatrix4fv(shaderProgram.mvMatrixUniform, false, mvMatrix);
}

var triangleVertexPositionBuffer;          //三角形顶点位置缓冲区
var triangleVertexColorBuffer;             //三角形各顶点颜色信息缓冲区
var squareVertexPositionBuffer;            //矩形顶点位置缓冲区
var squareVertexColorBuffer;               //矩形各顶点颜色信息缓冲区
```

● 定义初始化缓冲区函数 initBuffers，具体实现代码如下。

```
function initBuffers()
{
    //创建三角形顶点位置缓冲区
    triangleVertexPositionBuffer = gl.createBuffer();
    //将 triangleVertexPositionBuffer 设定为接下来的操作所使用的缓冲区
    gl.bindBuffer(gl.ARRAY_BUFFER, triangleVertexPositionBuffer);
    //使用 JavaScript 列表定义一个等腰三角形的一组顶点信息
    var vertices =
    [
        0.0,  1.0,  0.0,
       -1.0, -1.0,  0.0,
        1.0, -1.0,  0.0
```

```
];
//使用顶点列表创建Float32Array对象填充缓存
gl.bufferData(gl.ARRAY_BUFFER, new Float32Array(vertices), gl.STATIC_DRAW);
//缓冲区中存放三个顶点信息，每个顶点由三个数据（三维）构成
triangleVertexPositionBuffer.itemSize = 3;
triangleVertexPositionBuffer.numItems = 3;

//创建三角形各顶点颜色信息的缓冲区
triangleVertexColorBuffer = gl.createBuffer();
//将该缓冲区指定为当前操作所用缓冲区
gl.bindBuffer(gl.ARRAY_BUFFER, triangleVertexColorBuffer);
//使用JavaScript列表定义三角形各顶点所用颜色
var colors =
[
    1.0, 0.0, 0.0, 1.0,
    0.0, 1.0, 0.0, 1.0,
    0.0, 0.0, 1.0, 1.0
];
//使用顶点颜色列表创建Float32Array对象填充缓存
gl.bufferData(gl.ARRAY_BUFFER, new Float32Array(colors), gl.STATIC_DRAW);
//缓冲区中存放三个顶点信息，每个顶点由四个数据构成
triangleVertexColorBuffer.itemSize = 4;
triangleVertexColorBuffer.numItems = 3;

//创建矩形顶点位置缓冲区
squareVertexPositionBuffer = gl.createBuffer();
//将squareVertexPositionBuffer设定为接下来的操作所使用的缓冲区
gl.bindBuffer(gl.ARRAY_BUFFER, squareVertexPositionBuffer);
//使用JavaScript列表定义一个矩形的一组顶点信息
vertices =
[
    1.0,  1.0,  0.0,
   -1.0,  1.0,  0.0,
    1.0, -1.0,  0.0,
   -1.0, -1.0,  0.0
];
//使用顶点列表创建Float32Array对象填充缓存
gl.bufferData(gl.ARRAY_BUFFER, new Float32Array(vertices), gl.STATIC_DRAW);
//缓冲区中存放四个顶点信息，每个顶点由三个数据（三维）构成
squareVertexPositionBuffer.itemSize = 3;
squareVertexPositionBuffer.numItems = 4;

//创建矩形各顶点颜色信息的缓冲区
squareVertexColorBuffer = gl.createBuffer();
//将该缓冲区指定为当前操作所用缓冲区
gl.bindBuffer(gl.ARRAY_BUFFER, squareVertexColorBuffer);
//使用JavaScript列表定义矩形各顶点所用颜色
colors = []
for (var i=0; i < 4; i++)
{
```

```
    colors = colors.concat([0.5, 0.5, 1.0, 1.0]);
  }
  //使用顶点颜色列表创建 Float32Array 对象填充缓存
  gl.bufferData(gl.ARRAY_BUFFER, new Float32Array(colors), gl.STATIC_DRAW);
  //缓冲区中存放四个顶点信息，每个顶点由四个数据构成
  squareVertexColorBuffer.itemSize = 4;
  squareVertexColorBuffer.numItems = 4;
}
```

● 定义绘制图形函数 drawScene，在页面中分别绘制三角形和矩形。具体实现代码如下。

```
function drawScene()
{
    //设置 3D 视图的视图大小
    gl.viewport(0, 0, gl.viewportWidth, gl.viewportHeight);
    //擦除 canvas 元素中内容
    gl.clear(gl.COLOR_BUFFER_BIT | gl.DEPTH_BUFFER_BIT);
    //设置对视图的观察视角
    mat4.perspective(45, gl.viewportWidth / gl.viewportHeight, 0.1, 100.0,
pMatrix);
    //使用恒等矩阵进行初始化，将绘制位置设置在视图中央
    mat4.identity(mvMatrix);
    //将绘制位置左移 1.5 个单位，内移 7 个单位（三角形第一个顶点位置处）
    mat4.translate(mvMatrix, [-1.5, 0.0, -7.0]);
    //将 triangleVertexPositionBuffer 设定为接下来的操作所使用的缓冲区
    gl.bindBuffer(gl.ARRAY_BUFFER, triangleVertexPositionBuffer);
    /*通知 WebGL 缓冲区中存放的顶点位置信息将被作为三角形各顶点位置信息来使用，
    每个三角形使用三个数据（三维信息）*/
    gl.vertexAttribPointer(shaderProgram.vertexPositionAttribute,
triangleVertexPositionBuffer.itemSize, gl.FLOAT, false, 0, 0);
    //将 triangleVertexColorBuffer 设定为接下来的操作所使用的缓冲区
    gl.bindBuffer(gl.ARRAY_BUFFER, triangleVertexColorBuffer);
    /*通知 WebGL 缓冲区中存放的顶点颜色信息将被作为三角形各顶点颜色信息来使用，
    每个三角形使用四个数据*/
    gl.vertexAttribPointer(shaderProgram.vertexColorAttribute,
triangleVertexColorBuffer.itemSize, gl.FLOAT, false, 0, 0);

    //通知 WebGL 使用我们当前的模型-视图矩阵与投影矩阵
    setMatrixUniforms();
    //绘制三角形
    gl.drawArrays(gl.TRIANGLES, 0, triangleVertexPositionBuffer.numItems);

    //将绘制位置右移 3 个单位
    mat4.translate(mvMatrix, [3.0, 0.0, 0.0]);
    //将 squareVertexPositionBuffer 设定为接下来的操作所使用的缓冲区
    gl.bindBuffer(gl.ARRAY_BUFFER, squareVertexPositionBuffer);
    /*通知 WebGL 缓冲区中存放的顶点位置信息将被作为矩形各顶点位置信息来使用，
    每个矩形使用三个数据（三维信息）*/
    gl.vertexAttribPointer(shaderProgram.vertexPositionAttribute,
squareVertexPositionBuffer.itemSize, gl.FLOAT, false, 0, 0);
    //将 squareVertexColorBuffer 设定为接下来的操作所使用的缓冲区
```

```
    gl.bindBuffer(gl.ARRAY_BUFFER, squareVertexColorBuffer);
    /*通知 WebGL 缓冲区中存放的顶点颜色信息将被作为矩形各顶点颜色信息来使用,
    每个矩形使用四个数据*/
    gl.vertexAttribPointer(shaderProgram.vertexColorAttribute,
squareVertexColorBuffer.itemSize, gl.FLOAT, false, 0, 0);
    //通知 WebGL 使用我们当前的模型-视图矩阵与投影矩阵
    setMatrixUniforms();
    //绘制矩形
    gl.drawArrays(gl.TRIANGLE_STRIP, 0, squareVertexPositionBuffer.numItems);
}
```

● 定义绘制 3D 图形的函数 webGLStart(),调用函数 drawScene()进行绘制,具体实现代码如下。

```
function webGLStart()
{
    var canvas = document.getElementById("canvas1");    //获取 canvas 元素
    initGL(canvas);                                      //初始化 WebGL
    initShaders();                                       //初始化渲染器
    initBuffers();                                       //初始化缓冲区
    //每次清除 canvas 元素中的内容时均将其填充为黑色
    gl.clearColor(0.0, 0.0, 0.0, 1.0);
    gl.enable(gl.DEPTH_TEST);                            //使能深度测试
    drawScene();                                         //进行绘制
}
```

到此整个实例介绍完毕,执行后的效果如图 14-3 所示。

14.2.3 绘制三维动画

在移动 Web 页面应用中,通过使用 WebGL 上下文对象可以很轻松地进行 3D 动画的绘制工作。在 X 点处绘制一个图形时,下一次绘制动画时在 Y 点处重新绘制该图形,再下一次绘制动画时在 Z 点处重新绘制该图形,依此类推。

图 14-3　执行效果

在本节的内容中,将通过一个实例的具体实现过程,讲解使用 WebGL 上下文对象绘制动画的过程。本实例的功能是,在网页中分别绘制一个有颜色的并具有 3D 效果的三角形和矩形。

实例 14-3	说明
源码路径	daima\14\3.html
功能	使用 WebGL 上下文对象绘制三维动画

本实例的实现文件是 3.html,具体实现流程如下。

(1)编写 HTML 代码,设置调用 WebGL 的脚本代码的调用语句,通过 canvas 设置一块绘图区域。具体实现代码如下。

```
<html>
<head>
<title>使用 WebGL 上下文对象绘制三维动画</title>
```

```
<meta http-equiv="content-type" content="text/html; charset=utf-8">
<script type="text/javascript" src="glMatrix-0.9.5.min.js"></script>
<script type="text/javascript" src="webgl-utils.js"></script>
......
</head>
<body onLoad="webGLStart();">
<canvas id="canvas1" style="border: none;" width="500" height="500"></canvas>
</body>
</html>
```

（2）编写 JavaScript 脚本代码，具体实现流程如下。

● 创建 WebGL 上下文对象，定义函数 initGL 初始化 WebGL，具体代码如下。

```
//初始化 WebGL
function initGL(canvas)
{
    try
    {
        //获取 canvas 元素的 WebGL 上下文对象
        gl = canvas.getContext("experimental-webgl");
        //将 3D 视图的宽度设置为 canvas 元素的宽度
        gl.viewportWidth = canvas.width;
        //将 3D 视图的高度设置为 canvas 元素的高度
        gl.viewportHeight = canvas.height;
    }
    catch (e)
    {
    }
    if (!gl)                       //初始化失败
        alert("对不起，您不能初始化 WebGL。");
}
```

● 编写创建渲染器 getShader，具体代码如下。

```
function getShader(gl, id)
{
    //根据 id 查找页面上的元素
    var shaderScript = document.getElementById(id);
     //如果找不到元素则返回
    if (!shaderScript)
        return null;
    //取出元素中所有内容
    var str ="";
    var k = shaderScript.firstChild;
    while (k)
    {
        if (k.nodeType==3)
            str+= k.textContent;
        k = k.nextSibling;
    }

    var shader;
```

```
//如果元素类型为"x-shader/x-fragment"
if (shaderScript.type=="x-shader/x-fragment")
    //创建片元渲染器
    shader = gl.createShader(gl.FRAGMENT_SHADER);
//如果元素类型为"x-shader/x-vertex"
else if (shaderScript.type=="x-shader/x-vertex")
    //创建顶点渲染器
    shader = gl.createShader(gl.VERTEX_SHADER);
//如果元素类型为其他
else
    //返回 null
    return null;
//使用 WebGL 编译元素中内容
gl.shaderSource(shader,str);
gl.compileShader(shader);
//执行错误处理
if(!gl.getShaderParameter(shader,gl.COMPILE_STATUS))
{
    alert(gl.getShaderInfoLog(shader));
    return null;
}
//返回渲染器
return shader;
}
```

● 定义函数 mvPushMatrix 将视图-模型矩阵保存在堆栈中，具体实现代码如下。

```
function mvPushMatrix()
{
    var copy = mat4.create();
    mat4.set(mvMatrix, copy);
    mvMatrixStack.push(copy);
}
定义函数 mvPopMatrix 取出堆栈中保存的视图，具体实现代码如下。
function mvPopMatrix()
{
    if (mvMatrixStack.length == 0)
        throw "Invalid popMatrix!";
    mvMatrix = mvMatrixStack.pop();
}
function setMatrixUniforms()
{
    gl.uniformMatrix4fv(shaderProgram.pMatrixUniform, false, pMatrix);
    gl.uniformMatrix4fv(shaderProgram.mvMatrixUniform, false, mvMatrix);
}

var triangleVertexPositionBuffer;        //三角形顶点位置缓冲区
var triangleVertexColorBuffer;           //三角形各顶点颜色信息缓冲区
var squareVertexPositionBuffer;          //矩形顶点位置缓冲区
var squareVertexColorBuffer;             //矩形各顶点颜色信息缓冲区
```

由此可见，函数 mvPushMatrix 的作用是将当前的视图-模型矩阵保存在堆栈中。

● 定义函数 initBuffers 初始化缓冲区，具体实现代码如下。

```
function initBuffers()
{
    //创建三角形顶点位置缓冲区
    triangleVertexPositionBuffer = gl.createBuffer();
    //将 triangleVertexPositionBuffer 设定为接下来的操作所使用的缓冲区
    gl.bindBuffer(gl.ARRAY_BUFFER, triangleVertexPositionBuffer);
    //使用 JavaScript 列表定义一个等腰三角形的一组顶点信息
    var vertices =
    [
        0.0,  1.0,  0.0,
       -1.0, -1.0,  0.0,
        1.0, -1.0,  0.0
    ];
    //使用顶点列表创建 Float32Array 对象填充缓存
    gl.bufferData(gl.ARRAY_BUFFER, new Float32Array(vertices), gl.STATIC_DRAW);
    //缓冲区中存放三个顶点信息，每个顶点由三个数据（三维）构成
    triangleVertexPositionBuffer.itemSize = 3;
    triangleVertexPositionBuffer.numItems = 3;

    //创建三角形各顶点颜色信息的缓冲区
    triangleVertexColorBuffer = gl.createBuffer();
    //将该缓冲区指定为当前操作所用缓冲区
    gl.bindBuffer(gl.ARRAY_BUFFER, triangleVertexColorBuffer);
    //使用 JavaScript 列表定义三角形各顶点所用颜色
    var colors =
    [
        1.0, 0.0, 0.0, 1.0,
        0.0, 1.0, 0.0, 1.0,
        0.0, 0.0, 1.0, 1.0
    ];
    //使用顶点颜色列表创建 Float32Array 对象填充缓存
    gl.bufferData(gl.ARRAY_BUFFER, new Float32Array(colors), gl.STATIC_DRAW);
    //缓冲区中存放三个顶点信息，每个顶点由四个数据构成
    triangleVertexColorBuffer.itemSize = 4;
    triangleVertexColorBuffer.numItems = 3;

    //创建矩形顶点位置缓冲区
    squareVertexPositionBuffer = gl.createBuffer();
    //将 squareVertexPositionBuffer 设定为接下来的操作所使用的缓冲区
    gl.bindBuffer(gl.ARRAY_BUFFER, squareVertexPositionBuffer);
    //使用 JavaScript 列表定义一个矩形的一组顶点信息
    vertices =
    [
        1.0,  1.0,  0.0,
       -1.0,  1.0,  0.0,
        1.0, -1.0,  0.0,
       -1.0, -1.0,  0.0
    ];
    //使用顶点列表创建 Float32Array 对象填充缓存
```

```
    gl.bufferData(gl.ARRAY_BUFFER, new Float32Array(vertices), gl.STATIC_DRAW);
    //缓冲区中存放四个顶点信息,每个顶点由三个数据(三维)构成
    squareVertexPositionBuffer.itemSize = 3;
    squareVertexPositionBuffer.numItems = 4;

    //创建矩形各顶点颜色信息的缓冲区
    squareVertexColorBuffer = gl.createBuffer();
    //将该缓冲区指定为当前操作所用缓冲区
    gl.bindBuffer(gl.ARRAY_BUFFER, squareVertexColorBuffer);
    //使用 JavaScript 列表定义矩形各顶点所用颜色
    colors = []
    for (var i=0; i < 4; i++)
    {
      colors = colors.concat([0.5, 0.5, 1.0, 1.0]);
    }
    //使用顶点颜色列表创建 Float32Array 对象填充缓存
    gl.bufferData(gl.ARRAY_BUFFER, new Float32Array(colors), gl.STATIC_DRAW);
    //缓冲区中存放四个顶点信息,每个顶点由四个数据构成
    squareVertexColorBuffer.itemSize = 4;
    squareVertexColorBuffer.numItems = 4;
}
var rTri = 0;                           //三角形的旋转角度
var rSquare = 0;                        //矩形的旋转角度
```

● 定义绘制图形函数 drawScene,具体实现代码如下。

```
function drawScene()
{
    //设置 3D 视图的视图大小
    gl.viewport(0, 0, gl.viewportWidth, gl.viewportHeight);
    //擦除 canvas 元素中内容
    gl.clear(gl.COLOR_BUFFER_BIT | gl.DEPTH_BUFFER_BIT);
    //设置对视图的观察视角
    mat4.perspective(45, gl.viewportWidth / gl.viewportHeight, 0.1, 100.0,
pMatrix);
    //使用恒等矩阵进行初始化,将绘制位置设置在视图中央
    mat4.identity(mvMatrix);
    //将绘制位置左移 1.5 个单位,内移 7 个单位(三角形第一个顶点位置处)
    mat4.translate(mvMatrix, [-1.5, 0.0, -7.0]);
    //将当前的视图-模型矩阵保存在堆栈中
    mvPushMatrix();
    //旋转三角形
    mat4.rotate(mvMatrix, degToRad(rTri), [0, 1, 0]);
    //将 triangleVertexPositionBuffer 设定为接下来的操作所使用的缓冲区
    gl.bindBuffer(gl.ARRAY_BUFFER, triangleVertexPositionBuffer);
    /*通知 WebGL 缓冲区中存放的顶点位置信息将被作为三角形各顶点位置信息来使用,
    每个三角形使用三个数据(三维信息)*/
    gl.vertexAttribPointer(shaderProgram.vertexPositionAttribute,
triangleVertexPositionBuffer.itemSize, gl.FLOAT, false, 0, 0);
    //将 triangleVertexColorBuffer 设定为接下来的操作所使用的缓冲区
    gl.bindBuffer(gl.ARRAY_BUFFER, triangleVertexColorBuffer);
```

```
/*通知 WebGL 缓冲区中存放的顶点颜色信息将被作为三角形各顶点颜色信息来使用,
每个三角形使用四个数据*/
    gl.vertexAttribPointer(shaderProgram.vertexColorAttribute,
triangleVertexColorBuffer.itemSize, gl.FLOAT, false, 0, 0);

    //通知 WebGL 使用我们当前的模型-视图矩阵与投影矩阵
    setMatrixUniforms();
    //绘制三角形
    gl.drawArrays(gl.TRIANGLES, 0, triangleVertexPositionBuffer.numItems);
    //恢复使用堆栈中保存的视图-模型矩阵
    mvPopMatrix();
    //将绘制位置右移 3 个单位
    mat4.translate(mvMatrix, [3.0, 0.0, 0.0]);
    //将当前的视图-模型矩阵保存在堆栈中
    mvPushMatrix();
    //旋转矩形
    mat4.rotate(mvMatrix, degToRad(rSquare), [1, 0, 0]);
    //将 squareVertexPositionBuffer 设定为接下来的操作所使用的缓冲区
    gl.bindBuffer(gl.ARRAY_BUFFER, squareVertexPositionBuffer);
/*通知 WebGL 缓冲区中存放的顶点位置信息将被作为矩形各顶点位置信息来使用,
每个矩形使用三个数据(三维信息)*/
    gl.vertexAttribPointer(shaderProgram.vertexPositionAttribute,
squareVertexPositionBuffer.itemSize, gl.FLOAT, false, 0, 0);
    //将 squareVertexColorBuffer 设定为接下来的操作所使用的缓冲区
    gl.bindBuffer(gl.ARRAY_BUFFER, squareVertexColorBuffer);
/*通知 WebGL 缓冲区中存放的顶点颜色信息将被作为矩形各顶点颜色信息来使用,
每个矩形使用四个数据*/
    gl.vertexAttribPointer(shaderProgram.vertexColorAttribute,
squareVertexColorBuffer.itemSize, gl.FLOAT, false, 0, 0);
    //通知 WebGL 使用我们当前的模型-视图矩阵与投影矩阵
    setMatrixUniforms();
    //绘制矩形
    gl.drawArrays(gl.TRIANGLE_STRIP, 0, squareVertexPositionBuffer.numItems);
    //恢复使用堆栈中保存的视图-模型矩阵
    mvPopMatrix();
}
//将角度转变成为弧度
function degToRad(degrees) {
    return degrees * Math.PI / 180;
}
```

　　在使用 WebGL 上下文对象进行 3D 图形的绘制时,需要告诉 WebGL 上下文对象当前图形的绘制位置及旋转角度,而当前图形的绘制位置及旋转角度都被保存在模型-视图矩阵中,因此 mat4.rotate 方法的作用就比较明显了,该方法的书写代码类似于如下代码。

```
mat4.rotate(mvMatrix, degToRad(rTri), [0, 1, 0]);
```

　　其中 mvMatrix 表示视图-模型矩阵,该行代码的含义为将视图-模型矩阵中的旋转角度围绕垂直方向(参数为[0, 1, 0])旋转 rTi 度。因为在 WebGL API 中,使用弧度来指定旋转角度,所以使用 degToRad 函数将角度转变成为弧度,该函数代码如下。

```
//将角度转变成为弧度
function degToRad(degrees) {
    return degrees * Math.PI/180;
    }
```

当使用 mat4.rotate 方法旋转图形时，实际上改变了视图-模型矩阵中保存的当前图形的旋转角度。例如在绘制三角形时，当前图形的旋转角度在 X 轴、Y 轴及 Z 轴上的旋转角度均为 0 度，同时在绘制矩形时，要求当前图形的旋转角度在 X 轴、Y 轴及 Z 轴上的旋转角度仍然均为 0 度。但是因为使用 mat4.rotate 方法将三角形进行旋转，因此改变了当前图形的旋转角度。在绘制矩形时已经改变了当前图形的旋转角度，这不是希望的结果，所以需要在旋转三角形时先将当前的视图-模型矩阵保存在堆栈中，旋转完毕后再将堆栈中保存的视图-模型矩阵恢复出来继续使用。

- 定义函数 webGLStart 绘制 3D 图形，此函数调用了 tick 函数，在 tick 函数中调用 drawScene 函数来绘制图形。函数 webGLStart 的具体实现代码如下。

```
function webGLStart()
{
    var canvas = document.getElementById("canvas1");//获取 canvas 元素
    initGL(canvas);                 //初始化 WebGL
    initShaders();                  //初始化渲染器
    initBuffers();                  //初始化缓冲区
    //每次清除 canvas 元素中的内容时均将其填充为黑色
    gl.clearColor(0.0, 0.0, 0.0, 1.0);
    gl.enable(gl.DEPTH_TEST);       //使能深度测试

    tick();                         //调用 tick 函数
}
```

- 定义函数 tick，在此函数中使用 WebGL API 中的动画功能，每一次使用不同的方法来绘制图形（例如，将三角形的旋转角度从 81 度变为 82 度），同时要在该函数中指定一个每次调用 drawScene 函数重绘图形的间隔时间。函数 tick 的具体实现代码如下。

```
function tick()
{
    requestAnimFrame(tick);
    drawScene();
    animate();
}
var lastTime = 0;
```

- 定义函数 animate 设置动画参数，具体实现代码如下。

```
//设置动画参数
function animate()
{
    //获取当前时间
    var timeNow = new Date().getTime();
    //如果动画绘制已经开始
    if (lastTime != 0)
```

```
    {
        //获取当前时间与上次动画绘制时间的间隔时间
        var elapsed = timeNow - lastTime;
        //计算三角形旋转角度，允许三角形每秒旋转 90 度
        rTri += (90 * elapsed) / 1000.0;
        //计算矩形旋转角度，允许矩形每秒旋转 90 度
        rSquare += (75 * elapsed) / 1000.0;
    }
    //保存动画绘制时间
    lastTime = timeNow;
}
```

到此整个实例介绍完毕，执行后的效果如图 14-4 所示。

图 14-4　执行效果

Chapter

15

使用 Geolocation API

Geolocation API 用于将用户当前的地理位置信息共享给信任的站点，因为在这个过程中会涉及用户的隐私安全问题，所以当一个站点需要获取用户的当前地理位置时，浏览器会提示用户是"允许"或"拒绝"。在本章的内容中，将详细讲解在移动 Web 网页中使用 Geolocation API 实现定位处理的方法。

15.1 Geolocation API 介绍

在移动 Web 网页中，提供了一组用来获取用户的地理位置信息的 Geolocation API。在移动设备中，如果浏览器支持且设置有定位的功能，就可以使用这组 API 定位用户的地理位置。Geolocation API（地理位置应用程序接口）提供了一个可以准确知道浏览器用户当前位置的方法。现在 Geolocation API 接口可以提供详细的用户地理位置信息。例如，经纬度、海拔、精确度和移动速度等。在本节的内容中，将详细讲解 Geolocation API 的基本知识。

15.1.1 对浏览器的支持情况

在 Geolocation API 中，通过收集用户周围的无线热点和 PC 机的 IP 地址获取位置，然后浏览器把这些信息发送给默认的位置定位服务提供者（谷歌位置服务），由提供者来计算我们的位置，最后用户的位置信息就在您请求的网站上被共享出来。目前 W3C 地理位置 API 被以下的桌面浏览器支持。

- Firefox 3.5+
- Chrome 5.0+
- Safari 5.0+
- Opera 15.60+
- Internet Explorer 15.0+

W3C 地理位置 API 还可以被以下的手机设备所支持。

- Android 2.0+
- iPhone 3.0+
- Opera Mobile 15.1+
- Symbian（S60 3rd & 5th generation）

- Blackberry OS 6
- Maemo

15.1.2 使用 Geolocation API

在使用 Geolocation API 之前，首先要检测浏览器是否支持，例如下面的测试代码。

```
if (navigator.geolocation) {
  // 我们的目的
}
```

上述 if 判断能够对浏览器进行判断操作，可以区分 IE 6～8 版本浏览器与 IE 9 和其他新型的浏览器。通过 Geolocation API，可以使用以下两个方法变量获取用户的地理位置。

- getCurrentPosition
- watchPosition

上述两个方法的参数一致的，都支持三个参数。例如，getCurrentPosition 的格式如下。

```
navigator.geolocation.getCurrentPosition(successCallback,errorCallback,
options)
```

各个参数的具体说明如下。

- successCallback：为方法成功时的回调，此参数必须有。
- errorCallback：为方法失败时的回调，此参数可选。
- option：为额外参数，也是可选参数对象。

参数 option 支持如下三个可选参数 API。

- ◆ enableHighAccuracy：表示是否高精度可用，为 Boolean 类型，默认为 false。如果开启，响应时间会变慢，同时在手机设备上会用掉更多的流量。
- ◆ timeout：表示等待响应的最大时间，默认是 0 毫秒，表示无穷时间。
- ◆ maximumAge：表示应用程序的缓存时间。单位毫秒，默认是 0，意味着每次请求都是立即去获取一个全新的对象内容。

💡 注　意

两个方法的差异

方法 getCurrentPosition 属于一次性获取用户的地理位置信息，而 watchPosition 方法则不停地获取用户的地理位置信息，不停地更新用户的位置信息。在实际定位应用中，可以通过 watchPosition 方法停止不断更新用户地理位置信息功能，方法 watchPosition 能够通过参数 watchID 返回用户的位置。当用户的位置被返回时，会藏在一个位置对象中，该对象包括一些属性，具体如表 15-1 所示。

表 15-1 属性说明

属 性	释 义
coords.latitude	纬度数值
coords.longitude	经度数值
coords.altitude	参考椭球之上的高度
coords.accuracy	精确度
coords.altitudeAccuracy	高度的精确度
coords.heading	设备正北顺时针前进的方位
coords.speed	设备外部环境的移动速度（m/s）
timestamp	当位置捕获到时的时间戳

15.2 获取当前地理位置

在移动 Web 网页中，使用方法 getCurrentPosition()可以获取当前的地理位置。如果浏览器需要获取用户当前的地理位置信息，需要通过 API 访问 window.navigator 对象中新添加的 geolocation 属性，并调用该属性中的 getCurrentPositiont()方法获取用户当前地理位置信息。使用 getCurrentPositiont()方法的语法格式如下。

```
navigator.geolocation.getCurrentPosition(
successCallback,
errorCallback,
 [Options]
)
```

各个参数的具体说明如下。

（1）参数 successCallback：是一个函数，用于成功获取用户当前地理位置信息时的回调操作。在该回调函数中有一个形参 position，该参数是一个对象，用于描述位置的详细数据信息。

（2）参数 errorCallback：是一个获取地理位置失败时回调的函数，在该函数中通过一个 error 对象作为形参，根据该对象的"code"属性获取定位失败的原因。该属性包括如下 4 个值。

- 0：表示未知错误信息。
- 1：表示用户拒绝了定位服务的请求。
- 2：表示没有获取正确的地理位置信息。
- 3：表示获取位置的操作超时。

在 error 对象中，除了属性"code"表示出错数字外，还可以通过属性"message"获取出错的详细文字信息。属性"message"是一个字符串，包含了与"code"属性值相对应的错误说明信息。

（3）参数 Options：这是一个可选择的对象，设置后可以为对象添加一些属性内容。

在接下来的内容中，将通过一个具体的演示实例的实现过程，来讲解在网页中获取当前地理位置的方法。

实例 15-1	说明
源码路径	daima\15\15-1\1.html
功能	在网页中获取当前地理位置

在本实例中，当使用方法 getCurrentPosition 获取当前用户的浏览器地理位置信息时，在弹出的是否共享窗口中，如果用户选择了"拒绝"，则会将捕获的错误信息通过回调函数 errorCallback()中的 error.code 与 errormessage 显示在页面中。实例文件 1.html 的具体实现代码如下。

```
<!DOCTYPE html>
<html>
<head>
<meta charset="utf-8" />
<title>用 getCurrentPosition 获取出错信息</title>
<link href="css.css" rel="stylesheet" type="text/css">
<script type="text/javascript" language="jscript"
        src="js1.js"/>
</script>
<script type="text/javascript" language="jscript"
        src="http://maps.google.com/maps/api/js?sensor=false"/>
</script>
</head>
<body onLoad="pageload();">
  <p id="pStatus"></p>
</body>
</html>
```

脚本文件 js1.js 的具体代码如下。

```
function $$(id) {
    return document.getElementById(id);
}
//自定义页面加载时调用的函数
function pageload() {
    if (navigator.geolocation) {
        navigator.geolocation.getCurrentPosition(function(ObjPos) {
            Status_Handle("获取成功!");
        },
        function(objError) {
            Status_Handle(objError.code + ":" + objError.message);
        },
        {
            maximumAge: 3 * 1000 * 60,
            timeout: 3000
        });
    }
}
//自定义显示执行过程中状态的函数
```

```
function Status_Handle(message) {
    $$("pStatus").style.display = "block";
    $$("pStatus").innerHTML = message;
}
```

在本实例的上述代码中，如果浏览器第一次调用 getCurrentPosition()方法，出于安全考虑，浏览器会询问用户是否共享位置数据信息。如果用户拒绝则该方法将出现错误，将无法获取用户的地理位置数据，只有当用户允许共享地理位置时，方法 getCurrentPosition()才能生效。

执行效果如图 15-1 所示。

1:User denied Geolocation

图 15-1　执行效果

目前，各浏览器厂商对该 Geolocation API 的支持情况不完全相同，因此在调用 getCurrentPosition()方法之前，需要先用方法 navigator.geolocation()检测当前浏览器是否支持定位功能，然后才调用方法 getCurrentPosition()获取用户地理位置信息。当在使用方法 getCurrentPosition()获取当前浏览器地理位置信息时用户允许了位置共享，并且浏览器也支持定位功能，那么该方法就可以正确地获取当前地理位置数据。

在使用 getCurrentPosition()方法时，如果获取位置成功则回调 successCallback()函数，该函数通过一个对象参数 position 返回所有的地理位置详细数据信息，这些信息以对象的属性形式进行展示。position 对象包含两个重要的属性，分别为"timestamp"和"coords"，其中属性"timestamp"表示获取地理位置时的时间，而属性"coords"则包含多个值。

地理位置属于用户的隐私信息之一，尤其在做一些隐晦的事情时。因此浏览器不会直接把用户的地理位置信息呈现出来，当需要获取用户的地理位置信息时，浏览器会询问用户，是否愿意透露自己的地理位置信息，如图 15-2 所示。

图 15-2　设置截图

如果选择不共享，则浏览器不会做任何事情。如果不小心对某个站点共享了地理位置，可以随时将其取消，具体方法如下。

（1）对于 IE9 浏览器来说，依次单击"Internet 选项"→"隐私"→"位置（清除站点）"，如图 15-3 所示。

（2）对于 FireFox 浏览器来说，依次单击地址栏前面的"网站小图标"→"更多信息"→"权限"→"共享方位信息"→"阻止"，如图 15-4 所示。

图 15-3　IE 浏览器

图 15-4　FireFox 浏览器

如果是 Chrome 浏览器，则直接单击地址栏右边长得像轮船方向盘一样的小图标，就会看到可以取消地理位置的小框，如图 15-5 所示。

图 15-5　Chrome 浏览器

15.3　使用 getCurrentPosition()方法

在移动 Web 网页中，使用 getCurrentPosition()方法可以获取地理位置信息。在下面实例的 HTML 页面中，通过调用方法 getCurrentPosition()获取了当前浏览器的地理位置，并将获取的位置信息展示在页面的\<p>元素中。

实例 15-2	说明
源码路径	daima\15\15-2\2.html
功能	使用 getCurrentPosition()方法获取地理位置信息

实例文件 2.html 的具体实现代码如下。

```
<!DOCTYPE html>
<html>
<head>
```

```html
<meta charset="utf-8" />
<title>用 getCurrentPosition 获取地理位置</title>
<link href="css.css" rel="stylesheet" type="text/css">
<script type="text/javascript" language="jscript"
        src="js2.js"/>
</script>
<script type="text/javascript" language="jscript"
        src="http://maps.google.com/maps/api/js?sensor=false"/>
</script>
</head>
<body onLoad="pageload();">
    <p id="pStatus"></p>
</body>
</html>
```

编写脚本文件 js2.js，具体实现流程如下。

（1）设置当使用方法 getCurrentPosition()成功获取地理位置数据后，即可回调函数 successCallback()解析对象参数 objPos。

（2）如果需要展示获取时间，则调用该对象的"timestamp"属性。

（3）如果需要展示地理位置数据，则通过对象的"coords"各个属性值来显示。

文件 js2.js 的具体实现代码如下。

```javascript
function $$(id) {
    return document.getElementById(id);
}
var objNav = null;
var strHTML = "";
function pageload() {
    if (objNav == null) {
        objNav = window.navigator;
    }
    if (objNav != null) {
        var objGeoLoc = objNav.geolocation;
        if (objGeoLoc != null) {
            objGeoLoc.getCurrentPosition(function(objPos) {
                var objCrd = objPos.coords;
                strHTML += "纬度值: <b>" + objCrd.latitude + "</b><br>";
                strHTML += "精准度: <b>" + objCrd.accuracy + "</b><br>";
                strHTML += "精度值: <b>" + objCrd.longitude + "</b><br>";
                strHTML += "时间戳: <b>" + objPos.timestamp + "</b><br>";
                var objAdd = objPos.address;
                strHTML +="----------------------------<br>";
                strHTML += "国家: <b>" + objAdd.country + "</b><br>";
                strHTML += "省份: <b>" + objAdd.region + "</b><br>";
                strHTML += "城市: <b>" + objAdd.city + "</b><br>";
                Status_Handle(strHTML);
            },
            function(objError) {
                Status_Handle(objError.code + ":" + objError.message);
            },
```

```
        {
            maximumAge: 3 * 1000 * 60,
            timeout: 3000
        });
        }
    }
}
//自定义显示执行过程中状态的函数
function Status_Handle(message) {
    $$("pStatus").style.display = "block";
    $$("pStatus").innerHTML = message;
}
```

15.4 在网页中使用地图

在移动 Web 网页中，可以通过使用 Google 地图中的 Google Map API 技术，将获取的位置信息标记在地图中，从而实现在 Google 地图中锁定位置的功能。在本节的内容中，将详细讲解在网页中使用地图的基本知识。

15.4.1 在网页中调用地图

在本实例的页面中，通过<div>元素显示一幅 Google 地图，并将 Google Map API 中的对象与 getCurrentPosition()方法相结合，在地图中标注当前的地理位置，当该位置发生变化时，地图中的标注信息也会随之发生变化。

实例 15-3	说明
源码路径	daima\15\15-3\3.html
功能	在移动 Web 网页中使用地图

实例文件 3.html 的具体实现代码如下。

```
<!DOCTYPE html>
<html>
<head>
<meta charset="utf-8" />
<title>使用 Google 地图</title>
<link href="css.css" rel="stylesheet" type="text/css">
<script type="text/javascript" language="jscript"
        src="js3.js"/>
</script>
<script type="text/javascript" language="jscript"
        src="http://maps.google.com/maps/api/js?sensor=false"/>
</script>
</head>
<body onLoad="pageload();">
    <div id="divMap"></div>
</body>
</html>
```

编写脚本文件 js3.js，具体实现流程如下。

（1）为了能够使用 Google 地图及 Google Map API，需要使用<script>元素导入对应的脚本文件，文件的 URL 为"http://maps.google.com/map s/api/js?sensor=false"。

（2）编写 getCurrentPosition()方法获取经度与纬度，创建一个地图中心坐标 latlng，并将该中心点设置为页面打开时 Google 地图的中心点。

（3）将设置好的地图与页面中 id 号为"divMap"的元素绑定，将地图显示在页面中。

（4）在地图中创建一个锁定标记 objMrk，并在创建的标记窗口 objInf 中设定标记在地图中显示的注释中文，通过调用地图的 open()方法，在地图中打开带有注释中文的标记窗口。

文件 js3.js 的具体实现代码如下。

```
function $$(id) {
    return document.getElementById(id);
}
var objNav = null;
var strHTML = "";
//自定义页面加载时调用的函数
function pageload() {
    if (objNav == null) {
        objNav = window.navigator;
    }
    if (objNav != null) {
        var objGeoLoc = objNav.geolocation;
        if (objGeoLoc != null) {
            objGeoLoc.getCurrentPosition(function(objPos) {
                var objCrd = objPos.coords;
                var lat = objCrd.latitude;
                var lng = objCrd.longitude;
                //根据获取的经度与纬度创建一个地图中心坐标
                var latlng = new google.maps.LatLng(lat, lng);
                //将中心点设置为页面打开时 google 地图的中心点
                var objOpt = {
                    zoom: 16,
                    center: latlng,
                    mapTypeId: google.maps.MapTypeId.ROADMAP
                };
                //创建地图，并与页面中 id 号为"divMap"的元素相绑定
                var objMap = new google.maps.Map($$("divMap"), objOpt);
                //创建一个地图标记
                var objMrk = new google.maps.Marker({
                    position: latlng,
                    map: objMap
                });
                //创建一个地图标记窗口并设置注释内容
                var objInf = new google.maps.InfoWindow({
                    content: "我在这里"
                });
                //在地图中打开标记窗口
                objInf.open(objMap, objMrk);
```

```
        },
        function(objError) {
            Status_Handle(objError.code + ":" + objError.message);
        },
        {
            maximumAge: 3 * 1000 * 60,
            timeout: 3000
        });
    }
    }
}
```

执行效果如图 15-6 所示。

图 15-6　执行效果

15.4.2　在地图中显示当前的位置

在移动 Web 网页中，可以先在页面中制作一幅地图，然后在页面中显示用户计算机或移动设备所在地的地图。在浏览器中打开案例页面时，浏览器会询问用户是否共享用户计算机或移动设备的地理位置信息。在不支持 Geolocation API 的浏览器中，打开浏览器时会显示错误提示信息。在支持 Geolocation API 的浏览器中，当浏览器询问用户是否共享用户计算机或移动设备的地理位置信息时，选择共享地理位置信息，浏览器中将会显示用户计算机或移动设备所在地的地图。

实例 15-4	说明
源码路径	daima\15\15-4\4.html
功能	在网页地图中显示当前的位置

在本实例的实现文件是 4.html，具体实现流程如下。

（1）编写 HTML 5 网页，设置当用户单击"监视位置更改"按钮后，浏览器将会对用户计算机或移动设备所在地进行监视，会每隔一段时间检查用户计算机或移动设备的地理位置是否发生改变。

（2）如果当前计算机或移动设备的地理位置发生改变，则更新页面中的地图。

（3）如果用户单击"停止监视"按钮，则会取消该监视功能。

实例文件 4.html 的具体实现代码如下。

```html
<!DOCTYPE html>
<head>
<meta name="viewport" content="width=620" />
<title>Geolocation API 示例</title>
<script type="text/javascript">
var streetNumber,street,city,province,country;
var watchId;
function window_onload() {
    if(navigator.geolocation==null)
        alert("您的浏览器不支持 Geolocation API");
    else
navigator.geolocation.getCurrentPosition(showMap,onError,{timeout:60000,en
ableHighAccuracy:true});
}
function watchPosition() {
    watchId=navigator.geolocation.watchPosition(showMap);
}
function clearWatch()
{
    navigator.geolocation.clearWatch(watchId);
}
function showMap(position)
{
    var coords = position.coords;
    var latlng = new google.maps.LatLng(coords.latitude, coords.longitude);
    var myOptions = {
        zoom: 18,
        center: latlng,
        mapTypeId: google.maps.MapTypeId.ROADMAP
    };
    var map1= new google.maps.Map(document.getElementById("map"), myOptions);
    var marker = new google.maps.Marker({
        position: latlng,
        map: map1
    });
    var infowindow = new google.maps.InfoWindow({
        content: "当前位置!"
    });
    infowindow.open(map1, marker);
}
function onError(error)
{
    var message = "";
    switch (error.code) {
      case error.PERMISSION_DENIED:
        message = "位置服务被拒绝";
        break;
      case error.POSITION_UNAVAILABLE:
        message = "未能获取到位置信息";
        break;
```

```
        case error.PERMISSION_DENIED_TIMEOUT:
            message = "在规定时间内未能获取到位置信息";
            break;
    }
    if (message == "")
    {
        var strErrorCode = error.code.toString();
        message = "由于不明原因，未能获取到位置信息（错误号: "+strErrorCode+").";
    }
    alert(message);
    document.getElementById("watchPosition").disabled="disabled";
    document.getElementById("clearWatch").disabled="disabled";
}
</script>
<script type="text/javascript" src=http://maps.google.com/maps/api/js?sensor
=false></script>
</head>
<body onload="window_onload()">
    <input type="button" id="watchPosition" value="监视位置更改" onclick=
"watchPosition()"/><input type="button" id="clearWatch" value="停止监视" onclick
="clearWatch"/>
    <div id="map" style="width:500px; height:460px"></div>
</body>
</html>
```

执行效果如图 15-7 所示。

图 15-7　执行效果

15.4.3　在网页中居中显示定位地图

本实例比较简单，只是以前面的实例为基础进行了简单的修改，将地图在网页的中间位置显示。

实例 15-5	说明
源码路径	daima\15\15-5\5.html
功能	在网页中居中显示定位地图

实例文件 5.html 的具体实现代码如下。

```html
<!DOCTYPE html>
<meta charset="utf-8" />
<head>

    <meta name="viewport" content="user-scalable=no, width=device-width,
initial-scale=1.0, maximum-scale=1.0"/>
    <meta name="apple-mobile-web-app-capable" content="yes" />
    <meta name="apple-mobile-web-app-status-bar-style" content="black" />


    <title>GeoGoogleMapTest</title>
<script src="http://maps.google.com/maps/api/js?sensor=true"></script>
<script>

    if(navigator.geolocation) {

        function hasPosition(position) {
            var point = new google.maps.LatLng(position.coords.latitude, position.
coords.longitude),

            myOptions = {
                zoom: 15,
                center: point,
                mapTypeId: google.maps.MapTypeId.ROADMAP
            },

            mapDiv = document.getElementById("mapDiv"),
            map = new google.maps.Map(mapDiv, myOptions),

            marker = new google.maps.Marker({
                position: point,
                map: map,
                title: "You are here"
            });
        }
        function positionError(error)
        {
            //做错误处理
        }
        //navigator.geolocation.getCurrentPosition(hasPosition);
        navigator.geolocation.getCurrentPosition(hasPosition, positionError,
{ enableHighAccuracy:true });
    }
</script>
<style>
#mapDiv {
    width:320px;
    height:460px;
    border:1px solid #efefef;
    margin:auto;
```

```
    -moz-box-shadow:5px 5px 10px #000;
    -webkit-box-shadow:5px 5px 10px #000;
}
</style>
</head>
<body>
<div id="mapDiv"></div>

</body>
</html>
```

执行效果如图 15-8 所示。

图 15-8　执行效果

15.4.4　利用百度地图实现定位处理

本实例比较简单，在移动 Web 网页中使用百度地图实现当前的位置定位。

实例 15-6	说明
源码路径	daima\15\15-6\6.html
功能	在移动 Web 网页中利用百度地图实现定位

实例文件 6.html 的具体实现代码如下。

```
<!DOCTYPE HTML>
<html>
<head>
<meta charset='utf-8'>
<title>百度地图</title>
```

```
    <script  type='text/javascript'  src='http://api.map.baidu.com/api?v=1.3'>
</script>
    <script type='text/javascript'>

function getLocation()
{
    if(navigator.geolocation){
        navigator.geolocation.getCurrentPosition(showMap, handleError,
{enableHighAccuracy:true, maximumAge:1000});
    }else{
        alert('您的浏览器不支持使用 HTML 5 来获取地理位置服务');
    }
}

function showMap(value)
{
    var longitude = value.coords.longitude;
    var latitude = value.coords.latitude;
    var map = new BMap.Map('map');
    var point = new BMap.Point(longitude, latitude); // 创建点坐标
    map.centerAndZoom(point, 15);
    var marker = new BMap.Marker(new BMap.Point(longitude, latitude));
                                              // 创建标注
    map.addOverlay(marker);                   // 将标注添加到地图中
}

function handleError(value)
{
    switch(value.code){
        case 1:
            alert('位置服务被拒绝');
            break;
        case 2:
            alert('暂时获取不到位置信息');
            break;
        case 3:
            alert('获取信息超时');
            break;
        case 4:
            alert('未知错误');
        break;
    }
}

function init()
{
 getLocation();
}

window.onload = init;
```

```
</script>
</head>

<body>
<div id='map' style='width:600px;height:600px;'></div>
</body>
</html>
```

执行效果如图 15-9 所示。

图 15-9　执行效果

15.5　综合应用——在弹出框中显示定位信息

本实例以本章的前面几个实例为基础，功能是在弹出的窗口中显示定位信息。

实例 15-7	说明
源码路径	daima\15\15-7\7.html
功能	在网页的弹出对话框中显示定位信息

实例文件 7.html 的具体实现代码如下。

```
<!DOCTYPE html>

<head>
```

```
<meta http-equiv="Content-Type" content="text/html; charset=utf-8" />
<title>无标题文档</title>
<script type="text/javascript" language="jscript" >
            function initLocation() {
                //预定义
                if (window.google && google.gears) {
                    return;
                }

                var factory = null;

                // Firefox 浏览器
                if (typeof GearsFactory != 'undefined') {
                    factory = new GearsFactory();
                } else {
                    // IE 浏览器
                    try {
                      factory = new ActiveXObject('Gears.Factory');
                      // privateSetGlobalObject is only required and supported
                        on IE Mobile on
                      // WinCE 浏览器
                      if (factory.getBuildInfo().indexOf('ie_mobile') != -1) {
                        factory.privateSetGlobalObject(this);
                      }
                    } catch (e) {
                    // Safari 浏览器
                    if ((typeof navigator.mimeTypes != 'undefined') &&
navigator.mimeTypes["application/x-googlegears"]) {
                        factory = document.createElement("object");
                        factory.style.display = "none";
                        factory.width = 0;
                        factory.height = 0;
                        factory.type = "application/x-googlegears";
                        document.documentElement.appendChild(factory);
                        if(factory && (typeof factory.create == 'undefined')) {
                          // If NP_Initialize() returns an error, factory will
                              still be created.
                          // 确保这种情况下不会出现齿轮效果
                          //初始化
                          factory = null;
                        }
                    }
                  }
                }

                // *如果没有安装齿轮，不要定义任何对象
                if (!factory) {
                    return;
                }
```

```
            //现已建立对象，小心不要覆盖任何东西。
            //注意：在 IE 窗口移动，你不能添加属性窗口对象。
            //然而，全局对象会自动添加属性窗口对象在所有浏览器。
            if (!window.google) {
                google = {};
            }

            if (!google.gears) {
                google.gears = {factory: factory};
            }
        };

        function getGeoLocation(okCallback,errorCallback){
            initLocation();
            try {
                if(navigator.geolocation) {
                    geo = navigator.geolocation;
                } else {
                    geo = google.gears.factory.create('beta.geolocation');
                }
            }catch(e){}

            if (geo) {
                //watch 会触发多次，以便随时监控 ip 改变，iphone 在开始会调用两次，
                    屏幕旋转和解锁也会调用
                //navigator.geolocation.watchPosition(successCallback,
                    errorCallback, options);
                geo.getCurrentPosition(okCallback , errorCallback);
            } else {
                alert("不好意思，你不让我定位！");
            }

        }


        function okCallback(d){
            alert('当前位置(纬度，经度)：' + d.latitude + ',' + d.longitude);
            //iphone
            if(d.coords)
                alert('当前位置(纬度，经度)：' + d.coords.latitude + ',' +
d.coords.longitude);
            if(d.gearsAddress)
                alert(d.gearsAddress.city);

        };
        function errorCallback(err){
         alert(err.message);
        };
    </script>
    </head>
```

```
<body>
    获取当前的定位信息
    <input onclick="getGeoLocation(okCallback,errorCallback)" type="button"
value="获取">
    </body>
    </html>
```

执行后效果如图 15-10 所示，单击"获取"按钮后会在弹出的对话框中显示当前的定位信息，如图 15-11 所示。

获取当前的定位信息 获取

图 15-10　执行效果

图 15-11　显示当前的定位信息

16

使用 jQTouch 框架

jQTouch 是一个 jQuery 的插件，主要用于手机 Webkit 浏览器上，实现一些包括动画、列表导航、默认应用样式等各种常见 UI 效果的 JavaScript 库。支持包括 iPhone、Android 等手机。在本章的内容中，将详细讲解在移动 Web 网页中使用 jQTouch 的方法。

16.1 jQTouch 基础

随着 iPhone、iTouch、iPad 的流行，越来越多的开发者想开发相关的应用程序。但是在目前，苹果只提供了 Objective-C 语言去编写 iPhone 应用程序。可惜的是，C 语言本身是不容易学习的语言，与开发 Web 网站相比更加复杂。但是，这一切将发生变化，因为 jQuery 的工具 jQTouch 出现了。在本节的内容中，将详细讲解 jQTouch 的基本知识。

16.1.1 jQTouch 的特点

jQTouch 是一个开放源码的 jQuery 的 Ajax 库，使您可以很容易地建立和优化 iPhone 的相关应用，它还适用于建立其他有触摸功能的设备的应用，如 Google 的 Android 应用。jQTouch 之所以受欢迎是因为它构建于 jQuery 之上。从技术上来说它是一个 jQuery 插件，添加特定移动功能和样式到应用程序。具体来说，它添加样式和可视效果，旨在利用 iPhone 的功能优势。尽管它的很多特性在其他移动设备上也能很好地工作，jQTouch 设计时无疑参考了 iPhone。我们来看一个构建于 jQTouch 之上的一个简单的移动 web 应用程序。

jQTouch 与 jQuery Mobile 十分相似，本身是 jQuery 的一个插件，同样也支持 HTML 页面标签驱动，实现移动设备视图切换效果。与 jQuery Mobile 的不同在于，它是专为 WebKit 内核的浏览器打造的，可以借助该浏览器的专有功能对页面进行渲染；此外，开发时所需的代码量更少。如果在所开发的项目中，目标用户群都使用 WebKit 内核的浏览器，可以考虑此框架。

jQTouch 是来自 Sencha labs 的一个 jQuery 插件，可以在 iPhone、iPod Touch 等设备的 Mobile WebKit 浏览器上实现一些动画、列表导航、默认应用样式等各种常见 UI 效果。随着 iPhone、iPod Touch 等设备的使用日益增多，jQTouch 无疑为手机网站的开发减少了很多工作，而且在样式和兼容性方面也得到了很大地提高。

虽然 jQTouch 有很好地文档管理，并且容易使用，但是开发中几乎停止和初始化的简单应用程序显示，甚至一些简单的应用程序执行起来都会有问题。读者在观看 jQTouch 的演示时，可能会发现使用普通的浏览器无法正常浏览其中的不少功能，这是因为演示使用 jQTouch 其实是为 iPhone 等设备进行过优化和改造的，其中不少触摸事件和动画效果在普通的 IE 浏览器中无法实现（甚至在 FireFox4 中），但是可以在 Mac 上或者 Safari 浏览器上看到其效果。

读者可以登录 jQTouch 的官网：http://www.jqtouch.com/，免费下载 jQTouch 框架。

16.1.2 体验 jQTouch 程序

使用 jQTouch 的目的是构建基于 iPhone 的应用变得容易，而所有的只需要一点 HTML、CSS 和一些 JavaScript 知识。我们先从一个基本的网页开始做个例子，下面的代码只是用到了 DIV 和 UL /the LI 元素。

```
<div id="about" class="selectable">
   <ul>
   <p><strong>William Shakespeare</strong><br /></p>
   <p><em>William Shakespeare (baptised 26 April 1564; died 23 April 1616) was
an English poet and playwright, widely regarded as the greatest writer in the English
language and the world's pre-eminent dramatist. He is often called England's
national poet and the "Bard of Avon". <br /></em></p>
   </ul>
   <br /><a href="#">Close</a>
</div>

<div id="quotes">
  <div class="toolbar">
    <h1>Quotes</h1>
    <a href="#">Home</a>
  </div>
<ul >
   <li><a href="#quote">Slide</a></li>
   <li><a href="#quote">Slide Up</a></li>
   <li><a href="#quote">Dissolve</a></li>
   <li><a href="#quote">Fade</a></li>
   <li><a href="#quote">Flip</a></li>
   <li><a href="#quote">Pop</a></li>
   <li><a href="#quote">Swap</a></li>
   <li><a href="#quote">Cube</a></li>
</ul>
</div>
<div id="quote">
<div class="toolbar">
   <h1>Quote</h1>
   <a href="#">Home</a>
</div>
<div class="info">
   Better a witty fool than a foolish wit.
</div>
</div>
```

```
<div id="forms">
<div >
   <h1>Contact Us</h1>
   <a href="#" >Back</a>
</div>
<form>
  <ul>
  <li><input type="text" name="search" placeholder="Name" id="some_name"
/></li>
   <li><input type="text" name="phone" placeholder="Phone" id="some_name"
/></li>
   <li><textarea placeholder="Comments" ></textarea></li>
   <li>Do you want us to contact you?<span class="toggle"><input type="checkbox"
/></span></li>
   <li>What is your favorite play</li>
<select id="lol">
  <optgroup label="Comedies">
  <option value ="Much Ado About Nothing">Much Ado About Nothing</option>
  <option value ="As You Like It">As You Like It</option>
   </optgroup>
   <optgroup label="Tragedies">
  <option value ="Hamlet">Hamlet</option>
  <option value ="Othello">Othello</option>
   </optgroup>
</select>
  </li>
  </ul>
</form>
</div>

<div id="home">
<div>
   <h1>Shakespeare</h1>
   <a id="infoButton" href="#about">Quote Shakespeare</a>
</div>
<ul >
   <li><a href="#about">About Shakespeare</a></li>
   <li><a href="#quotes">Quotes</a></li>
   <li><a href="#forms">Contact Us</a></li>
</ul>
<h2>External Links</h2>
<ul >
   <li><a  href="http://www.insideria.com/"  target="_blank">InsideRIA.com
</a></li>
  </ul>
  <ul>
   <li><a href="mailto:mdavid@matthewdavid.ws" target="_blank">Email Me</a>
</li>
   <li><a href="tel:920-389-1212" target="_blank">Call Me</a></li>
  </ul>
```

```
<div>
    <p>Add this page to your home screen to view the custom icon, startup screen,
and full screen mode.</p>
    </div>
    </div>
```

此时执行上述代码后的效果如图 16-1 所示。

在上面的代码中,唯一用到的 HTML5 的元素是"optgroup"元素。接下来把这个 HTML 应用转变为 iPhone 应用。iPhone 内置的浏览器 Safari 是目前市场上最先进的浏览器之一,在 CSS、动画方面一直有相当优秀的功能,而这些功能后来才被引入到桌面的浏览器中。

在接下来的展示的代码,需要在 Safari Mac 或直接在 iOS 设备(iPhone,iPod 或 ipad)中运行。首先到 http://www.jqtouch.com/ 下载 jQTouch,而 jQTouch 的源代码可以在 http://code.google.com/p/jqtouch/下载。同时在该网站上,也有很多丰富的教学视频供读者学习。

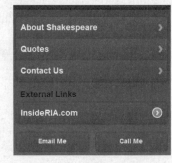

图 16-1 执行效果

将下载后的 jqTouch 解压,其中要特别留意的是 JavaScript 文件夹和 CSS/images 文件夹。jQTouch 其实是 jQuery 的插件,可以很灵活地配置,可以更新这些文件,在此我们使用的是默认设置。

现在,我们开始将之前写好的 HTML 代码移植到移动设备上。在页面的 head 元素中添加两个 JavaScript 库,具体代码如下:

```
<script src="jqtouch/jquery.1.3.2.min.js" type="text/javascript" charset=
"utf-8"></script>
    <script src="jqtouch/jqtouch.min.js" type="application/x-javascript" charset=
"utf-8"></script>
```

同时要引入两个 CSS 文件,在每一个项目中都必须引入。

```
<style type="text/css" media="screen">@import "jqtouch/jqtouch.min.css";
</style>
```

而引入第二个 CSS 文件的代码如下。

```
<style type="text/css" media="screen">@import "themes/jqt/theme.min.css";
</style>
```

这个 CSS 是主题文件,默认的主题让应用看起来像一个 iPhone 应用程序。当然也可以在 jQTouch 上下载其他主题,让应用程序看起来像一个 Android 风格的应用。事实上,甚至可以开发自己的 CSS 主题,并将其提交给 jQTouch 项目。

保存修改后的页面,再运行程序,你将看到如图 16-2 所示的效果。

为了让代码具有动画效果,接下来编写一个 JavaScript 函数,并添加到网页的 HEAD 部分中。

图 16-2 执行效果

```
<script type="text/javascript" charset="utf-8">
        var jQT = new $.jQTouch({
        });
            // Page animation callback events
            $('#pageevents').
                bind('pageAnimationStart', function(e, info){
                    $(this).find('.info').append('Started animating ' +
info.direction + '&hellip; ');
                }).
                bind('pageAnimationEnd', function(e, info){
                    $(this).find('.info').append(' finished animating ' +
info.direction + '.<br /><br />');
                });
</script>
```

以上使用动画的功能在普通网页上便可以正确地触发。在此需要注意的是，在上文中，使用<div id="home">标签，表明当页面第一次加载时，默认显示的首屏，需要加上一个 class 为 "current" 的样式。接下来查看在 home 这个 div 中有一个 div，使用了样式 toolbar，具体代码如下。

```
<div id="home" class="current">
  <div class="toolbar">
  <h1>Shakespeare</h1>
  <a class="button slideup" id="infoButton" href="#about">
    Quote Shakespeare
  </a>
</div>
```

在此可以看到，只需要一个简单的样式，就可以在屏幕的最上方生成一个 iPhone 风格的工具栏。

接下来看剩余部分的代码，其实只是使用了 HTML 中的锚点进行跳转连接。例如，要添加一个 iPhone 风格的右箭头，只需添加一个样式 arrow 即可，具体代码如下。

```
<li class="arrow">
<a href="#about">About Shakespeare</a>
</li>
```

在此需要注意的是，如果要连接到外部网页，则需要添加目标指令 "_WebApp"，具体代码如下：

```
<li class="forward">
<a href="http://www.insideria.com/" target="_WebApp">InsideRIA.com</a>
</li>
```

对于 iPhone 来说，也可以添加一个链接到电话号码，具体代码如下。

```
<li><a href="tel:920-389-1212" target="_blank">Call Me</a></li>
```

接下来开始添加动画，动画功能在移动 Web 中实在太重要了，可以添加溶解、转换和页面翻转等很眩的动画效果。

在下面的代码中使用了锚点去指向同一个链接，其中每一个锚点都使用了不同风格的动画效果。

```
<li><a href="#quote">Slide</a></li>
<li><a class="slideup" href="#quote">Slide Up</a></li>
<li><a class="dissolve" href="#quote">Dissolve</a></li>
<li><a class="fade" href="#quote">Fade</a></li>
<li><a class="flip" href="#quote">Flip</a></li>
<li><a class="pop" href="#quote">Pop</a></li>
<li><a class="swap" href="#quote">Swap</a></li>
<li><a class="cube" href="#quote">Cube</a></li>
```

当然也可以添加更多的效果进来。例如，可以在按钮中实践以下动画效果，具体代码如下。

```
class="button slideup"
```

16.2 开始使用 jQTouch

与其他框架（如 SproutCore 和 Cappuccino）相比，jQTouch 框架采取了一个截然不同的方法来进行 Web 应用程序开发。jQTouch 框架和这些框架也有很多共同之处；它同样允许您从您的服务器上检索数据及在客户端创建整个用户接口。但是，不像这些框架，它不要求您使用此方法。事实上，它不仅仅建立在 JavaScript 上，也建立在 HTML 和 CSS 上。在本节的内容中，将详细讲解使用 jQTouch 的基本方法。

16.2.1 引入一段 jQTouch 代码

在下面引入的这段代码中，针对内部 Web 应用程序实现了一个员工通讯录。jQTouch 为我们提供移动友好的用户界面元素，因为它有一个更好的 UI。将需要以表格形式和清单形式显示数据。从一个主界面开始，具体代码如下，该界面允许用户选择表格格式或清单格式的数据。

```
<!doctype html>
<html>
<head>
    <meta http-equiv="Content-Type" content="text/html; charset=utf-8">
    <title>Intranet Employee Directory</title>
    <style type="text/css" media="screen">
        @import "jqtouch/jqtouch.min.css";
    </style>
    <style type="text/css" media="screen">
        @import "themes/jqt/theme.min.css";
    </style>
    <script src="jqtouch/jquery.1.3.2.min.js" type="text/javascript"
        charset="utf-8"></script>
    <script src="jqtouch/jqtouch.min.js" type="text/javascript"
        charset="utf-8"></script>
    <script type="text/javascript">
        var jQT = $.jQTouch({
            icon : 'icon.png'
        });
    </script>
</head>
```

```
<body>
    <div class="home">
        <div class="toolbar">
            <h1>Employees</h1>
        </div>
        <ul class="edgetoedge">
            <li class="arrow"><a href="#list-style">List</a>
</li>
            <li class="arrow"><a href="#table-style">Table</a>
</li>
        </ul>
    </div>
</body>
</html>
```

　　在上述代码中包含了一个 jQTouch 应用程序的基本要
点：两个 CSS 文件和两个 JavaScript 文件。想要使用
jQTouch，需要两个 JavaScript 文件。这些包含 jQuery 库
和 jQTouch 插件库。您也需要第一个 CSS 文件
（jqtouch.min.css），另一个 CSS 文件是一个可选主题。
jQTouch 包括两个主题，一个用来匹配 iPhone（Cocoa Touch）
UI，另一个（jqt）较为中性。在清单 1 中，jqt 主题 CSS 文
件也包括在其中。最后，您需要初始化 jQTouch 对象。许
多选项可以被传送到这个构造函数。在这里，您只要指定一
个应用程序图标，如果用户安装该应用程序，将会使用这个
图标，如图 16-3 所示。

图 16-3　执行效果

　　返回上面的代码，剩余的都是基础 HTML。其中有一个
含有 home 类的 div，这个类没什么特别之处。然而，如果您
熟悉 jQuery，那么您将会认出这是 jQuery 中的一个页面。您
应用程序中的每个页面（屏幕）在单个 HTML 页面上是一个 div。所以这种情况下，您的
页面在顶层有一个 div，含有 toolbar 类。这个特别的类是在核心 jQTouch CSS 文件中定
义的几个样式中的一个。接着，您有一个含有 edgetoedge 类的无序列表——另一个 jQTouch
样式。这个列表中的每个条目都是链接到 HTML 页面其他部分的链接。此外，它也是另一
个常用 jQuery 范式，用于链接一个 Web 应用程序中的不同
页面。图 16-4 所示为在上述代码中创建的应用程序在 iPhone
中的样子。

　　图 16-4 所示为一个相对简单的用户界面，在上述实现代码
中用到的是一些 HTML 元素。代码中的元素也是可点击的，
而且它们将导向您应用程序的其他页面。然而，这些页面需要
一些加载 Ajax 的数据以正常工作。正如我们所看到的那样，
Ajax 是 jQuery 与众不同的另一个方面。

图 16-4　主屏幕效果

16.2.2　使用 jQuery 生成动态数据

迄今为止，已经利用了 jQTouch 为移动设备优化的样式来生成简单的 HTML，并将其变成一个引人注目的移动用户界面。现在生成一个动态清单和一个动态表格。首先检索这些界面的数据，具体代码如下。

```
$(document).ready(function(){
    $.getJSON('employees.json', function(data){
        data.forEach(addEmployee);
    });
    ...
});
function addEmployee(e){
    addEmployeeToList(e);
    addEmployeeToTable(e);
}
```

在上述代码中，只用到了基本的 jQuery 功能。初始页面加载完成后，立即使用 Ajax 从服务器加载数据。这是 Web 开发中的一个常用范式，jQuery 使用 $(document).ready 函数轻松地就可以生成。该函数接受一个函数作为它的输入参数。在这个案例中您使用一个匿名内联函数，也称为一个闭包。这个闭包在初始页面加载完成后立即执行。jQuery 提供很多方便的函数来处理 Ajax 请求和响应。在这种情况下，数据将被格式化为 JSON，因此使用 jQuery 的 getJSON() 函数，采用一个字符串来表示请求的 URL 端点。这个函数在后台使用一个 XMLHttpRequest 对象生成一个 HTTP GET 来请求这个 URL。

当 Ajax 请求从服务器成功返回时，该函数也采用另一函数作为一个回调（也可以利用另一个可选 callback 函数来处理错误，但是为了保持示例的简洁，我们放弃了使用它）。您再一次传递一个闭包作为 callback 函数；此函数预期接收一个 employee 对象数组——在本系列之前的文章中您曾使用过的数据。该函数回调后使用 Array 对象的 forEach 方法。您可能对这个函数不是很熟悉，因为它在旧版本中没有提供。但是在您锁定的这些更现代的浏览器上，它都是可用的。它使用一个函数作为它的参数，然后依次将这个函数应用到 Array 中的每个对象中。尽管您可以传递另一个闭包给它，而不是将其作为一个引用传递给另一个名为 addEmployee 的函数。该函数授权分离函数，将员工对象添加到列表和表格。看看这些函数如何使用 jQTouch 动态创建 UI。

16.2.3　使用 jQTouch 创建动态 UI

返回 16.2.1 中的代码，将注意到主屏幕已经连接到其他两个页面，一个是数据的列表视图，另一个是数据的表格视图，这是利用 jQuery 在页面上使用 div 的约定来代表应用程序的各个页面。这些列表和表格的 HTML 代码如下。

```
<div id="list-style">
    <div class="toolbar">
        <h1>List</h1>
        <a class="button back" href="#">Back</a>
    </div>
    <ul class="edgetoedge" id="eList"></ul>
```

```
    </div>
    <div id="table-style">
        <div class="toolbar">
            <h1>Table</h1>
            <a class="button back" href="#">Back</a>
            <a class="button flip" href="#new">+</a>
        </div>
        <table>
            <thead>
                <tr>
                    <td>Name</td>
                    <td>Phone</td>
                    <td>Email</td>
                </tr>
            </thead>
            <tbody id="eTable"></tbody>
        </table>
    </div>
</div>
```

上面只是一个简单的 HTML 页面。在列表页中，再次有一个使用工具栏样式的嵌套 div。它是一个简单标题，含有链接锚文本。注意到锚点有返回类按钮。再一次说明，这是 jQTouch 提供的一种样式，它将为页面创建一个返回按钮，看起来像源自移动平台的。图 16-5 所示为这个工具栏在 iPhone 中的效果。

由此可见，jQTouch 允许使用少量代码轻松地创建高质量的界面。返回上面的代码，可以看到也有一个空的无序列表。注意，它使用 jQTouch 提供的 edgetoedge 格，如果想水平拉伸整个屏幕，这是一个很合适的条目。使用在清单中从服务器检索到的数据来填充这个列表，创建一个列表的具体代码如下。

图 16-5　列表页面工具栏

```
function addEmployeeToList(e){
    var list = $("#eList");
    var text = e.firstName + " " + e.lastName +
        ", " + e.phone + ", " + e.email;
    var li = $("<li>").html(text);
    list.append(li);
}
```

在典型 Web 开发中动态创建 HTML 元素是一个比较烦琐的任务，这再一次成为 jQuery 炫目的地方。上述代码是纯 jQuery 代码，首先可以通过向 jQuery 传递一个 CSS 选择器从列表和表格的 HTML 代码中获取这个无序列表的一个引用。创建想要放入列表中的文本，然后使用 jQuery 提供的便捷方法来创建 DOM 元素，并向其中添加一个文本节点。最后，将这个 DOM 元素添加到无序列表中。图 16-6 所示为使用模拟数据显示了这个列表的样子。

想要创建列表，需要使用一些基本的 jQuery 代码来从服务器检索数据，然后创建一些标准 HTML 元素（以及一个引用

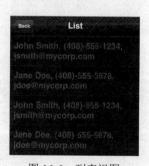

图 16-6　列表视图

jQTouch 样式的 HTML 框架），这也是创建上述 UI 所必需的。如果在一个移动设备上测试它，将注意到它的加载速度很快而且屏幕滚动很流畅。下面来看如何创建一个表格来显示同样的数据。

返回列表和表格的 HTML 代码，会注意到表格页面类似于列表页面。它有一个类似的工具栏，只有一个额外按钮（不久您就会看到这个按钮的功能）。它也有一个纲要表格，只有表头但没有数据。数据和列表中一样，只需为表格创建行即可，创建表行的代码如下。

```
function addEmployeeToTable(e){
    var table = $("#eTable");
    var tr = $("<tr>")
            .append($("<td>").html(e.firstName + " " + e.lastName))
            .append($("<td>").html(e.phone))
            .append($("<td>").html(e.email));
    table.append(tr);
}
```

上述代码类似于前面创建一个列表的代码，可以依赖 jQuery 的便捷方法来创建 HTML DOM 元素，然后一起添加。此处需要注意的是，便利的附加函数允许使用一个构建器模式来快速创建表行，其中有 3 个单元格。图 16-7 所示为使用模拟数据显示了表格的样子。

上述创建表行的代码显示了预期的用户界面，可以使用标准 CSS 使这个表格更漂亮。可能会注意到在顶部工具栏的右端有一个加号（+）按钮。返回列表和表格的 HTML 代码，注意到这个链接连接到另一个名为 New 的页面，也注意一下这链接上的类是按钮翻转。这将再次创建一个本机外观按钮，链接到新页面的作用。该类的翻转指明 jQTouch 应该使用一个翻转转换。这是一个专有 WebKit CSS 3D 动画，目前仅在 iPhone 中支持，是 jQTouch 易于利用的 2D 和 3D 动画其中的一种。当您点击加号按钮时，将显示一个用于创建新员工表单的页面。下面的新员工对话框代码显示了该页面的代码。

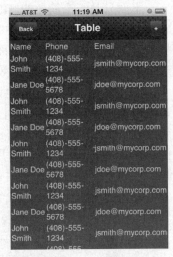

图 16-7　表格视图

```
<div id="new">
    <div class="toolbar">
        <h1>Add Employee</h1>
        <a class="button cancel" href="#">Cancel</a>
    </div>
    <form id="addEmp" method="post">
        <ul>
            <li><input type="text" placeholder="First Name" id="fn"
                name="firstName" />
            </li>
            <li><input type="text" placeholder="Last Name" id="ln"
                name="lastName" />
            </li>
```

```
            <li><input type="email" placeholder="Email"
                autocapitalize="off" id="email" name="email" />
            </li>
            <li><input type="tel" placeholder="Phone" id="phone"
                name="phone" />
            </li>
        </ul>
        <input type="submit" class="submit" value="Submit"/>
    </form>
</div>
```

上述新员工对话框代码是一个简单的 HTML 页面，工具栏是使用一个应用 toolbar 类的 div 创建的。此时有一个 Cancel 链接，是使用 button cancel 类设计的。当然 button 类是将这个链接放进一个按钮中的。cancel 类会使链接返回之前的页面，类似于 back 类。然而与 back 类有所不同，它将自动使用与转换到该页面效果相反的效果。

有了工具栏之后，就有了一个封装在无序列表之内的简单 HTML 表单，此时可能会注意到一些不同寻常的事。首先，所有字段都使用占位符属性，这是一个 HTML5 特性，因此会一直显示占位符文本，直至该字段获得焦点。这可以方便地替换对标签的使用，特别是当一个移动屏幕非常小时。注意电子邮件输入框有一个设置为 false 的 autocapitalize 属性。这是另一个 iPhone 特有的特性，通知浏览器临时禁用输入该框的文本的 OS 级自动大写。同时还可以注意到，邮件和电话输入类型都是不寻常的（email 和 tel），这是在 iPhone 和 Android 浏览器上都支持的一个特性，当焦点集中在输入字段时，通知浏览器弹出不同的键盘。图 16-8 所示为每个字段的样子，展示了 Android 和 iPhone 浏览器中的焦点在 tel 和 Email 输入框的样子。

图 16-8　执行效果

需要注意的是，新员工对话框代码中的表单是 Submit 按钮，它的类是 submit，这是另一个使按钮（至少在 iPhone 上）更具吸引力的 jQTouch 类。下面的处理表单提交代码显示

345

了当表单提交后，使用 jQTouch 建立一个事件处理程序的方法。

```
$(document).ready(function(){
    // Ajax call can be found in Listing 2
    $("#addEmp").submit(function(){
        var e = {
            firstName : $("#fn")[0].value,
            lastName : $("#ln")[0].value,
            email : $("#email")[0].value,
            phone : $("#phone")[0].value
        };
        addEmployee(e);
        jQT.goBack();
        return false;
    });
});
```

这是在使用 Ajax 检索数据代码中所见到的初始化代码的一部分。在这里使用另一个 jQuery 选择器来获取表单（新员工对话框代码中显示的）的一个引用。jQuery 提供一种简便的方法来劫持表单的 submit 事件。再一次传递一个闭包来处理该事件。在闭包中，创建一个 JavaScript employee 对象，但是从表单中检索值。然后使用在 Ajax 检索数据代码中看到的 addEmployee 函数来将新员工信息添加到列表和记录视图中。接着使用一个 jQTouch 函数 goBack。其工作方式类似于您之前看到的 Cancel 按钮，转回到上一页。最后返回 false 来阻止表单提交。显然，该代码只能将员工信息添加到本机屏幕。可以想像一个可将员工信息添加到共享数据库的服务端 API，而且可以使用 jQuery 卓越的 Ajax 和表单功能来将数据序列化，然后发送回服务器。这样，在样例应用程序中就完成了所有功能。到此为止，已经使用 jQTouch 成功构建了一个移动 Web 应用程序。

16.3 综合应用——使用 JQTouch 框架开发动画网页

下面将以一个具体实例来讲解使用 JQTouch 框架开发适应于 Android 的动画网页。

实例 16-1	说明
源码路径	daima\16\donghua\
功能	使用 JQTouch 框架开发动画网页

首先编写一个简单的 HTML 文件，命名为 index.html，具体代码如下。

```
<!DOCTYPE html>
<html>
    <head>
        <title>AAA</title>
        <link type="text/css" rel="stylesheet" media="screen" href="jqtouch/jqtouch.css">
        <link type="text/css" rel="stylesheet" media="screen" href="themes/jqt/theme.css">
        <script type="text/javascript" src="jqtouch/jquery.js"></script>
        <script type="text/javascript" src="jqtouch/jqtouch.js"></script>
```

```html
    <script type="text/javascript">
        var jQT = $.jQTouch({
            icon: 'kilo.png'
        });
    </script>
</head>
<body>
    <div id="home">
        <div class="toolbar">
            <h1>Data</h1>
            <a class="button flip" href="#settings">Settings</a>
        </div>
        <ul class="edgetoedge">
            <li class="arrow"><a href="#dates">Dates</a></li>
            <li class="arrow"><a href="#about">About</a></li>
        </ul>
    </div>
    <div id="about">
        <div class="toolbar">
            <h1>About</h1>
            <a class="button back" href="#">Back</a>
        </div>
        <div>
            <p>Choose you food.</p>
        </div>
    </div>
    <div id="dates">
        <div class="toolbar">
            <h1>Time</h1>
            <a class="button back" href="#">Back</a>
        </div>
        <ul class="edgetoedge">
            <li class="arrow"><a id="0" href="#date">AAA</a></li>
            <li class="arrow"><a id="1" href="#date">BBB</a></li>
            <li class="arrow"><a id="2" href="#date">CCC</a></li>
            <li class="arrow"><a id="3" href="#date">DDD</a></li>
            <li class="arrow"><a id="4" href="#date">EEE</a></li>
            <li class="arrow"><a id="5" href="#date">FFF</a></li>
        </ul>
    </div>
    <div id="date">
        <div class="toolbar">
            <h1>Time</h1>
            <a class="button back" href="#">Back</a>
            <a class="button slideup" href="#createEntry">+</a>
        </div>
        <ul class="edgetoedge">
            <li id="entryTemplate" class="entry" style="display:none">
```

```
                    <span class="label">Label</span> <span class="calories">
000</span> <span class="delete">Delete</span>
                    </li>
                </ul>
            </div>
            <div id="createEntry">
                <div class="toolbar">
                    <h1>WHY</h1>
                    <a class="button cancel" href="#">Cancel</a>
                </div>
                <form method="post">
                    <ul class="rounded">
                        <li><input type="text" placeholder="Food" name="food"
id="food" autocapitalize="off" autocorrect="off" autocomplete="off" /></li>
                        <li><input type="text" placeholder="Calories" name=
"calories" id="calories" autocapitalize="off" autocorrect="off" autocomplete=
"off" /></li>
                        <li><input type="submit" class="submit" name="waction" value
="Save Entry" /></li>
                    </ul>
                </form>
            </div>
            <div id="settings">
                <div class="toolbar">
                    <h1>Control</h1>
                    <a class="button cancel" href="#">Cancel</a>
                </div>
                <form method="post">
                    <ul class="rounded">
                        <li><input placeholder="Age" type="text" name="age" id="age" />
</li>
                        <li><input placeholder="Weight" type="text" name="weight"
id="weight" /></li>
                        <li><input placeholder="Budget" type="text" name="budget"
id="budget" /></li>
                        <li><input type="submit" class="submit" name="waction"
value="Save Changes" /></li>
                    </ul>
                </form>
            </div>
        </body>
    </html>
```

接下来开始对上述代码进行详细讲解。

（1）通过如下代码启用了 JQTouch 和 jQuery。

```
        <script type="text/javascript" src="jqtouch/jquery.js"></script>
        <script type="text/javascript" src="jqtouch/jqtouch.js"></script>
```

（2）实现 home 面板，具体代码如下。

```
        <div id="home">
            <div class="toolbar">
```

```
        <h1>Data</h1>
        <a class="button flip" href="#settings">Settings</a>
    </div>
    <ul class="edgetoedge">
        <li class="arrow"><a href="#dates">Dates</a></li>
        <li class="arrow"><a href="#about">About</a></li>
    </ul>
</div>
```

此时对应的执行效果如图 16-9 所示。

（3）实现 about 面板，具体代码如下。

```
    <div id="about">
        <div class="toolbar">
            <h1>About</h1>
            <a class="button back" href="#">Back</a>
        </div>
        <div>
            <p>Choose you food.</p>
        </div>
    </div>
```

此时对应的执行效果如图 16-10 所示。

图 16-9　home 面板

图 16-10　about 面板

（4）实现 dates 面板，具体代码如下。

```
    <div id="dates">
        <div class="toolbar">
            <h1>Time</h1>
            <a class="button back" href="#">Back</a>
        </div>
        <ul class="edgetoedge">
            <li class="arrow"><a id="0" href="#date">AAA</a></li>
            <li class="arrow"><a id="1" href="#date">BBB</a></li>
            <li class="arrow"><a id="2" href="#date">CCC</a></li>
            <li class="arrow"><a id="3" href="#date">DDD</a></li>
            <li class="arrow"><a id="4" href="#date">EEE</a></li>
            <li class="arrow"><a id="5" href="#date">FFF</a></li>
        </ul>
    </div>
```

此时对应的执行效果如图 16-11 所示。

（5）实现 date 面板，具体代码如下。

```
    <div id="date">
        <div class="toolbar">
```

```
            <h1>Time</h1>
            <a class="button back" href="#">Back</a>
            <a class="button slideup" href="#createEntry">+</a>
        </div>
        <ul class="edgetoedge">
            <li id="entryTemplate" class="entry" style="display:none">
                <span class="label">Label</span> <span class="calories">
000</span> <span class="delete">Delete</span>
            </li>
        </ul>
    </div>
```

（6）实现 settings 面板，具体代码如下。

```
        <div id="settings">
            <div class="toolbar">
                <h1>Control</h1>
                <a class="button cancel" href="#">Cancel</a>
            </div>
            <form method="post">
                <ul class="rounded">
                    <li><input placeholder="Age" type="text" name="age" id="age" />
</li>
                    <li><input placeholder="Weight" type="text" name="weight"
id="weight" /></li>
                    <li><input placeholder="Budget" type="text" name="budget"
id="budget" /></li>
                    <li><input type="submit" class="submit" name="waction"
value="Save Changes" /></li>
                </ul>
            </form>
        </div>
```

此时对应的执行效果如图 16-12 所示。

图 16-11　dates 面板　　　　　　图 16-12　settings 面板

接下来看样式文件 theme.css，此样式文件非常简单，功能是对 index.html 中的元素进行修饰。其实图 16-9～图 16-12 都是经过 theme.css 修饰之后的显示效果。主要代码如下。

```
body {
    background: #000;
    color: #ddd;
}
#jqt > * {
    background: -webkit-gradient(linear,  0%  0%,  0%  100%,  from(#333),
to(#5e5e65));
}
#jqt h1, #jqt h2 {
    font: bold 18px "Helvetica Neue", Helvetica;
    text-shadow: rgba(255,255,255,.2) 0 1px 1px;
    color: #000;
    margin: 10px 20px 5px;
}
/* @group Toolbar */
#jqt .toolbar {
    -webkit-box-sizing: border-box;
    border-bottom: 1px solid #000;
    padding: 10px;
    height: 45px;
    background: url(img/toolbar.png) #000000 repeat-x;
    position: relative;
}
#jqt .black-translucent .toolbar {
    margin-top: 20px;
}
#jqt .toolbar > h1 {
    position: absolute;
    overflow: hidden;
    left: 50%;
    top: 10px;
    line-height: 1em;
    margin: 1px 0 0 -75px;
    height: 40px;
    font-size: 20px;
    width: 150px;
    font-weight: bold;
    text-shadow: rgba(0,0,0,1) 0 -1px 1px;
    text-align: center;
    text-overflow: ellipsis;
    white-space: nowrap;
    color: #fff;
}
#jqt.landscape .toolbar > h1 {
    margin-left: -125px;
    width: 250px;
}
#jqt .button, #jqt .back, #jqt .cancel, #jqt .add {
    position: absolute;
    overflow: hidden;
```

```css
    top: 8px;
    right: 10px;
    margin: 0;
    border-width: 0 5px;
    padding: 0 3px;
    width: auto;
    height: 30px;
    line-height: 30px;
    font-family: inherit;
    font-size: 12px;
    font-weight: bold;
    color: #fff;
    text-shadow: rgba(0, 0, 0, 0.5) 0px -1px 0;
    text-overflow: ellipsis;
    text-decoration: none;
    white-space: nowrap;
    background: none;
    -webkit-border-image: url(img/button.png) 0 5 0 5;
}
#jqt .button.active, #jqt .cancel.active, #jqt .add.active {
    -webkit-border-image: url(img/button_clicked.png) 0 5 0 5;
    color: #aaa;
}
#jqt .blueButton {
    -webkit-border-image: url(img/blueButton.png) 0 5 0 5;
    border-width: 0 5px;
}
#jqt .back {
    left: 6px;
    right: auto;
    padding: 0;
    max-width: 55px;
    border-width: 0 8px 0 14px;
    -webkit-border-image: url(img/back_button.png) 0 8 0 14;
}
#jqt .back.active {
    -webkit-border-image: url(img/back_button_clicked.png) 0 8 0 14;
}
#jqt .leftButton, #jqt .cancel {
    left: 6px;
    right: auto;
}
#jqt .add {
    font-size: 24px;
    line-height: 24px;
    font-weight: bold;
}
#jqt .whiteButton,
#jqt .grayButton, #jqt .redButton, #jqt .blueButton, #jqt .greenButton {
    display: block;
```

```
        border-width: 0 12px;
        padding: 10px;
        text-align: center;
        font-size: 20px;
        font-weight: bold;
        text-decoration: inherit;
        color: inherit;
    }

    #jqt .whiteButton.active, #jqt .grayButton.active, #jqt .redButton.active,
#jqt .blueButton.active, #jqt .greenButton.active,
    #jqt .whiteButton:active, #jqt .grayButton:active, #jqt .redButton:active,
#jqt .blueButton:active, #jqt .greenButton:active {
        -webkit-border-image: url(img/activeButton.png) 0 12 0 12;
    }
    #jqt .whiteButton {
        -webkit-border-image: url(img/whiteButton.png) 0 12 0 12;
        text-shadow: rgba(255, 255, 255, 0.7) 0 1px 0;
    }
    #jqt .grayButton {
        -webkit-border-image: url(img/grayButton.png) 0 12 0 12;
        color: #FFFFFF;
    }
```

　　上述代码只是 theme.css 的 1/5，具体内容请读者参考本书配套资源中的源码。因为里面的内容都在本书前面的知识中讲解过，所以在此不再赘述。

　　到此我们的页面就能够动起来了，每一个页面的切换都有了动画效果，如图 16-13 所示。

图 16-13　闪烁的动画效果

本书的截图体现不出动画效果，建议读者在模拟器上亲自实践体验。

使用 Sencha Touch 框架

Sencha Touch 是一个应用手持移动设备的前端 JavaScript 框架，与 ExtJS 同一个门派的，它继承了 ExtJS 的优点和缺点。Sencha Touch 框架的功能强大，效果炫丽，能够快速开发出适应于在 Android 和 iOS 等移动系统中运行的 Web 页面。在本章的内容中，将详细讲解在移动 Web 网页中使用 Sencha Touch 框架的方法。

17.1 Sencha Touch 基础

随着 Android 设备和 iOS 设备的流行和普及，越来越多的开发者想开发在这些设备上运行的应用程序。Sencha Touch 框架的推出，为开发人员开发移动 Web 程序提供了方便。在本节的内容中，将详细讲解 Sencha Touch 的基本知识。

17.1.1 Sencha Touch 简介

Sencha Touch 框架是世界上第一个基于 HTML 5 的 Mobile App 框架。同时，ExtJS 也正式更名为 Sencha。原域名 www.extjs.com 也已经跳转至 www.sencha.com。Sencha 是 ExtJS、jQTouch 和 Raphaël 三大框架的结合，如图 17-1 所示。

图 17-1　Sencha Touch 框架的构成

Sencha 翻译为"煎茶"，是指一种在日本很流行的绿茶品种，"我们之所以选择这个名字，是因为它会唤醒下一代软件开发并且很容易记忆、拼写和发音"，在 Java 开发的传统中，它代表了软件开发的一个新水平阶段。另外，Sencha 还成立了一个基金会——"Sencha Labs"，以支持非商业项目开发。jQTouch 和 Raphaël 将保留原有的 MIT 许可证。原 JQTouch 项目将由 Jonathan Stark 接手维护和更新。

Sencha 是目前为止所发现的最强大的应用于移动平台的框架。它将自己定位为框架（Framework）而不是类库（Library），也可以充分印证这一点。相信随着 Sencha 的出现，移动平台的 Web APP 用户体验设计会得到提升，同时也会对 HTML 5 和 CSS3 在移动平台上的普及推广产生很大的促进作用。可以预见，随着 HTML 5 越加强大的功能，未来的移动应用将会逐渐步入 Web APP 时代，Native APP 会逐渐走向终结。

Sencha Touch 可以让 Web APP 看起来像 Native APP，美丽的用户界面组件和丰富的数据管理，全部基于最新的 HTML 5 和 CSS3 的 WEB 标准，全面兼容 Android 和 iOS 设备。

通过官方提供的 DEMO 和案例演示，可以发现如下细节上的特点。

- HTML 5 离线存储
- HTML 5 地理定位
- Sencha Touch icon 设置
- JSONP 代理
- YQL 数据代理
- 重力感应滚动
- 滚动 Touch 事件
- 遮罩弹出层
- 为移动优化的表单元素
- CSS3 Gradients
- CSS3 Transitions
- Multi-Card 布局
- Tab 组件
- 滚动列表视图

17.1.2　Sencha Touch 的特性

下面是官方列出的 Sencha Touch 的几大特性。

- 基于最新的 Web 标准：HTML 5、CSS3 和 JavaScript。整个库在压缩和 gzip 后大约 80KB，通过禁用一些组件还会使它更小。
- 支持世界上最好的设备：Beta 版兼容 Android 和 iOS，Android 上的开发人员还可以使用一个专为 Android 定制的主题。
- 增强的触摸事件：在 touchstart 等标准事件基础上，增加了一组自定义事件数据集成，如 tap、swipe、pinch、rotate 等。
- 数据集成：提供了强大的数据包，通过 Ajax、JSONp、YQL 等方式绑定到组件模板，写入本地离线存储。

17.1.3　Sencha Touch 的优势

与 jQuery Mobile 和 jQTouch 相比，Sencha Touch 学起来难度相对比较复杂。虽然比较复杂，却给移动 Web 程序带来了强大的功能。作为 Sencha 公司的一款双许可证（商业版和 GPL/FLOSS 版）产品，Sencha Touch 采用了与上述的几种移动开发框架全然不同的方法，原因在于布局和界面窗口组件是使用出色的 JavaScript 库构建而成的，而该 JavaScript 库恰好拥有丰富的实用特性。比如，离线支持、独特布局和轻松制作主题的功能。

此外，Sencha Touch 采取了从极其全面的角度来应对应用程序开发所固有的挑战，原因在于它支持可以完全直接开发 MVC 驱动的应用程序。为了形象地说明开发 Sencha Touch 应用程序与开发 jQuery Mobile / jQTouch 应用程序之间的反差有多么明显，下面将 jQuery Mobile/jQTouch 演示程序里面的源代码，与用于仅仅创建和启动视口的下列 Sencha Touch 代码进行比较。

```
Ext.regApplication({
  name: 'App',
  defaultUrl: 'Index/index',
  launch: function()
  {
    this.viewport = new App.views.Viewport();
  },
});
```

虽然这对于相对不熟悉 JavaScript 的新手来说可能难度很大，但是还是建议尝试一下 Sencha Touch，因为直观的语法、编写清晰的文档及众多的配套实例对于尽快上手会有很大的帮助。

17.2 搭建 Sencha Touch 开发环境

经过本章上一节内容的学习，已经了解了 Sencha Touch 的基本知识。在本节的内容中，将详细讲解搭建 Sencha Touch 开发环境的基本知识。

17.2.1 获取 Sencha Touch

Sencha Touch 是免费的，获取 Sencha Touch 的具体流程如下。

（1）登录 Sencha Touch 官方下载页面 http://www.sencha.com/products/touch/，如图 17-2 所示。

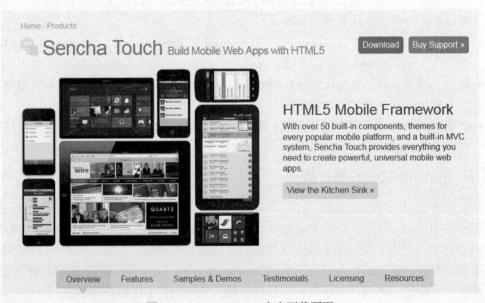

图 17-2　Sencha Touch 官方下载页面

（2）单击图 17-2 右上角的"Download"按钮，在弹出的新界面中填写自己的个人信息，如图 17-3 所示。

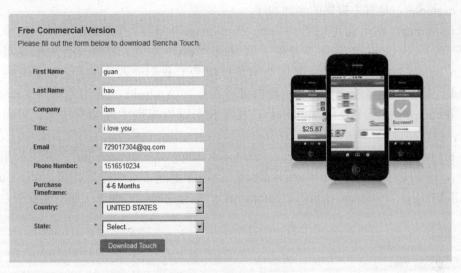

图 17-3　填写个人信息

（3）填写完毕后，单击底部的"Download Touch"按钮，在弹出的新界面中告知我们下载链接已经发送到图 17-3 填写的邮箱中，如图 17-4 所示。

Thank You!

Thank you for downloading Sencha Touch.
Your download link has been emailed to you.

First, unzip the archive to your local web server and navigate to `http://localhost/your-touch-install/` to view the documentation and complete working examples. Any samples that use Ajax will need to be on an web server in order to work correctly.

① Get Started

Check out the Sencha Touch Getting Started Guide to learn the fundamentals. Next, go through the First Application guide to create a Sencha Touch application in around 15 min.

② Take a Spin

Wondered what's possible with Sencha Touch? This SDK includes a whole suite of examples. View with a desktop WebKit browser such as Google Chrome, Apple Safari, or with a mobile emulator such as those in the Android or Xcode SDKs.

Even better, visit the Sencha Touch examples online with your own mobile device.

③ Become a Guru (Or Find One!)

It's worth knowing your way around the definitive Sencha Touch API documentation. Be sure to check out the documented source code for our examples and demos.

Our forums are filled with talented and friendly professionals, and lively meetups are held around the world. Finally, make sure you check out SenchaDevs, the definitive list of Sencha

Sencha Training

Create innovative web user interfaces with hands-on training from the official Sencha Training team.

Learn more »

Sencha Support

Increase developer productivity, speed time to deployment and improve your success rate for all Sencha projects.

Learn more »

图 17-4　提示发送下载链接

（4）登录个人邮箱，单击下载链接后即可获取 Sencha Touch 压缩包。压缩包的目录结构如图 17-5 所示。

图 17-5 所示中各个目录的具体说明如下。

1．buider：用来对 js 文件进行发布前的处理。

2．docs：是官方的 API 文档文件。

3．examples：是官方提供的示例程序。

4．resources：在里面可以看到 wps_clip_image-19173 之类的框架样式文件，如图 17-6 所示。"css-debug" 目录下是便于调试的 ".css" 文件。打开文件夹后又可以看到 wps_clip_image-29936 之类的文件，分别是框架带给我们的四个主题，只会影响界面的显示效果。为了保持显示上的一致，我们可以在面向 Android 的应用上使用 android.css，而面向 iPhone 的应用上使用 apple.css。甚至我们可以提供主题切换功能让用户自行选择主题。

5．ext-touch.js、ext-touch-debug.js、ext-touch-debug-w-comments.js：三个主框架文件，这三个文件的区别在于，ext-touch-debug.js 是有缩进的，便于调试。ext-touch.js、ext-touch-debug.js、exttouch.-debug-w-comments.js 是有注释的，便于了解框架底层是怎么实现的。

图 17-5　Sencha Touch 的目录结构　　　　　图 17-6　resources 目录

17.2.2　搭建 Eclipse+Sencha Touch 开发环境

与其他的许多框架一样，Sencha Touch 给我们提供了一系列的控件，使用这些控件可以很方便地搭建起能够与 iPhone 手机应用相媲美的 HTML 5 页面。这种完美支持触控操作，弥补了传统手机网站触控体验不佳的缺陷。

在本节将讲解使用 Eclipse 开发 Sencha Touch 程序的方法，在开始之前需要先安装 Spket 插件。安装 Spket 插件的方法有两种，具体说明如下。

1．网上更新方式

（1）Spket 插件首页：http://www.spket.com

（2）插件名称：Spket IDE

（3）更新连接（Update Site）地址：http://www.spket.com/update/

（4）更新安装方法：

- [Help]-[Software Updates]-[Find and Install...]
- [Search for new features to install] -> [Next]
- [New Remote Site...] Name: "名字随意，spketjs" URL: http://www.spket.com/update/-->
  [Finish]

2．网上下载 Spket 安装包

（1）双击下载的 Spket 压缩包进行安装，弹出如图 17-7 所示的准备安装界面。

（2）单击"Install"按钮开始安装，完成后弹出安装完成界面，如图 17-8 所示。

图 17-7　准备安装界面　　　　　　　　　图 17-8　安装完成界面

通过上述方式安装 Spket 插件后，使用如下步骤配置 Spket。

（1）依次选择"Eclipse"的"Window"→"Preferences"→"Spket"命令，如图 17-9 所示。

图 17-9　Preferences 界面

（2）依次单击"Spket"→"JavaScript Profiles"→"New"，输入名字"ExtJS"后单击"OK"按钮，如图 17-10 所示。

图 17-10　输入名字"ExtJS"

（3）在列表中选择刚创建的"ExtJS"，然后单击"Add Library"按钮，在下拉列表框中选取"ExtJS"选项，如图 17-11 所示。

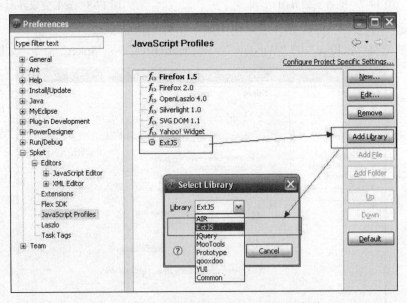

图 17-11　在下拉列表框中选取"ExtJS"选项

（4）选择"ExtJS"选项并单击"Add File"按钮，然后在"./ext-2.x/source"目录中选择"ext.jsb"文件，如图 17-12 所示。

（5）设置新的 ExtJS Profile，选中并单击"JavaScript Profiles"对话框右边的"Defalut"按钮，如图 17-13 所示。

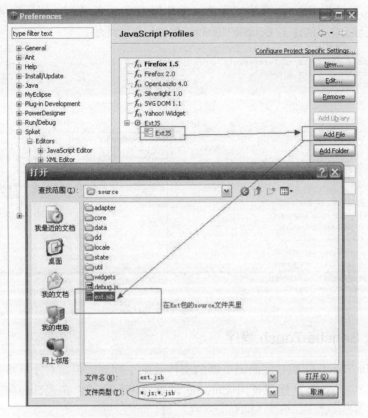

图 17-12 选择 "ext.jsb" 文件

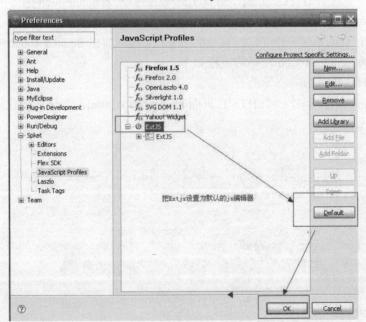

图 17-13 设置新的 ExtJS Profile

（6）如果此时使用 Eclipse 新建一个".js 文件"，便已经具备智能提示功能了，如图 17-14 所示。这说明已经成功搭建了 Eclipse+Sencha Touch 开发环境。

图 17-14　智能提示界面

17.2.3　调试 Sencha Touch 程序

目前 Sencha Touch 框架对桌面浏览器的支持效果不理想，但是对于 iOS 和 Android 的浏览器支持则相当完美。在此建议使用 Chrome 浏览器进行调试，在调试之前需要做如下两个工作。

- 创建一个空白的 HTML 页面，用<script>标签引入 sencha-touch.js，用<link>标签引入 sencha-touch.css。
- 为 HTML 页面新建一个 JS 文件，将用这个文件创建出 Sencha Touch 页面。

创建基本的 Sencha Touch 程序的流程如下。

（1）创建 HTML 页面

使用 Dreamweaver 创建一个 HTML 页面 messageBox.html，具体实现代码如下。

```
<!doctype html>
<html>
  <head>
    <meta http-equiv="Content-Type" content="text/html; charset=utf-8">
    <title>messageBox.html</title>
    <link rel="stylesheet" href="../../ext/resources/css/sencha-touch.css"
type= "text/css">
    <script type="text/javascript" src="../../ext/sencha-touch.js"></script>
    <script type="text/javascript" src="messageBox.js"></script>
  </head>

  <body>

  </body>
</html>
```

上述代码分别实现了如下三个功能：

- 引入 sencha-touch.css 样式文件。
- 引入 sencha-touch.js 核心库文件。
- messageBox.js 是例子用的文件。

（2）编写 JS 文件 messageBox.js，具体实现代码如下。

```
Ext.setup({
    icon: '../icon.png',
    tabletStartupScreen: '../tablet_startup.png',
    phoneStartupScreen: '../phone_startup.png',
    glossOnIcon: false,
    onReady: function() {
        Ext.Msg.alert('提示', '第一个 SenchaTouch 程序！');
    }
});
```

（3）使用 Opera 的手机模拟器（支持 HTML5）或 Google 浏览器进行调试，在浏览器中输入 http://localhost:8080/messageBox.html，当然也可以直接打开 HTMLl 进行浏览，无须部署到服务器。执行效果如图 17-15 所示。

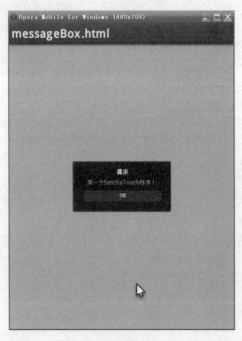

图 17-15　执行效果

17.3　Sencha Touch 界面布局

对于一个移动 Web 应用程序来说，UI 界面的布局规划十分重要。在移动 Web 应用程序中，布局用来描述组件的大小和空间位置信息。在本节的内容中，将详细讲解 Sencha Touch 界面布局的级别知识。

17.3.1 Hbox 布局（水平布局）

例如，对于一个电子邮件的客户端举例来说，它有一个固定在屏幕左侧的邮件列表，占屏幕宽度的 1/3；在屏幕剩余的右侧空间，有一个查看邮件具体内容的浏览面板。此时可以用 Hbox 布局来实现两个组件的伸缩 Flex，伸缩 Flex 意味着能够把可用的空间按照每一个子组件的 Flex 系数进行分割。例如，进行如图 17-16 所示的水平布局。

上述功能的实现代码非常简单，仅需要为任意容器指定"Hbox"布局，然后为每一个处于其中的组件分配一个 Flex 系数即可。

图 17-16　水平布局

```
Ext.create('Ext.Container', {

fullscreen: true,

layout: 'hbox',

items: [

{

xtype: 'panel',

html: 'message list',

flex: 1

},

{

xtype: 'panel',

html: 'message preview',

flex: 2

}

]

});
```

在上述代码中创建了一个填满整个屏幕的容器，并在其内部创建了一个邮件列表面板和一个内容浏览面板。它们的 Flex 系数分别为 1 和 2（左侧的面板 Flex 系数为 1，右侧面板 Flex 系数为 2），这意味着左侧面板将占去 1/3 的宽度，右侧面板将占用其余 2/3 的宽度。如果我们的容器宽度为 300 像素，那么左侧的面板的宽度为 100 像素，右侧面板的宽度为 200 像素。

17.3.2　VBox 布局（垂直布局）

VBox 布局与 HBox 布局类似，只是它的排列方向为垂直而不是水平。同样，可以简单地把它想象为如图 17-17 所示的两个盒子。

下面的演示代码几乎与上一个例子的代码相同，仅仅是把容器的布局属性设置为"Vbox"。

flex: 1

flex: 2

图 17-17　垂直布局

```
Ext.create('Ext.Container', {

fullscreen: true,

layout: 'vbox',

items: [

{

xtype: 'panel',

html: 'message list',

flex: 1

},

{

xtype: 'panel',

html: 'message preview',

flex: 2

}

]

});
```

在上述代码中，如果容器的高度为 300 像素，那么第一个面板（flex：1）的高度为 100 像素，第二个面板（flex：2）高度为 200 像素。

17.3.3　Card 布局（卡片布局）

有时想展现多个充满信息的屏幕，但是现实只有一个小屏幕可用。TabPanels 和 Carousels 都能够让在同一时间看到想展示的诸多屏幕中的一个，这都是使用 Card 布局来实现的。卡片布局在其应用的容器中占满整个空间，使得当前活动的项目完全填满该容器，并隐藏其余的项目。Card 布局允许选择任何一个项目作为当前可见的项目，但在同一时间只能显示一个，如图 17-18 所示。

在下面的演示代码中，灰色方块是我们的容器，它里面的蓝色方块是当前活跃的项目。其他三个项目在视图中是隐藏的，但这三个隐藏项目可以替换成当前显示的项目。通常并不直接创建 Card 布局，而是通过如下代码实现。

图 17-18　卡片布局

```
var panel = Ext.create('Ext.Panel', {

layout: 'card',

items: [

{

html: "First Item"

},

{

html: "Second Item"

},

{

html: "Third Item"

},

{

html: "Fourth Item"

}

]

});

panel.getLayout().setActiveItem(1);
```

此时创建了一个具有卡片布局的面板，在最后一句代码中设置第二个项目为该面板的显示项（数组的下标是从 0 开始的，所以 1 代表第二项）。在通常情况下，最好使用一个 Tab Panel 或 Carousel。

17.3.4　Fit 布局（填充布局）

填充布局（Fit Layout）可能是最简单的布局了，其作用就是使一个子组件撑满它所在的父容器，如图 17-19 所示。

例如，如果有一个 200 像素×200 像素的容器，并为它建立一个独立的子组件并将该容器的布局设置为"Fit 布局"，那么子组件也将是 200 像素×200 像素。

图 17-19　填充布局

```
var panel = Ext.create('Ext.Panel', {
width: 200,
height: 200,
layout: 'fit',
items: {
xtype: 'panel',
html: 'Also 200px by 200px'
}
});
Ext.Viewport.add(panel);
```

17.3.5　Docking（停靠）

每一种布局均具备在其中"停靠"组件的功能，"停靠"功能能够将新增的组件放置在父容器的顶部、右侧、底部和左侧，并会自动重新分配其余组件所占的空间大小。例如，返回前面第一个布局：Hbox 布局，假设要停靠在顶部的一个新增组件，如图 17-20 所示的蓝色部分。

这种停靠经常用来实现 toolbar 和 banner 等，并很容易就通过"Dock:'top'"之类的语句来实现。

图 17-20　停靠布局

```
Ext.create('Ext.Container', {
fullscreen: true,
layout: 'hbox',
items: [
    {
dock: 'top',
xtype: 'panel',
height: 20,
html: 'This is docked to the top'
},
{
xtype: 'panel',
html: 'message list',
flex: 1
},
{
xtype: 'panel',
html: 'message preview',
flex: 2
}
```

```
]
});
```

此时可以在容器中增加多个停靠在其中的组件，只需在想停靠的组件上简单的设置 Dock 属性即可，可以将组件停靠在父容器的任意一边。例如，可以在之前的 vbox 布局中将一个新的组件停靠在父容器的左侧，如图 17-21 所示。

下面的代码可以指定新增的组件的 dock 属性为"left"，这样即可实现此例。

图 17-21　停靠在父容器的左侧

```
Ext.create('Ext.Container', {
fullscreen: true,
layout: 'vbox',
items: [
{
dock: 'left',
xtype: 'panel',
width: 100,
html: 'This is docked to the left'
},
{
xtype: 'panel',
html: 'message list',
flex: 1
},
{
xtype: 'panel',
html: 'message preview',
flex: 2
}
]
});
```

此时可以在父容器的每一侧同时停靠多个组件。例如，在底部同时停靠几个组件。

17.4　综合应用——实现一个手机通讯录

在本节的内容中，将以一个综合实例的实现过程，详细讲解使用 Sencha Touch 框架实现一个手机通讯录的方法。

实例 17-1	说明
源码路径	daima\17\17-1\
功能	实现一个手机通讯录

本实例的具体实现流程如下。

（1）新建一个 Web 项目，然后新建一个 index.html 文件，具体实现代码如下。

```
<!DOCTYPE html PUBLIC "-//W3C//DTD XHTML 1.0 Transitional//EN" "http://
www.w3.org/TR/xhtml1/DTD/xhtml1-transitional.dtd">
```

J

```html
<html xmlns="http://www.w3.org/1999/xhtml">
<head>
    <title>sencha</title>
    <link href="http://dev.sencha.com/deploy/touch/resources/css/sencha-touch.css" rel="stylesheet" type="text/css" />
    <script src="http://dev.sencha.com/deploy/touch/sencha-touch-debug.js" type="text/javascript"></script>
    <script src="js/notes.js" type="text/javascript"></script>
</head>
<body>
</body>
</html>
```

（2）新建 "js" 目录，然后在里面创建 3 个 ".js" 文件。其中 notes1.js 的功能是显示通讯录中的列表 list，具体实现代码如下。

```javascript
var notesApp = new Ext.Application({
    name: "NotesApp",
    useLoadMask: true,
    launch: function() {
        Ext.regModel("Note", {
            idProperty: "Id",
            fields: [
                { name: "Id", type: "int" },
                { name: "Name", type: "string" },
                { name: "Phone", type: "string" },
                { name: "Email", type: "string"}
            ],
            validations: [
                { type: "presence", field: "Id" },
                { type: "presence", field: "Name", message: "Name cannot be empty!" }
            ]
        });
        NotesApp.views.NotesStore = Ext.regStore("NotesStore", {
            model: "Note",
            sorters: { property: "Name", direction: "ASC" },
            proxy: { type: "localstorage",id:"note-store-app" },
            data:[
                {Id:"-1",Name:"xiaoxinmiao",Phone:"15811016818",Email:"xiaoxm_001@163.com"}
                ,{Id:"-1",Name:"huangrong",Phone:"13145207520",Email:"huangrong_001@163.com"}
            ]
        });
        NotesApp.views.notesList = new Ext.List({
            id: "notesList",
            store: "NotesStore",
            emptyText: "<div>note is not cached</div>", //onItemDisclosure
            itemTpl: "<div>{Name}</div>" + "<div>{Phone}</div>",
```

```
            onItemDisclosure: function(record) {
                // show dctail note
            }
        });
        NotesApp.views.notesListToolbar = new Ext.Toolbar({
            id: "notesListToolbar",
            title: "Contact",
            layout: "hbox",
            items: [
                { xtype: "spacer" },
                {
                    text: "New", ui: "action", handler: function() {
                        //add new data
                    }
                }]
        });
        NotesApp.views.notesListContainer = new Ext.Panel({
            id: "notesListContainer",
            layout: "fit",
            dockedItems: [NotesApp.views.notesListToolbar]
            items: [NotesApp.views.notesList]
        });
        NotesApp.views.viewport = new Ext.Panel({
            fullscreen: true, //fullscreen
            layout: "card",
            cardSwitchAnimation: "slide",
            items: [NotesApp.views.notesListContainer
            ]
        });
    }
});
```

对上述代码的具体说明如下。

- new Ext.Application：应用程序入口。
- NotesApp.views.viewport：应用程序的 viewport 界面视图，将整个界面布局设置为使用 Panel 面板，并且设置了 fullscreen 属性为 true，应用一启动后，首先显示的是 NotesApp.views.notesListContainer。NotesApp.views.notesListContainer，记事列表页面包括如下两种显示风格。

NotesApp.views.notesListToolbar：显示标题和新增按钮。

NotesApp.views.notesList：显示 list 数据。

- NotesApp.views.notesList 需要指定 store，NotesApp.views.NotesStore 里面指定了 Model（相当于一个实体类），还指定了 proxy 属性，使用 HTML 5 本地存储机制保存用户本地的数据，可以在客户端的浏览器中保存数据。

（3）编写文件 Notes2.js，功能是完成两个页面布局，并能成功跳转，具体实现代码如下。

```
var notesApp = new Ext.Application({
    name: "NotesApp",
```

```
        useLoadMask: true,
        launch: function() {
            Ext.regModel("Note", {
                idProperty: "Id",
                fields: [
                        { name: "Id", type: "int" },
                        { name: "Name", type: "string" },
                        { name: "Phone", type: "string" },
                        { name: "Email", type: "string" }
                    ],
                validations: [
                    { type: "presence", field: "Id" },
                    { type: "presence", field: "Name", message: "Name cannot be
empty!" }
                ]
            });
            NotesApp.views.NotesStore = Ext.regStore("NotesStore", {
                model: "Note",
                sorters: { property: "Name", direction: "ASC" },
                proxy: { type: "localstorage", id: "note-store-app" },
                data: [
                    { Id: "-1", Name: "xiao", Phone: "15100000000", Email: "xiaoxm_
001@163.com" }

                    , { Id: "-1", Name: "huan", Phone: "13100000000", Email: "gxj_
001@163.com" }
                ]
            });
            NotesApp.views.notesList = new Ext.List({
                id: "notesList",
                store: "NotesStore",
                emptyText: "<div>note is not cached</div>", //onItemDisclosure
                itemTpl: "<div>{Name}</div>" + "<div>{Phone}</div>",
                onItemDisclosure: function(record) {
                    // show detail note
                }
            });
            NotesApp.views.notesListToolbar = new Ext.Toolbar({
                id: "notesListToolbar",
                title: "Contact",
                layout: "hbox",
                items: [
                    { xtype: "spacer" },
                    {
                        text: "New", ui: "action", handler: function() {
                            //add new data
                            NotesApp.views.viewport.setActiveItem("noteEditor",
{ type: "slide", direction: "left" } );
                        }
                    }]
```

```
        });
        NotesApp.views.notesListContainer = new Ext.Panel({
            id: "notesListContainer",
            layout: "fit",
            dockedItems: [NotesApp.views.notesListToolbar],
            items: [NotesApp.views.notesList]
        });
        // Add  Part(editor page)
        NotesApp.views.noteEditorTopToolbar = new Ext.Toolbar({
            id: "noteEditorTopToolbar",
            title: "Edit Contact",
            layout: "hbox",
            items: [
            { text: "Home", ui: "back",
                handler: function() {
                    //to home
                    NotesApp.views.viewport.setActiveItem("notesListContainer",
{ type: "slide", direction: "right" });
                }
            },
            { xtype: "spacer" },
            {
                text: "Save", ui: "action", handler: function() {
                    //save data
                }
            }
            ]
        });
        NotesApp.views.noteEditorBottomToolbar = new Ext.Toolbar({
            id: "noteEditorBottomToolbar",
            dock: "bottom",
            layout: "hbox",
            items: [
                { xtype: "spacer" },
                { iconCls: "trash", iconMask: true, handler: function() {
                    //delete data
                }
                }
            ]
        });
        NotesApp.views.noteEditor = new Ext.form.FormPanel({
            id: "noteEditor",
            items: [
                { xtype: "textfield", name: "Name", label: "Name", required:
true },
                { xtype: "textfield", name: "Phone", label: "Phone" },
                { xtype: "textfield", name: "Email", label: "Email" }
            ],
            dockedItems: [NotesApp.views.noteEditorTopToolbar, NotesApp.views.
noteEditorBottomToolbar]
```

```
        });
        NotesApp.views.viewport = new Ext.Panel({
            fullscreen: true, //fullscreen
            layout: "card",
            cardSwitchAnimation: "slide",
            items: [NotesApp.views.notesListContainer,
                NotesApp.views.noteEditor
            ]
        });
    }

});
```

对上述代码的具体说明如下。

- new Ext.form.FormPanel：因为有文本框，并且需要提交数据，所以在此使用了 FormPanel。
- NotesApp.views.viewport.setActiveItem：实现跳转功能。
- 属性 iconCls：指定了使用默认的垃圾站图标。
- 属性 iconMask：指定了图标在按钮中显示。

（4）编写文件 Notes3.js，功能是实现按钮 new、save 和 delete 的功能，具体实现代码如下。

```
var notesApp = new Ext.Application({
    name: "NotesApp",
    useLoadMask: true,
    launch: function() {
        //page one
        NotesApp.views.notesListToolbar = new Ext.Toolbar({
            id: "notesListToolbar",
            title: "Contact",
            layout: "hbox",
            items: [
                { xtype: "spacer" },
                {
                    text: "New", ui: "action", handler: function() {
                        var note = Ext.ModelMgr.create({ Id: (new Date()).
getTime(),Name: "", Phone: "", Email: "" }, "Note");
                        //自动加载数据
                        NotesApp.views.noteEditor.load(note);
                        NotesApp.views.viewport.setActiveItem("noteEditor",
{ type: "slide", direction: "left" });
                    }
                }
            ]
        });
        Ext.regModel("Note", {
            idProperty: "Id",
            fields: [
```

```
                { name: "Id", type: "int" },
                { name: "Name", type: "string" },
                { name: "Phone", type: "string" },
                { name: "Email", type: "string", message: "Wrong Email Format" }
            ],
            validations: [
                { type: "presence", field: "Id" },
                { type: "presence", field: "Name", message: "Name cannot be empty!" },
                //验证，注意type是"format"
                { type: "format", field: "Phone", matcher: /^[0-9]+$/, message:
"please enter corrent number!" },
                { type: "format", field: "Email", matcher: /^[.]*$|^[a-zA-Z0-9._-]+
@[a-zA-Z0-9.-]+\.[a-zA-Z]{2,4}$/, message: "please enter corrent email!" }

            ]
        });
        NotesApp.views.NotesStore = Ext.regStore("NotesStore", {
            model: "Note",
            sorters: { property: "Name", direction: "ASC" },
            proxy: { type: "localstorage", id: "note-store-app" },
            //分组的时候用
            getGroupString: function(record) {
                if (record && record.data.Name) {
                    return record.get("Name")[0].toString();
                }
                else {
                    return "";
                }
            }
        });
        NotesApp.views.notesList = new Ext.List({
            id: "notesList",
            store: "NotesStore",
            //分组
            grouped: true,
            //右侧的字母索引
            indexBar: true,
            emptyText: "<div>note is not cached</div>", //onItemDisclosure
            itemTpl: "<div>{Name}</div>" + "<div>{Phone}</div>",
            onItemDisclosure: function(record) {
                var selectedNote = record;
                NotesApp.views.noteEditor.load(selectedNote);
                NotesApp.views.viewport.setActiveItem("noteEditor", { type:
"slide", direction: "left" });
            }
            ,
            //只要展示listview就会触发这个事件
            listeners: { "render":
function(thisComponent) {
                thisComponent.getStore().load();
```

```
                }
            }
        });
        //page two
        //home and save
        NotesApp.views.noteEditorTopToolbar = new Ext.Toolbar({
            id: "noteEditorTopToolbar",
            title: "Edit Contact",
            layout: "hbox",
            items: [
            { text: "Home", ui: "back",
                handler: function() {
                        NotesApp.views.viewport.setActiveItem("notesListContainer",
{ type: "slide", direction: "right" });
                    }
            },
            { xtype: "spacer" },
            {
                text: "Save", ui: "action", handler: function() {
                    var noteEditor = NotesApp.views.noteEditor;
                    //得到 record 里的数据，比如: 从 list 表单中选择一个
                    var currentNote = noteEditor.getRecord();
        //将修改后的数据保存在 record 里，如: 在文本框中修改姓名
                    noteEditor.updateRecord(currentNote);
                    //验证，规则对应于 Model 里的 validations
                    var errors = currentNote.validate();
                    if (!errors.isValid()) {
                        var message = "<span style='color:red'>";
                        Ext.each(errors.items, function(rec, i) {
                            message += rec.message + "<br>";
                        });
                        message += "</span>";
                        Ext.Msg.alert("<span style='color:red'>Validate</span>",
message, Ext.emptyFn);
                        return;
                    }
                    //保存 notesStore 中的数据
                    var notesList = NotesApp.views.notesList;
                    var notesStore = notesList.getStore();
                    if (notesStore.findRecord('Id', currentNote.data.Id) ===
null) {

                        notesStore.add(currentNote);
                    }
                    notesStore.sync();
                    notesStore.sort([{ property: 'Name', direction: 'ASC'}]);
        //刷新 notesList 中的数据
                    notesList.refresh();
                NotesApp.views.viewport.setActiveItem('notesListContainer',
{ type: 'slide', direction: 'right' });
```

```
                }
            }
        ]
    });
    //delete
    NotesApp.views.noteEditorBottomToolbar = new Ext.Toolbar({
        id: "noteEditorBottomToolbar",
        dock: "bottom",
        layout: "hbox",
        items: [
            { xtype: "spacer" },
            { iconCls: "trash", iconMask: true, handler: function() {
                //得到 record 里的数据
                var currentNote = NotesApp.views.noteEditor.getRecord();
                //删除 notesStore 中的数据
                var notesList = NotesApp.views.notesList;
                var notesStore = notesList.getStore();
                if (notesStore.findRecord('Id', currentNote.data.Id)) {
                    notesStore.remove(currentNote);
                }
                notesStore.sync();
                //刷新 notesList 中的数据
                notesList.refresh();
                NotesApp.views.viewport.setActiveItem('notesListContainer',
{ type: 'slide', direction: 'right' });
            }
            }
        ]
    });
    //editor content
    NotesApp.views.noteEditor = new Ext.form.FormPanel({
        id: "noteEditor",
        items: [
            { xtype: "textfield", name: "Name", label: "Name", required:
true },
            { xtype: "textfield", name: "Phone", label: "Phone" },
            { xtype: "textfield", name: "Email", label: "Email" }
        ],
        dockedItems: [NotesApp.views.noteEditorTopToolbar, NotesApp.views.
noteEditorBottomToolbar]
    });
    NotesApp.views.notesListContainer = new Ext.Panel({
        id: "notesListContainer",
        layout: "fit",
        dockedItems: [NotesApp.views.notesListToolbar],
        items: [NotesApp.views.notesList]
    });
    NotesApp.views.viewport = new Ext.Panel({
        fullscreen: true, //fullscreen
        layout: "card",
```

```
        cardSwitchAnimation: "slide",
        items: [NotesApp.views.notesListContainer
        , NotesApp.views.noteEditor
        ]
    });
    }
});
```

执行后将首先显示通讯录列表，如图 17-22 所示。单击列表中的某个联系人信息后，会显示这个联系人的详细联系信息，如图 17-23 所示。

图 17-22　通讯录列表

图 17-23　详细联系信息

18

使用 Node.js

Node.js 是一个基于 Chrome JavaScript 运行时建立的一个平台，用来方便地搭建快速的易于扩展的网络应用。Node.js 借助事件驱动，非阻塞 I/O 模型变得轻量和高效，非常适合运行在分布式设备的数据密集型的实时应用。在本章的内容中，将详细讲解在移动 Web 网页中使用 Node.js 的方法。

18.1 Node.js 的特性

V8 引擎本身使用了一些最新的编译技术，使得用 Javascript 这类脚本语言编写出来的代码运行速度获得了极大提升，节省了开发成本。JavaScript 是一个事件驱动语言，Node 利用了这个优点，编写出了可扩展性高的服务器。Node 采用了一个称为"事件循环（event loop）"的架构，使得编写可扩展性高的服务器变得既容易又安全。提高服务器性能的技巧有多种多样，Node 选择了一种既能提高性能，又能减低开发复杂度的架构。这是一个非常重要的特性。Node 虽然绕过了并发编程等比较复杂的模块，但是仍然提供了很好的性能。

Node 采用一系列"非阻塞"库来支持事件循环的方式。本质上就是为文件系统、数据库之类的资源提供接口。向文件系统发送一个请求时，无须等待硬盘（寻址并检索文件），硬盘准备好时非阻塞接口会通知 Node。该模型以可扩展的方式简化了对慢资源的访问，直观，易懂。尤其是对于熟悉 onmouseover、onclick 等 DOM 事件的用户，更有一种似曾相识的感觉。

虽然让 JavaScript 运行于服务器端不是 Node 的独特之处，但却是一项强大的功能。现实情况下，浏览器环境限制了我们选择编程语言的自由。任何服务器与日益复杂的浏览器客户端应用程序间实现共享代码的愿望，只能通过 JavaScript 来实现。虽然还存在其他一些支持 JavaScript 在服务器端运行的平台，但是因为上述特性，随着 Node 发展的迅猛成为事实上的平台。

在 Node 启动的很短时间内，社区就已经贡献了大量的扩展库（模块）。其中很多是连接数据库或是其他软件的驱动，但还有很多是凭他们的实力制作出来的非常有用的软件。

18.2 搭建 Node.js 开发环境

在移动 Web 页面中使用 Node.js 之前，需要先搭建 Node.js 开发环境。在本节的内容中，将详细讲解搭建 Node.js 开发环境的基本知识。

18.2.1 获取并安装 Node.js

（1）登录 http://nodejs.org 下载 Node.js，如图 18-1 所示。

图 18-1 登录 http://nodejs.org

（2）http://nodejs.org 页面会自动识别当前机器的操作系统版本和位数（32 位或 64 位），单击"INSTALL"按钮后将自动下载适用当前机器的版本。下载界面如图 18-2 所示。

图 18-2 下载 NodeJS 界面

（3）双击下载的文件 node-v0.12.0-x64.msi，在弹出的欢迎界面中单击"Next"按钮，如图 18-3 所示。

（4）在弹出的协议接受界面中勾选"I accept..."复选框，然后单击"Next"按钮，如图 18-4 所示。

图 18-3 欢迎界面

图 18-4 协议接受界面

（5）在弹出的安装路径界面中设置安装路径，然后单击"Next"按钮，如图 18-5 所示。

（6）在弹出的典型设置界面中单击"Next"按钮，如图 18-6 所示。

图 18-5　安装路径界面

图 18-6　典型设置界面

（7）在弹出的准备安装界面中单击"Install"按钮开始安装，如图 18-7 所示。

（8）在弹出的安装界面中显示安装进度条，如图 18-8 所示。

图 18-7　准备安装界面

图 18-8　安装界面

（9）在弹出的完成界面中单击"Finish"按钮完成安装操作，如图 18-9 所示。

图 18-9　完成安装

（10）检测 PATH 环境变量是否配置了 Node.js，依次单击开始→运行→输入"cmd"→输入命令"path"，输出如下结果。

```
PATH=C:\oraclexe\app\oracle\product\10.2.0\server\bin;C:\Windows\system32;
C:\Windows;C:\Windows\System32\Wbem;C:\Windows\System32\WindowsPowerShell\
v1.0\;
c:\python32\python;C:\MinGW\bin;C:\Program Files\GTK2-Runtime\lib;
C:\Program Files\MySQL\MySQL Server 5.5\bin;C:\Program Files\nodejs\;
C:\Users\rg\AppData\Roaming\npm
```

开始检查 Node.js 版本，安装 Windows 二进制文件（Node.exe），下载地址如下：

- 32 位安装包下载地址：http://nodejs.org/dist/v0.10.26/node.exe
- 64 位安装包下载地址：http://nodejs.org/dist/v0.10.26/x64/node.exe

双击下载的安装包 Node.exe ，将出现如图 18-10 所示的界面。

单击"Run（运行）"按钮将出现命令行窗口，如图 18-11 所示。

图 18-10　Node.exe 界面　　　　　　　　　　图 18-11　命令行窗口

进入 Node.exe 所在的目录进行版本测试，出现如图 18-12 所示的界面则说明你已经成功安装了 Node.js。

（11）选择开始菜单中的"Node.js command prompt"选项，便可以启动 Node.js，如图 18-13 所示。

图 18-12　输出版本信息　　　　　　　　　　图 18-13　启动 Node.js

18.2.2　第一段 Node.js 程序

下面是第一个 Node.js 程序的代码。

```
console.log("Hello World");
```

将上述代码保存为文件 helloworld.js，并通过如下 node 命令来执行。

```
node helloworld.js
```

程序执行后，会在终端控制台中输出 Hello World，输出结果如下。

```
$ node
> console.log('Hello World!');
Hello World!
```

18.3 Node.js 基本配置

在使用 Node.js 之前需要进行一些必要的配置工作。例如，创建 HTTP 服务器并配置模块。在本节的内容中，将详细讲解这方面的基本知识。

18.3.1 创建 HTTP 服务器

很多开发者可能知道，在使用 PHP 来编写后端程序代码时，需要 Apache 或者 Nginx 的 HTTP 服务器，并配上 mod_php5 模块和 php-cgi。从这个角度来看，整个"接收 HTTP 请求并提供 Web 页面"的需求根本不需要 PHP 来处理。但是对 Node.js 来说，概念完全不同。使用 Node.js 时，我们不仅仅在实现一个应用，同时还实现了整个 HTTP 服务器。事实上，我们的 Web 应用及对应的 Web 服务器基本上是一样的。

为 Node.js 创建 HTTP 服务器的基本流程如下。

（1）在项目的根目录下创建一个名为 server.js 的文件，并写入如下代码。

```
var http = require('http');
http.createServer(function (request, response) {
  response.writeHead(200, {'Content-Type': 'text/plain'});
  response.end('Hello World\n');
}).listen(8888);
console.log('Server running at http://127.0.0.1:8888/');
```

通过上述代码实现了一个可以工作的 HTTP 服务器。其中第一行代码用于请求（require）Node.js 自带的 http 模块，并且把它赋值给 http 变量。接下来调用 http 模块提供的函数 createServer，这个函数会返回一个对象，这个对象有一个叫作 listen 的方法，此方法有一个数值参数，功能是指定这个 HTTP 服务器监听的端口号。

（2）使用 Node 命令执行下述代码。

```
node server.js
Server running at http://127.0.0.1:8888/
```

如图 18-14 所示。

（3）打开浏览器访问服务器地址：http://127.0.0.1:8888/，此时会看到一个写着"Hello World"字样的网页，如图 18-15 所示。

图 18-14　Node 命令　　　　　　　　　　图 18-15　"Hello World"字样的网页

18.3.2 配置模块系统

为了能够让 Node.js 文件之间可以相互调用，Node.js 提供了一个简单的模块系统。模块是 Node.js 应用程序的基本组成部分，文件和模块是一一对应的。也就是说，一个 Node.js 文件就是一个模块，这个文件可能是 JavaScript 代码、JSON 或者编译过的 C/C++扩展。

1．创建模块

在 Node.js 中创建一个模块的方法非常简单。例如，创建了一个名为'main.js'的文件，具体实现代码如下。

```
var hello = require('./hello');
hello.world();
```

在上述代码中，代码 require('./hello') 引入了当前目录下的 hello.js 文件（"./"表示当前目录，node.js 默认后缀为 js）。

在 Node.js 中提供了 exports 和 require 两个对象，其中 exports 是模块公开的接口，require 用于从外部获取一个模块的接口，即所获取模块的 exports 对象。

接下来创建文件 hello.js，具体代码如下。

```
exports.world = function() {
  console.log('Hello World');
}
```

在上述代码中，hello.js 通过 exports 对象把 world 作为模块的访问接口，在 main.js 中通过 require('./hello') 加载这个模块，然后就可以直接访问 main.js 中 exports 对象的成员函数了。

有时候只是想把一个对象封装到模块中，具体格式如下：

```
module.exports = function() {
  // ...
}
```

例如下面的演示代码：

```
//hello.js
function Hello() {
  varname;
  this.setName = function(thyName) {
    name = thyName;
  };
  this.sayHello = function() {
    console.log('Hello ' + name);
  };
};
module.exports = Hello;
```

这样就可以通过如下代码直接获得这个对象：

```
//main.js
var Hello = require('./hello');
hello = new Hello();
hello.setName('BYVoid');
hello.sayHello();
```

模块接口的唯一变化是使用 module.exports = Hello 代替了 exports.world = function(){}。在外部引用该模块时，其接口对象就是要输出的 Hello 对象本身，而不是原先的 exports。

2．服务端的模块的位置

在上面的代码中已经使用了模块，格式如下。

```
var http = require("http");
...
http.createServer(...);
```

在 Node.js 中自带了一个"http"的模块，在上述代码中的功能是请求它并把返回值赋给一个本地变量。这把本地变量变成了一个拥有所有 http 模块所提供的公共方法的对象。

Node.js 的 require 方法中的文件查找策略如图 18-16 所示。由于 Node.js 中存在 4 类模块（原生模块和 3 种文件模块），尽管 require 方法极其简单，但是内部的加载却是十分复杂的，其加载优先级也各自不同。

图 18-16　文件查找策略

（1）从文件模块缓存中加载

尽管原生模块与文件模块的优先级不同，但是都不会优先于从文件模块的缓存中加载已经存在的模块。

（2）从原生模块加载

原生模块的优先级仅次于文件模块缓存的优先级。require 方法在解析文件名之后，优先检查模块是否在原生模块列表中。以 http 模块为例，尽管在目录下存在一个 http/http.js/http.node/http.json 文件，但是 require("http")都不会从这些文件中加载，而是从原生模块中加载。

在原生模块中也有一个缓存区，同样也是优先从缓存区加载。如果缓存区没有被加载过，则调用原生模块的加载方式进行加载和执行。

（3）从文件加载

当文件模块缓存中不存在，而且不是原生模块时，Node.js 会解析 require 方法传入的参数，并从文件系统中加载实际的文件。require 方法可以实现如下几种参数的传递。

- http、fs、path：原生模块。
- ./mod 或 ../mod：相对路径的文件模块。
- /pathtomodule/mod：绝对路径的文件模块。
- mod：非原生模块的文件模块。

18.4 Node.js 的基本语法

语法是 Node.js 的核心技术内容，在本节的内容中，将详细讲解 Node.js 中事件、函数和路由的基本知识。

18.4.1 Node.js 事件

Node.js 在完成所有的异步 I/O 操作时都会发送一个事件到事件队列。Node.js 中的许多对象都会分发事件，例如：

- 一个 net.Server 对象会在每次有新连接时分发一个事件；
- 一个 fs.readStream 对象会在文件被打开时发出一个事件。

所有这些产生事件的对象都是 events.EventEmitter 的实例，可以通过"require("events");"来访问该模块。下面通过一个简单的例子说明 EventEmitter 的用法。

```
//event.js
var EventEmitter = require('events').EventEmitter;
var event = new EventEmitter();
event.on('some_event', function() {
  console.log('some_event occured.');
});
setTimeout(function() {
  event.emit('some_event');
}, 1000);
```

运行上述代码，1 秒后会在控制台输出"some_event occurred"。其原理是 event 对象注册了事件 some_event 的一个监听器，然后通过 setTimeout 在 1 000 毫秒后向 event 对象发送事件 some_event，此时会调用 some_event 的监听器。

1. EventEmitter 介绍

在 events 模块中只提供了一个对象：events.EventEmitter。EventEmitter 的核心就是事件发射与事件监听器功能的封装。EventEmitter 的每个事件由一个事件名和若干个参数组成，事件名是一个字符串，通常表达一定的语义。对于每个事件，EventEmitter 支持若干个事件监听器。当事件发射时，注册到这个事件的事件监听器被依次调用，事件参数作为回调函数参数传递。为了让读者理解上述过程，请看如下演示代码。

```
var events = require('events');
var emitter = new events.EventEmitter();
emitter.on('someEvent', function(arg1, arg2) {
  console.log('listener1', arg1, arg2);
});
emitter.on('someEvent', function(arg1, arg2) {
  console.log('listener2', arg1, arg2);
});
emitter.emit('someEvent', 'byvoid', 1991);
```

运行上述代码后输出：

```
listener1 byvoid 1991
listener2 byvoid 1991
```

在上述代码中，emitter 为事件 someEvent 注册了两个事件监听器，然后发射了 someEvent 事件。在运行结果中可以看到两个事件监听器回调函数被先后调用，这就是 EventEmitter 最简单的用法。

EventEmitter 中常用的 API 如下。

（1）EventEmitter.on（event, listener）和 emitter.addListener（event, listener）：为指定事件注册一个监听器，接收一个字符串 event 和一个回调函数 listener。例如：

```
server.on('connection', function (stream) {
  console.log('someone connected!');
});
```

（2）EventEmitter.emit（event, [arg1], [arg2], [...]）：发射 event 事件，传递若干可选参数到事件监听器的参数表。

（3）EventEmitter.once（event, listener）：为指定事件注册一个单次监听器，即监听器最多只会触发一次，触发后立刻解除该监听器。例如：

```
server.once('connection', function (stream) {
console.log('Ah, we have our first user!');
});
```

（4）EventEmitter.removeListener（event, listener）：移除指定事件的某个监听器，listener 必须是该事件已经注册过的监听器。例如：

```
var callback = function(stream) {
  console.log('someone connected!');
};
server.on('connection', callback);
// ...
server.removeListener('connection', callback);
```

（5）EventEmitter.removeAllListeners（[event]）：移除所有事件的所有监听器，如果指定 event，则移除指定事件的所有监听器。

2. error 事件

EventEmitter 定义了一个特殊的事件 error，它包含了"错误"的语义，在遇到异常时通常会发射 error 事件。当 error 被发射时，EventEmitter 规定如果没有响应的监听器，Node.js 会把它当作异常，退出程序并打印调用栈。

我们一般要为会发射 error 事件的对象设置监听器，避免遇到错误后整个程序崩溃。例如：

```
var events = require('events');
var emitter = newevents.EventEmitter();
emitter.emit('error');
```

运行时会显示如下错误：

```
node.js:201
throw e; // process.nextTick error, or 'error' event on first tick
^
Error: Uncaught, unspecified 'error' event.
at EventEmitter.emit (events.js:50:15)
at Object.<anonymous> (/home/byvoid/error.js:5:9)
at Module._compile (module.js:441:26)
at Object..js (module.js:459:10)
at Module.load (module.js:348:31)
at Function._load (module.js:308:12)
at Array.0 (module.js:479:10)
at EventEmitter._tickCallback (node.js:192:40)
```

3. 继承 EventEmitter

在大多数时候不会直接使用 EventEmitter，而是在对象中继承它。包括 fs、net、http 在内，只要是支持事件响应的核心模块都是 EventEmitter 的子类。这样做的原因有两点，具体说明如下。

（1）具有某个实体功能的对象实现事件符合语义，事件的监听和发射应该是一个对象的方法。

（2）JavaScript 的对象机制是基于原型的，支持部分多重继承，继承 EventEmitter 不会打乱对象原有的继承关系。

18.4.2　Node.js 函数

在 JavaScript 中，一个函数可以作为另一个函数接收一个参数。我们可以先定义一个函数，然后传递，也可以在传递参数的地方直接定义函数。Node.js 中函数的使用与 Javascript 类似，例如下面的演示代码。

```
function say(word) {
  console.log(word);
}
function execute(someFunction, value) {
  someFunction(value);
```

```
    }
    execute(say, "Hello");
```

在上述代码中，把函数 say 作为函数 execute 的第一个变量进行了传递。这里返回的不是 say 的返回值，而是 say 本身。这样一来，say 就变成了 execute 中的本地变量 someFunction，execute 可以通过调用 someFunction()（带括号的形式）来使用 say 函数。因为 say 有一个变量，execute 在调用 someFunction 时可以传递这样一个变量。

开发者可以把一个函数作为变量传递，但是不一定要绕这个"先定义，再传递"的圈子，可以直接在另一个函数的括号中定义和传递这个函数。

```
function execute(someFunction, value) {
    someFunction(value);
}
execute(function(word){ console.log(word) }, "Hello");
```

在 execute 接收第一个参数的地方直接定义了准备传递给 execute 的函数。通过这种方式，甚至不用给这个函数起名字，这也是为什么它被叫作匿名函数的原因。

究竟函数传递是如何让 HTTP 服务器工作的呢？接下来看"简约而不简单"的 HTTP 服务器。

```
var http = require("http");
http.createServer(function(request, response) {
    response.writeHead(200, {"Content-Type": "text/plain"});
    response.write("Hello World");
    response.end();
}).listen(8888);
```

现在它看上去清晰了很多，整个过程就是向 createServer 函数传递了一个匿名函数。用下面的代码也可以达到同样的目的。

```
var http = require("http");
function onRequest(request, response) {
    response.writeHead(200, {"Content-Type": "text/plain"});
    response.write("Hello World");
    response.end();
}
http.createServer(onRequest).listen(8888);
```

18.4.3 Node.js 路由

顾名思义，路由是指我们要针对不同的 URL 有不同的处理方式。通过路由为请求的 URL 和其他需要的访问提供 GET 及 POST 参数，随后路由需要根据这些数据来执行相应的代码。

在实现理由时需要查看 HTTP 请求，从中提取出请求的 URL 及 GET/POST 参数。我们需要的所有数据都会包含在 request 对象中，该对象作为 onRequest()回调函数的第一个参数传递。但是为了解析这些数据，需要额外的 Node.JS 模块，它们分别是 url 和 querystring 模块。图 18-17 所示演示了路由处理过程。

图 18-17　路由处理过程

当然也可以用 querystring 模块来解析 POST 请求体中的参数，接下来给 onRequest()函数加上一些逻辑，用来找出浏览器请求的 URL 路径。

```
var http = require("http");
var url = require("url");

function start() {
  function onRequest(request, response) {
    var pathname = url.parse(request.url).pathname;
    console.log("Request for " + pathname + " received.");
    response.writeHead(200, {"Content-Type": "text/plain"});
    response.write("Hello World");
    response.end();
  }

  http.createServer(onRequest).listen(8888);
  console.log("Server has started.");
}

exports.start = start;
```

现在可以通过请求的 URL 路径来区别不同的请求，这样得以使用路由（还未完成）来将请求以 URL 路径为基准映射到处理程序上。在所要构建的应用中，这说明来自/start 和/upload 的请求可以使用不同的代码来处理。

此时可以编写路由，建立一个名为 router.js 的文件，添加如下代码。

```
function route(pathname) {
  console.log("About to route a request for " + pathname);
}

exports.route = route;
```

上述代码什么也没做，在添加更多的逻辑以前，先来看看如何把路由和服务器整合起来，服务器应当知道路由的存在并加以有效利用。可以通过硬编码的方式将这一依赖项绑定到服务器上，但是这会是一件非常痛苦的事，因此将使用依赖注入的方式较松散地添加路由模块。

首先通过如下代码扩展服务器的 start() 函数，以便将路由函数作为参数传递过去。

```javascript
var http = require("http");
var url = require("url");

function start(route) {
  function onRequest(request, response) {
    var pathname = url.parse(request.url).pathname;
    console.log("Request for " + pathname + " received.");

    route(pathname);

    response.writeHead(200, {"Content-Type": "text/plain"});
    response.write("Hello World");
    response.end();
  }

  http.createServer(onRequest).listen(8888);
  console.log("Server has started.");
}

exports.start = start;
```

同时相应的扩展 index.js，使得路由函数可以被注入服务器中。

```javascript
var server = require("./server");
var router = require("./router");

server.start(router.route);
```

此处传递的函数依旧什么也没做。如果现在启动应用（node index.js，始终记得这个命令行），随后请求一个 URL，将会看到应用输出相应的信息，这表明 HTTP 服务器已经在使用路由模块，并会将请求的路径传递给路由。

```
bash$ node index.js
Request for /foo received.
About to route a request for /foo
```

通过上述输出，已经去掉了比较麻烦的 "/favicon.ico" 请求相关的部分。

18.4.4 Node.js 全局对象

在 JavaScript 中有一个特殊的对象，称为全局对象（Global Object），它及其所有属性都可以在程序的任何地方访问，即全局变量。

在浏览器 JavaScript 中，通常 Window 是全局对象，而 Node.js 中的全局对象是 global，所有全局变量（除了 global 本身以外）都是 global 对象的属性。

通常在 Node.js 中能够直接访问到的对象都是 global 的属性，如 console、process 等。

（1）全局对象与全局变量

global 最根本的作用是作为全局变量的宿主，满足以下条件的变量是全局变量。

● 在最外层定义的变量；

- 全局对象的属性；
- 隐式定义的变量（未定义直接赋值的变量）。

当定义一个全局变量时，这个变量同时也会成为全局对象的属性，反之亦然。在此需要注意的是，在 Node.js 中不可能在最外层定义变量，因为所有用户代码都是属于当前模块的，而模块本身不是最外层上下文。

> 💡 **注 意**
>
> 　永远使用 var 定义变量以避免引入全局变量，因为全局变量会污染命名空间，提高代码的耦合风险。

（2）process

process 是一个全局变量，即 global 对象的属性。process 用于描述当前 Node.js 进程状态的对象，提供了一个与操作系统的简单接口。通常在写本地命令行程序时，避免不了要和它打交道。下面将介绍 process 对象的一些最常用的成员方法。

- process.argv：是命令行参数数组，第一个元素是 node，第二个元素是脚本文件名，从第三个元素开始每个元素是一个运行参数。例如：

```
console.log(process.argv);
```

将以上代码存储为 argv.js，通过以下命令运行：

```
$ node argv.js 1991 name=byvoid --v "Carbo Kuo"
[ 'node',
'/home/byvoid/argv.js',
'1991',
'name=byvoid',
'--v',
'Carbo Kuo' ]
```

- process.stdout：是标准输出流，通常使用 console.log()向标准输出打印字符，而 process.stdout.write()函数提供了更底层的接口。
- process.stdin：是标准输入流，初始时它是被暂停的，想要从标准输入读取数据，必须恢复流，并手动编写流的事件响应函数。例如：

```
process.stdin.resume();
process.stdin.on('data', function(data) {
process.stdout.write('read from console: ' + data.toString());
});
```

- process.nextTick(callback)：功能是为事件循环设置一项任务，Node.js 会在下次事件循环响应时调用 callback。

很多初学者可能不理解这个函数的作用，有什么任务不能在当下执行完，而需要交给下次事件循环响应来做呢？因为 Node.js 适合 I/O 密集型的应用，而不是计算密集型的应用，因为一个 Node.js 进程只有一个线程，因此在任何时刻都只有一个事件在执行。如果这个事件占用大量的 CPU 时间，执行事件循环中的下一个事件就需要等待很久，因此 Node.js 的一个编程原则就是尽量缩短每个事件的执行时间。process.nextTick()提供了一个这样的工具，可以把复杂的工作进行拆分，变成一个个较小的事件。例如：

```
functiondoSomething(args, callback) {
    somethingComplicated(args);
    callback();
}
doSomething(functiononEnd() {
    compute();
});
```

假如 compute()和 somethingComplicated()是两个较为耗时的函数，以上的程序在调用 doSomething()时会先执行 somethingComplicated()，然后立即调用回调函数，在 onEnd()中又会执行 compute()函数而使用 process.nextTick()改写上面的代码：

```
functiondoSomething(args, callback) {
    somethingComplicated(args);
    process.nextTick(callback);
}
doSomething(functiononEnd() {
    compute();
});
```

在改写后的程序中，会把上面耗时的操作拆分为两个事件，减少每个事件的执行时间，提高事件响应速度。

（3）console

console 用于提供控制台标准输出，它是由 Internet Explorer 的 JScript 引擎提供的调试工具，后来逐渐成为浏览器的事实标准。Node.js 沿用了这个标准，提供与习惯行为一致的 console 对象，用于向标准输出流（stdout）或标准错误流（stderr）输出字符。

console 中的常用成员函数如下。

- console.log()：向标准输出流打印字符并以换行符结束。console.log 接受若干个参数，如果只有一个参数，则输出这个参数的字符串形式。如果有多个参数，则以类似于 C 语言 printf()命令的格式输出。第一个参数是一个字符串，如果没有参数，只打印一个换行。例如：

```
console.log('Hello world');
console.log('byvoid%diovyb');
console.log('byvoid%diovyb', 1991);
```

运行结果为：

```
Hello world
byvoid%diovyb
byvoid1991iovyb
```

- console.error()：与 console.log() 用法相同，只是向标准错误流输出。
- console.trace()：向标准错误流输出当前的调用栈。

执行 console.trace()后的运行结果如下：

```
Trace:
at Object.<anonymous> (/home/byvoid/consoletrace.js:1:71)
at Module._compile (module.js:441:26)
```

```
at Object..js (module.js:459:10)
at Module.load (module.js:348:31)
at Function._load (module.js:308:12)
at Array.0 (module.js:479:10)
at EventEmitter._tickCallback (node.js:192:40)
```

18.5 综合应用——使用 Node.js+Socket 实现聊天室系统

在 Web 领域应用中，通过使用实时推送技术可以让用户不需要刷新浏览器就可以获得实时更新，这类技术在在线聊天室、在线客服系统、评论系统、WebIM 等有着广泛的应用。下面将以一个具体实例的实现过程，来讲解使用"Node.js+Socket" 实时推送技术开发一个在线聊天系统的方法。

实例 18-1	说明
源码路径	daima\18\nodejs-socketio-chat\
功能	实现在线聊天室系统

1. 实例背景

WebSocket 已经在本书前面的章节中进行了详细介绍，这是 HTML 5 中新增的一种通信协议，这意味着一部分老版本浏览器（主要是 IE 10 以下版本）并不具备这个功能。通过百度统计的公开数据显示，IE 8 目前仍以 33%的市场份额占据榜首，而 Chrome 浏览器市场份额逐年上升，现在以超过 26%的市场份额位居第二，同时微软已经宣布停止对 IE 6 的技术支持并提示用户更新到新版本浏览器，这个曾经让无数前端工程师为之头疼的浏览器有望退出历史舞台，再加上几乎所有的智能手机浏览器都支持 HTML 5，因此使得 WebSocket 的实战意义大增。但是无论如何，在实际的项目中，仍然要考虑低版本浏览器的兼容方案：在支持 WebSocket 的浏览器中采用新技术，而在不支持 WebSocket 的浏览器里启用 Comet 来接收发送消息。

2. 需求分析

本系统需要实现如下需求。
（1）兼容不支持 WebSocket 的低版本浏览器。
（2）允许客户端有相同的用户名。
（3）进入聊天室后可以看到当前在线的用户和在线人数。
（4）用户上线或退出，所有在线的客户端应该实时更新。
（5）用户发送消息，所有客户端实时收取。

在实际的开发过程中，为了使用 WebSocket 接口构建 Web 应用，首先需要构建一个实现了 WebSocket 规范的服务端，服务端的实现不受平台和开发语言的限制，只需遵从 WebSocket 规范即可。目前已经出现了一些比较成熟的 WebSocket 服务端实现。例如，本实例使用的 Node.js+Socket.IO。

3．具体实现

（1）搭建 WebSocket 服务端

在这个环节需要尽可能地考虑真实生产环境，把 WebSocket 后端服务搭建成一个线上可以用域名访问的服务，如果你是在本地开发环境，可以换成本地 IP 地址，或者使用一个虚拟域名指向本地 IP。

首先进入工作目录，比如/workspace/wwwroot/plhwin/realtime.plhwin.com。在里面新建一个名为 package.json 的文件，内容如下。

```
{
"name": "realtime-server",
"version": "0.0.1",
"description": "my first realtime server",
"dependencies": {}
}
```

接下来使用 npm 命令安装 express 和 socket.io。

```
npm install --save express
npm install --save socket.io
```

安装成功后可以看到工作目录下生成了一个名为 node_modules 的文件夹，里面分别是 express 和 socket.io。

开始编写服务端的代码，新建一个文件 index.js。

```
var app = require('express')();
var http = require('http').Server(app);
var io = require('socket.io')(http);
app.get('/', function(req, res){
res.send('<h1>Welcome Realtime Server</h1>');
});
http.listen(3000, function(){
console.log('listening on *:3000');
});
```

通过命令行运行 node index.js，如果一切顺利，应该会看到返回"listening on *:3000"之类的字样，这说明服务已经成功搭建。此时在浏览器中打开 http://localhost:3000，即可看到正常的欢迎页面。

如果想让服务运行在线上服务器，并且可以通过域名访问的话，可以使用 Nginx 做代理。在 nginx.conf 中添加如下配置，然后将域名（比如：realtime.plhwin.com）解析到服务器 IP 即可。

```
server
{
listen 80;
server_name realtime.plhwin.com;
location / {
proxy_pass http://127.0.0.1:3000;
}
}
```

完成以上步骤，http://realtime.plhwin.com:3000
的后端服务就正常搭建成功了。执行效果如图 18-18
所示。

（2）服务端代码实现

前面讲到的 index.js 运行在服务端，之前的代码

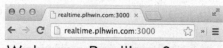

图 18-18 后端服务

只是一个简单的 WebServer 欢迎内容，让我们把 WebSocket 服务端完整地实现代码加入进去，
这样整个服务端就可以处理客户端的请求了。完整的 index.js 代码如下。

```
var app = require('express')();
var http = require('http').Server(app);
var io = require('socket.io')(http);
app.get('/', function(req, res){
res.send('<h1>Welcome Realtime Server</h1>');
});
//在线用户
var onlineUsers = {};
//当前在线人数
var onlineCount = 0;
io.on('connection', function(socket){
console.log('a user connected');
//监听新用户加入
socket.on('login', function(obj){
//将新加入用户的唯一标识当作 socket 的名称，后面退出的时候会用到
socket.name = obj.userid;
//检查在线列表，如果不在里面就加入
if(!onlineUsers.hasOwnProperty(obj.userid)) {
onlineUsers[obj.userid] = obj.username;
//在线人数+1
onlineCount++;
}
//向所有客户端广播用户加入
io.emit('login', {onlineUsers:onlineUsers, onlineCount:onlineCount, user:obj});
console.log(obj.username+'加入了聊天室');
});
//监听用户退出
socket.on('disconnect', function(){
//将退出的用户从在线列表中删除
if(onlineUsers.hasOwnProperty(socket.name)) {
//退出用户的信息
var obj = {userid:socket.name, username:onlineUsers[socket.name]};
//删除
delete onlineUsers[socket.name];
//在线人数-1
onlineCount--;
//向所有客户端广播用户退出
io.emit('logout', {onlineUsers:onlineUsers, onlineCount:onlineCount, user:obj});
console.log(obj.username+'退出了聊天室');
}
});
```

```
//监听用户发布聊天内容
socket.on('message', function(obj){
//向所有客户端广播发布的消息
io.emit('message', obj);
console.log(obj.username+'说: '+obj.content);
});
});
http.listen(3000, function(){
console.log('listening on *:3000');
});
```

（3）客户端代码实现

进入客户端工作目录 "/workspace/wwwroot/plhwin/demo.plhwin.com/chat"，新建文件 index.html，具体实现代码如下。

```html
<!DOCTYPE html>
<html>
<head>
<meta charset="utf-8">
<meta name="format-detection" content="telephone=no"/>
<meta name="format-detection" content="email=no"/>
<meta content="width=device-width, initial-scale=1.0, maximum-scale=1.0,
minimum-scale=1.0, user-scalable=0" name="viewport">
<title>多人聊天室</title>
<link rel="stylesheet" type="text/css" href="./style.css" />
<!--[if lt IE 8]><script src="./json3.min.js"></script><![endif]-->
<script src="http://realtime.plhwin.com:3000/socket.io/socket.io.js"></script>
</head>
<body>
<div id="loginbox">
<div style="width:260px;margin:200px auto;">
请先输入你在聊天室的昵称
<br/>
<br/>
<input type="text" style="width:180px;" placeholder="请输入用户名" id="username"
name="username" />
<input type="button" style="width:50px;" value="提交" onclick="CHAT.usernameSubmit();"/>
</div>
</div>
<div id="chatbox" style="display:none;">
<div style="background:#3d3d3d;height: 28px; width: 100%;font-size:12px;">
<div style="line-height: 28px;color:#fff;">
<span style="text-align:left;margin-left:10px;">Websocket 多人聊天室</span>
<span style="float:right; margin-right:10px;"><span id="showusername"></span> |
<a href="javascript:;" onclick="CHAT.logout()" style="color:#fff;">退出</a>
</span>
</div>
</div>
<div id="doc">
<div id="chat">
<div id="message" class="message">
```

```
<div id="onlinecount" style="background:#EFEFF4; font-size:12px; margin-top:
10px; margin-left:10px; color:#666;">
</div>
</div>
<div class="input-box">
<div class="input">
<input type="text" maxlength="140" placeholder="请输入聊天内容，按 Ctrl 提交"
id="content" name="content">
</div>
<div class="action">
<button type="button" id="mjr_send" onclick="CHAT.submit();">提交</button>
</div>
</div>
</div>
</div>
</div>
<script type="text/javascript" src="./client.js"></script>
</body>
</html>
```

在上述实现代码中，需要注意如下 4 个文件请求。

- realtime.plhwin.com:3000/socket.io/socket.io.js
- style.css
- json3.min.js
- client.js

各个文件的具体说明如下。

- 第 1 个 JS 文件：是 Socket.IO 提供的客户端 JS 文件，在前面安装服务端的步骤中，当 npm 安装完 socket.io 并搭建起 WebServer 后，这个 JS 文件即可正常访问。
- 第 2 个 style.css 文件：是样式文件。
- 第 3 个 JS 文件：只在 IE 8 以下版本的 IE 浏览器中加载，目的是让这些低版本的 IE 浏览器也能处理 json，这是一个开源的 JS，详见：http://bestiejs.github.io/json3/。
- 第 4 个 client.js 文件：是完整的客户端的业务逻辑实现代码，它的内容如下。

```
(function () {
var d = document,
w = window,
p = parseInt,
dd = d.documentElement,
db = d.body,
dc = d.compatMode == 'CSS1Compat',
dx = dc ? dd: db,
ec = encodeURIComponent;
w.CHAT = {
msgObj:d.getElementById("message"),
screenheight:w.innerHeight ? w.innerHeight : dx.clientHeight,
username:null,
userid:null,
socket:null,
```

```javascript
//让浏览器滚动条保持在最底部
scrollToBottom:function(){
w.scrollTo(0, this.msgObj.clientHeight);
},
//退出，本例只是一个简单的刷新
logout:function(){
//this.socket.disconnect();
location.reload();
},
//提交聊天消息内容
submit:function(){
var content = d.getElementById("content").value;
if(content != ''){
var obj = {
userid: this.userid,
username: this.username,
content: content
};
this.socket.emit('message', obj);
d.getElementById("content").value = '';
}
return false;
},
genUid:function(){
return new Date().getTime()+""+Math.floor(Math.random()*899+100);
},
//更新系统消息，本例中在用户加入、退出的时候调用
updateSysMsg:function(o, action){
//当前在线用户列表
var onlineUsers = o.onlineUsers;
//当前在线人数
var onlineCount = o.onlineCount;
//新加入用户的信息
var user = o.user;
//更新在线人数
var userhtml = '';
var separator = '';
for(key in onlineUsers) {
if(onlineUsers.hasOwnProperty(key)){
userhtml += separator+onlineUsers[key];
separator = '、';
}
}
d.getElementById("onlinecount").innerHTML = '当前共有 '+onlineCount+' 人在线,
在线列表: '+userhtml;
//添加系统消息
var html = '';
html += '<div class="msg-system">';
html += user.username;
html += (action == 'login') ? ' 加入了聊天室' : ' 退出了聊天室';
```

```
html += '</div>';
var section = d.createElement('section');
section.className = 'system J-mjrlinkWrap J-cutMsg';
section.innerHTML = html;
this.msgObj.appendChild(section);
this.scrollToBottom();
},
//第一个界面用户提交用户名
usernameSubmit:function(){
var username = d.getElementById("username").value;
if(username != ""){
d.getElementById("username").value = '';
d.getElementById("loginbox").style.display = 'none';
d.getElementById("chatbox").style.display = 'block';
this.init(username);
}
return false;
},
init:function(username){
/*
客户端根据时间和随机数生成 uid,这样使得聊天室用户名称可以重复。
实际项目中，如果是需要用户登录，那么直接采用用户的 uid 来做标识即可
*/
this.userid = this.genUid();
this.username = username;
d.getElementById("showusername").innerHTML = this.username;
this.msgObj.style.minHeight = (this.screenheight - db.clientHeight + this.
msgObj.clientHeight) + "px";
this.scrollToBottom();
//连接 websocket 后端服务器
this.socket = io.connect('ws://realtime.plhwin.com:3000');
//告诉服务器端有用户登录
this.socket.emit('login', {userid:this.userid, username:this.username});
//监听新用户登录
this.socket.on('login', function(o){
CHAT.updateSysMsg(o, 'login');
});
//监听用户退出
this.socket.on('logout', function(o){
CHAT.updateSysMsg(o, 'logout');
});
//监听消息发送
this.socket.on('message', function(obj){
var isme = (obj.userid == CHAT.userid) ? true : false;
var contentDiv = '<div>'+obj.content+'</div>';
var usernameDiv = '<span>'+obj.username+'</span>';
var section = d.createElement('section');
if(isme){
section.className = 'user';
section.innerHTML = contentDiv + usernameDiv;
} else {
```

```
section.className = 'service';
section.innerHTML = usernameDiv + contentDiv;
}
CHAT.msgObj.appendChild(section);
CHAT.scrollToBottom();
});
}
};
//通过"回车"提交用户名
d.getElementById("username").onkeydown = function(e) {
e = e || event;
if (e.keyCode === 13) {
CHAT.usernameSubmit();
}
};
//通过"回车"提交信息
d.getElementById("content").onkeydown = function(e) {
e = e || event;
if (e.keyCode === 13) {
CHAT.submit();
}
};
})();
```

到此所有的编码开发工作全部完成。将代码整理为两个文件夹：client 和 server，client 文件夹保存的是客户端源码，既可以放在 Nginx/Apache 的 WebServer 中，也可以放在 Node.js 的 WebServer 中。server 文件夹里保存的是 websocket 服务端代码，放在 Node.js 环境中，使用 npm 安装完 express 和 socket.io 后，node index.js 启动后端服务即可。

执行后的初始效果如图 18-19 所示。输入昵称单击"提交"按钮后即可进入聊天室，并发布聊天信息，如图 18-20 所示。

图 18-19　初始效果

图 18-20　聊天界面

Chapter

19

记事本系统

经过本书前面内容的学习，已经掌握了 jQuery Mobile 移动 Web 开发技术的基本知识。在本章的内容中，将综合运用本书前面所学的知识，结合使用 HTML 5、CSS 3 和 jQuery Mobile 技术开发一个能够在移动设备中运行的记事本管理系统。希望读者认真阅读本章内容，仔细品味 HTML 5+jQuery Mobile+CSS 组合在移动 Web 开发领域的真谛。

19.1 系统功能分析

在进行一个 Web 项目之前，一定要做好需求分析方面的工作，这是设计并开发任何软件项目的准备工作。作为一个基本的记事本系统，需要具备如下功能。

（1）提供快速入口导航功能

为了帮助使用者迅速上手，提高系统的美观性，专门设置了一个导航主界面。当系统运行后会以左右滑动的方式显示系统截图，并自动进入系统首页。

（2）列表展示系统中的记录信息

进入系统后，将列表显示系统中的所有记事本的类别信息，并显示每一个类别的记事本条数。

（3）记事本列表

当单击某一个类别名称后会来到记事本类表界面，在此界面中列表显示了这个类别下的所有记事本的名称。并且还提供了过滤搜索功能，能够快速检索到符合用户输入关键字的记事本信息。

（4）记事本详情

单击某一个记事本名称后，会在新界面中显示这条记事本的详细信息。

（5）新增记事本

系统必须提供发布新记事本功能，供用户随时发布新的记事本信息。

（6）修改记事本

系统必须提供修改新记事本功能，供用户随时根据需要编辑修改某一条记事本信息。

（7）删除记事本

系统必须提供删除新记事本功能，供用户随时根据需要删除某一条不需要的记事本信息。

19.2 系统模块划分

根据如图 19-1 所示中的系统功能分析，得出本系统的模块的结构。

图 19-1 系统构成模块图

19.3 构建 jQuery Mobie 平台

本系统需要借助于 jQuery Mobie 技术实现，所以需要在页面中事先构建 HTML+jQuery Mobie+CSS 平台。构建工作需要在 HTML 文件的头文件中实现，具体实现代码如下。

```
<!DOCTYPE html>
<html>
<head>
<title>首页_城南记事本系统</title>
<meta name="viewport" content="width=device-width,
    initial-scale=1.0, maximum-scale=1.0, user-scalable=0;" />
<link href="Css/jquery.mobile-1.0.1.min.css"
    rel="stylesheet" type="text/css"/>
<link href="Css/rttopHtml5.css"
    rel="stylesheet" type="text/css"/>
<script src="Js/jquery-1.6.4.js"
    type="text/javascript" ></script>
<script src="Js/jquery.mobile-1.0.1.js"
    type="text/javascript" ></script>
</head>
```

19.4 页面实现

经过系统分析、模块划分和平台搭建工作之后，接下来正式步入系统实现阶段的工作。在本节的内容中，将首先详细讲解 HTML 5 页面的具体实现过程。

19.4.1　实现系统首页

本实例的系统首页文件是 notenav.htm，此页面是一个图片导航界面，首先使用<div>设置了一幅图片，然后使用<ul>元素设置了一个滑动标识图像。文件 notenav.htm 的具体实现代码如下。

```html
<!DOCTYPE html>
<html>
<head>
<title>新手导航_城动记事本系统</title>
<meta name="viewport" content="width=device-width,
    initial-scale=1.0, maximum-scale=1.0, user-scalable=0;" />
<link href="Css/jquery.mobile-1.0.1.min.css"
    rel="stylesheet" type="text/css"/>
<link href="Css/mmmHtml5.css"
    rel="stylesheet" type="text/css"/>
<script src="Js/jquery-1.6.4.js"
    type="text/javascript" ></script>
<script src="Js/jquery.mobile-1.0.1.js"
    type="text/javascript" ></script>
<style type="text/css">
.ui-page{ background:#414141}
</style>
</head>
<body>
  <div data-role="page" id="notenav_index">
    <div data-role="header"><h4>新手导航</h4></div>
      <div data-role="content">
      <div id="notenav_wrap">
       <div id="notenav_list">
          <a href="javascript:">
            <img src="Images/nav1.jpg" alt="" /></a>
          <a href="javascript:">
            <img src="Images/nav2.jpg" alt="" /></a>
      </div>
       <ul id="notenav_icon"><li></li><li></li></ul>
       </div>
       </div>
  </div>
<script src="Js/mmmHtml5.base.js"
    type="text/javascript"></script>
<script src="Js/mmmHtml5.note.js"
    type="text/javascript" ></script>
</body>
</html>
```

在上述代码中调用了两个 JS 脚本文件，分别是 mmmHtml5.base.js 和 mmmHtml5.note.js。其中文件 mmmHtml5.base.js 的功能是设置系统的基本属性，定义并设置 localStorage 对象的键名和键值方法。文件 mmmHtml5.base.js 的具体实现代码如下。

```javascript
var mmmhtml5mobi = {
    author: 'mmm',
```

```
        version: '1.0',
        website: 'http://localhost'
    }
    mmmhtml5mobi.utils = {
        setParam: function(name, value) {
            localStorage.setItem(name, value)
        },
        getParam: function(name) {
            return localStorage.getItem(name)
        }
    }
```

　　文件 mmmHtml5.note.js 是由 jQuery Mobile 框架实现的，实现了本系统所有页面需要的
JavaScript 代码，其中和导航页相关的实现代码如下。

```
//新手导航页面创建事件
$("#notenav_index").live("pagecreate", function() {
    if (mmmhtml5mobi.utils.getParam('bln_look') != null) {
        $.mobile.changePage("index.htm", "slideup");
    } else {
        var $count = $("#notenav_list a").length;
        $("#notenav_list a:not(:first-child)").hide();
        $("#notenav_icon li:first-child").addClass('on').html("1");
        $("#notenav_list a img").each(function(index) {
            $(this).swipeleft(function() {
                if (index < $count - 1) {
                    var i = index + 1;
                    var s = i + 1;
                    $("#notenav_list a").filter(":visible").fadeOut(500).parent().
children().eq(i).fadeIn(1000);
                    $("#notenav_icon li").eq(i).html(s);
                    $("#notenav_icon li").eq(i).toggleClass("on");
                    $("#notenav_icon li").eq(i).siblings().removeAttr("class").
html("");
                    if (s == $count) {
                        mmmhtml5mobi.utils.setParam('bln_look', 1);
                        $.mobile.changePage("index.htm", "slideup");
                    }
                }
            }).swiperight(function() {
                if (index > 0) {
                    var i = index - 1;
                    var s = i + 1;
                    $("#notenav_list a").filter(":visible").fadeOut(500).parent().
children().eq(i).fadeIn(1000);
                    $("#notenav_icon li").eq(i).html(s);
                    $("#notenav_icon li").eq(i).toggleClass("on");
                    $("#notenav_icon
li").eq(i).siblings().removeAttr("class").html("");
                }
            })
        })
    }
})
```

此时执行后的效果如图 19-2 所示。

19.4.2 实现记事本类别列表页面

当滑动系统首页文件后，会进入系统记事本类别列表页面 index.htm，此页面列表显示了系统内所有的记事本类别名称，并在每一个类别项的后面显示了此类别下记事本信息的数目。文件 index.htm 的具体实现代码如下。

图 19-2 执行效果

```html
<!DOCTYPE html>
<html>
<head>
<title>首页_城南记事本系统</title>
<meta name="viewport" content="width=device-width,
    initial-scale=1.0, maximum-scale=1.0, user-scalable=0;" />
<link href="Css/jquery.mobile-1.0.1.min.css"
    rel="stylesheet" type="text/css"/>
<link href="Css/mmmHtml5.css"
    rel="stylesheet" type="text/css"/>
<script src="Js/jquery-1.6.4.js"
    type="text/javascript" ></script>
<script src="Js/jquery.mobile-1.0.1.js"
    type="text/javascript" ></script>
</head>
<body>
  <div data-role="page" id="index_index">
    <div data-role="header" data-position="fixed"
        data-position="inline">
      <h4>城南记事</h4>
      <a href="addnote.htm" class="ui-btn-right">新增</a>
    </div>
    <div data-role="content">
      <ul data-role="listview"></ul>
    </div>
    <div data-role="footer" data-position="fixed" >
      <h1>©2014@版权所有</h1>
    </div>
  </div>
<script src="Js/mmmHtml5.base.js"
    type="text/javascript"></script>
<script src="Js/mmmHtml5.note.js"
    type="text/javascript" ></script>
</body>
</html>
```

在脚本文件 mmmHtml5.note.js 中，与此页面相关的脚本代码如下。

```javascript
//首页页面创建事件
$("#index_index").live("pagecreate", function() {
    var $listview = $(this).find('ul[data-role="listview"]');
```

```
        var $strKey = "";
        var $m = 0, $n = 0;
        var $strHTML = "";
        for (var intI = 0; intI < localStorage.length; intI++) {
            $strKey = localStorage.key(intI);
            if ($strKey.substring(0, 4) == "note") {
                var getData = JSON.parse(mmmhtml5mobi.utils.getParam($strKey));
                if (getData.type == "a") {
                    $m++;
                }
                if (getData.type == "b") {
                    $n++;
                }
            }
        }
        var $sum = parseInt($m) + parseInt($n);
        $strHTML += '<li data-role="list-divider">全部记事本内容<span class="ui-
li-count">' + $sum + '</span></li>';
        $strHTML += '<li><a href="list.htm" data-ajax="false" data-id="a" data-
name="散文">散文<span class="ui-li-count">' + $m + '</span></li>';
        $strHTML += '<li><a href="list.htm" data-ajax="false" data-id="b" data-
name="随笔">随笔<span class="ui-li-count">' + $n + '</span></li>';
        $listview.html($strHTML);
        $listview.delegate('li a', 'click', function(e) {
            mmmhtml5mobi.utils.setParam('link_type', $(this).data('id'))
            mmmhtml5mobi.utils.setParam('type_name', $(this).data('name'))
        })
    })
```

此时执行后的效果如图 19-3 所示。

19.4.3　实现记事本列表页面

当单击类别列表中的某个类别项后，会进入系统记事本列表页面
list.htm，此页面列表显示了被单击类别下所有记事本信息的名称，并
在每一个记事本名称上方显示了一个文本框，用户可以输入关键字，
系统会自动检索出和关键字有关的记事本信息。文件 list.htm 的具体
实现代码如下。

图 19-3　执行效果

```
<!DOCTYPE html>
<html>
<head>
<title>类别列表页_城南记事本系统</title>
<meta name="viewport" content="width=device-width,
    initial-scale=1.0, maximum-scale=1.0, user-scalable=0;" />
<link href="Css/jquery.mobile-1.0.1.min.css"
    rel="stylesheet" type="text/css"/>
<link href="Css/mmmHtml5.css"
    rel="stylesheet" type="text/css"/>
```

```
<script src="Js/jquery-1.6.4.js"
    type="text/javascript" ></script>
<script src="Js/jquery.mobile-1.0.1.js"
    type="text/javascript" ></script>
</head>
<body>
  <div data-role="page" id="list_index">
    <div data-role="header" data-position="fixed"
        data-position="inline">
      <a href="index.htm">返回</a>
      <h4>记事列表</h4>
      <a href="addnote.htm">新增</a>
    </div>
    <div data-role="content">
      <ul data-role="listview" data-filter="true"></ul>
    </div>
    <div data-role="footer" data-position="fixed" >
      <h1>©2014@版权所有</h1>
    </div>
  </div>
<script src="Js/mmmHtml5.base.js"
    type="text/javascript"></script>
<script src="Js/mmmHtml5.note.js"
    type="text/javascript" ></script>
</body>
</html>
```

在脚本文件 mmmHtml5.note.js 中，与此页面相关的脚本代码如下。

```
//记事列表页面创建事件
$("#list_index").live("pagecreate", function() {
    var $listview = $(this).find('ul[data-role="listview"]');
    var $strKey = "", $strHTML = "", $intSum = 0;
    var $strType = mmmhtml5mobi.utils.getParam('link_type');
    var $strName = mmmhtml5mobi.utils.getParam('type_name');
    for (var intI = 0; intI < localStorage.length; intI++) {
        $strKey = localStorage.key(intI);
        if ($strKey.substring(0, 4) == "note") {
            var getData = JSON.parse(mmmhtml5mobi.utils.getParam($strKey));
            if (getData.type == $strType) {
                $strHTML += '<li data-icon="false" data-ajax="false"><a href=
"notedetail.htm" data-id="' + getData.nid + '">' + getData.title + '</a></li>';
                $intSum++;
            }
        }
    }
    var strTitle = '<li data-role="list-divider">' + $strName + '<span
class="ui-li-count">' + $intSum + '</span></li>';
    $listview.html(strTitle + $strHTML);
    $listview.delegate('li a', 'click', function(e) {
        mmmhtml5mobi.utils.setParam('list_link_id', $(this).data('id'))
    })
})
```

此时执行后的效果如图 19-4 所示。

19.4.4 实现记事本详情和删除页面

当单击记事本列表中的某个记事本名称后，会进入系统记事本详情页面 notedetail.htm，此页面显示了被单击记事本的详细信息，包括名称和内容。当单击右上角的"删除"按钮后，会删除这条记事本信息。文件 notedetail.htm 的具体实现代码如下。

图 19-4 执行效果

```html
<head>
<title>浏览记事页_城南记事本系统</title>
<meta name="viewport" content="width=device-width,
    initial-scale=1.0, maximum-scale=1.0, user-scalable=0;" />
<link href="Css/jquery.mobile-1.0.1.min.css"
    rel="stylesheet" type="text/css"/>
<link href="Css/mmmHtml5.css"
    rel="stylesheet" type="text/css"/>
<script src="Js/jquery-1.6.4.js"
    type="text/javascript" ></script>
<script src="Js/jquery.mobile-1.0.1.js"
    type="text/javascript" ></script>
</head>
<body>
  <div data-role="page" id="notedetail_index">
    <div data-role="header" data-position="fixed"
        data-position="inline">
      <a href="editnote.htm" data-ajax="false">修改</a>
      <h4></h4>
      <a href="javascript:" id="alink_delete">删除</a></div>
    <div data-role="content">
      <h3 id="title"></h3>
      <p class="notep"></p>
      <p id="content"></p>
    </div>
    <div data-role="footer" data-position="fixed" >
      <h1>©2014@版权所有</h1>
    </div>
  </div>
<script src="Js/mmmHtml5.base.js"
    type="text/javascript"></script>
<script src="Js/mmmHtml5.note.js"
    type="text/javascript" ></script>
</body>
</html>
```

在脚本文件 mmmHtml5.note.js 中，与此页面相关的脚本代码如下。

```javascript
//记事详细页面创建事件
$("#notedetail_index").live("pagecreate", function() {
```

```
        var $type = $(this).find('div[data-role="header"] h4');
        var $strId = mmmhtml5mobi.utils.getParam('list_link_id');
        var $titile = $("#title");
        var $content = $("#content");
        var listData = JSON.parse(mmmhtml5mobi.utils.getParam($strId));
        var strType = listData.type == "a" ? "散文" : "随笔";
        $type.html(strType);
        $titile.html(listData.title);
        $content.html(listData.content);
        $(this).delegate('#alink_delete', 'click', function(e) {
            var yn = confirm("您真的要删除吗？");
            if (yn) {
                localStorage.removeItem($strId);
                window.location.href = "list.htm";
            }
        })
    })
```

此时执行后的效果如图 19-5 所示。

图 19-5　执行效果

19.4.5　实现记事本修改页面

当在记事本详情界面单击左上角的"修改"按钮后，会进入系统记事本修改页面
editnote.htm，此页面显示了当前记事本的详细信息，并且用户可以编辑修改当前记事本的名
称和内容。修改完毕后，单击"更新"按钮后可以完成保存工作。文件 editnote.htm 的具体
实现代码如下。

```
<html>
<head>
<title>修改记-事城南记事本系统</title>
<meta name="viewport" content="width=device-width,
    initial-scale=1.0, maximum-scale=1.0, user-scalable=0;" />
<link href="Css/jquery.mobile-1.0.1.min.css"
    rel="stylesheet" type="text/css"/>
<link href="Css/mmmHtml5.css"
    rel="stylesheet" type="text/css"/>
```

```
<script src="Js/jquery-1.6.4.js"
    type="text/javascript" ></script>
<script src="Js/jquery.mobile-1.0.1.js"
    type="text/javascript" ></script>
</head>
<body>
  <div data-role="page" id="editnote_index">
    <div data-role="header" data-position="fixed"
        data-position="inline">
      <a href="notedetail.htm" data-ajax="false">返回</a>
      <h4>编辑记事</h4>
      <a href="javascript:">更新</a>
    </div>
    <div data-role="content">
      <label for="rdo-type">类型:</label>
      <fieldset data-role="controlgroup" id="rdo-type" data-mini="true"
            data-type="horizontal"    style="padding:5px    0px    0px    0px;
margin:0px">
        <input type="radio" name="rdo-type" id="rdo-type-0" value="a" />
        <label for="rdo-type-0" id="lbl-type-0">散文</label>
        <input type="radio" name="rdo-type" id="rdo-type-1" value="b"/>
        <label for="rdo-type-1" id="lbl-type-1">随笔</label>
        <input type="hidden" id="hidtype"  value="a"/>
      </fieldset>
      <label for="txt-title">标题:</label>
      <input type="text" name="txt-title" id="txt-title" value=""  />
      <label for="txta-content">正文:</label>
      <textarea name="txta-content" id="txta-content"></textarea>
    </div>
    <div data-role="footer" data-position="fixed" >
      <h1>©2014@版权所有</h1>
    </div>
  </div>
<script src="Js/mmmHtml5.base.js"
    type="text/javascript"></script>
<script src="Js/mmmHtml5.note.js"
    type="text/javascript" ></script>
</body>
</html>
```

在脚本文件 mmmHtml5.note.js 中，与此页面相关的脚本代码如下。

```
//修改记事页面创建事件
$("#editnote_index").live("pageshow", function() {
    var $strId = mmmhtml5mobi.utils.getParam('list_link_id');
    var $header = $(this).find('div[data-role="header"]');
    var $rdotype = $("input[type='radio']");
    var $hidtype = $("#hidtype");
    var $txttitle = $("#txt-title");
    var $txtacontent = $("#txta-content");
    var editData = JSON.parse(mmmhtml5mobi.utils.getParam($strId));
```

```
    $hidtype.val(editData.type);
    $txttitle.val(editData.title);
    $txtacontent.val(editData.content);
    if (editData.type == "a") {
        $("#lbl-type-0").removeClass("ui-radio-off").addClass("ui-radio-on
ui-btn-active");
    } else {
        $("#lbl-type-1").removeClass("ui-radio-off").addClass("ui-radio-on
ui-btn-active");
    }
    $rdotype.bind("change", function() {
        $hidtype.val(this.value);
    });
    $header.delegate('a', 'click', function(e) {
        if ($txttitle.val().length > 0 && $txtacontent.val().length > 0) {
            var strnid = $strId;
            var notedata = new Object;
            notedata.nid = strnid;
            notedata.type = $hidtype.val();
            notedata.title = $txttitle.val();
            notedata.content = $txtacontent.val();
            var jsonotedata = JSON.stringify(notedata);
            mmmhtml5mobi.utils.setParam(strnid, jsonotedata);
            window.location.href = "list.htm";
        }
    })
})
```

记事本修改页面执行后的效果如图 19-6 所示。

19.4.6 实现添加记事本页面

在系统记事本类别列表界面或系统记事本列表界面中，当单击右上角的"新增"按钮后，会进入系统记事本添加页面 addnote.htm。添加页面提供了两个表单，可以在表单中分别输入新的记事本名称和内容，然后单击右上角的"保存"按钮，这样可以实现添加新记事本信息的功能。文件 addnote.htm 的具体实现代码如下。

图 19-6 执行效果

```
<!DOCTYPE html>
<html>
<head>
<title>增加记事页_城南记事本系统</title>
<meta name="viewport" content="width=device-width,
    initial-scale=1.0, maximum-scale=1.0, user-scalable=0;" />
<link href="Css/jquery.mobile-1.0.1.min.css"
    rel="stylesheet" type="text/css"/>
<link href="Css/mmmHtml5.css"
    rel="stylesheet" type="text/css"/>
```

```
<script src="Js/jquery-1.6.4.js"
    type="text/javascript" ></script>
<script src="Js/jquery.mobile-1.0.1.js"
    type="text/javascript" ></script>
</head>
<body>
  <div data-role="page" id="addnote_index">
    <div data-role="header" data-position="fixed"
        data-position="inline">
      <a href="javascript:" data-rel="back">返回</a>
      <h4>增加记事</h4>
      <a href="javascript:">保存</a>
    </div>
    <div data-role="content">
      <label for="rdo-type">类型:</label>
      <fieldset data-role="controlgroup" id="rdo-type" data-mini="true"
            data-type="horizontal" style="padding:5px 0px 0px 0px; margin:0px">
        <input type="radio" name="rdo-type" id="rdo-type-0" value="a"
            checked="checked" />
        <label for="rdo-type-0">散文</label>
        <input type="radio" name="rdo-type" id="rdo-type-1" value="b"  />
        <label for="rdo-type-1">随笔</label>
        <input type="hidden" id="hidtype"  value="a"/>
      </fieldset>
      <label for="txt-title">标题:</label>
      <input type="text" name="txt-title" id="txt-title" value=""  />
      <label for="txta-content">正文:</label>
      <textarea name="txta-content" id="txta-content"></textarea>
    </div>
    <div data-role="footer" data-position="fixed" >
      <h1>©2014@版权所有</h1>
    </div>
  </div>
<script src="Js/mmmHtml5.base.js"
    type="text/javascript"></script>
<script src="Js/mmmHtml5.note.js"
    type="text/javascript" ></script>
</body>
</html>
```

在脚本文件 mmmHtml5.note.js 中，与此页面相关的脚本代码如下。

```
//增加记事页面创建事件
$("#addnote_index").live("pagecreate", function() {
    var $header = $(this).find('div[data-role="header"]');
    var $rdotype = $("input[type='radio']");
    var $hidtype = $("#hidtype");
    var $txttitle = $("#txt-title");
    var $txtacontent = $("#txta-content");
    $rdotype.bind("change", function() {
        $hidtype.val(this.value);
```

```
    });
    $header.delegate('a', 'click', function(e) {
        if ($txttitle.val().length > 0 && $txtacontent.val().length > 0) {
            var strnid = "note_" + RetRndNum(3);
            var notedata = new Object;
            notedata.nid = strnid;
            notedata.type = $hidtype.val();
            notedata.title = $txttitle.val();
            notedata.content = $txtacontent.val();
            var jsonotedata = JSON.stringify(notedata);
            mmmhtml5mobi.utils.setParam(strnid, jsonotedata);
            window.location.href = "list.htm";
        }
    });
    function RetRndNum(n) {
        var strRnd = "";
        for (var intI = 0; intI < n; intI++) {
            strRnd += Math.floor(Math.random() * 10);
        }
        return strRnd;
    }
})
```

记事本修改页面执行后的效果如图 19-7 所示。

图 19-7　执行效果

19.5　系统样式文件

本系统编写的 CSS 样式文件是 mmmHtml5.css，此文件的原理比较简单。在下面只列出文件 mmmHtml5.css 的具体代码，不再对此文件的具体实现进行详细讲解。

```
#notenav_wrap
{
    position:relative;width:100%;
    height:auto;min-height:322px;
    overflow:hidden;
}
#notenav_wrap ul
{
```

```css
  position:absolute;list-style-type:none;
  z-index:2;margin:0;bottom:0px;
  padding:0;left:45%;
}
#notenav_wrap ul li
{
  background:url(images/icons_off.png)
  center no-repeat;width:12px;
  height:12px;float:left;
  margin-right:8px;
}
#notenav_wrap ul li.on
{
  background:url(images/icons_on.png)
  center no-repeat;width:12px;
  height:12px;line-height:12px;
  float:left;margin-right:8px;font-size:10px;
  text-align:center;color:#666; font-family:Arial
}
#notenav_list a
{
  position:absolute;width:100%;
}
#notenav_list a img
{
  border:0px;width:100%;
  height:auto;height:298px;
}
#title
{
  margin:0px;text-align:center
}
.notep
{
  border-bottom:solid 1px #ccc
}
.ui-btn-corner-all
{
  border-radius: .2em;
}
.ui-header .ui-btn-inner
{
  font-size: 12.5px; padding: .35em 6px .3em;
}
.ui-btn-inner
{
  padding: .3em 20px; display: block;
  text-overflow: ellipsis; overflow: hidden;
  white-space: nowrap;
  position: relative; zoom: 1;
}
```

Chapter 20

Android 版的电话管理系统

在本章的内容中，将综合运用本书前面所学的知识，并结合使用 CSS 和 JavaScript 的技术，开发一个在 Android 平台运行的电话本管理系统。希望读者认真阅读本章内容，仔细品味 HTML 5+jQuery Mobile+PhoneGap 组合在移动 Web 开发领域的真谛，为读者步入以后的工作岗位打下坚实的基础，并能以此实例作为启迪。

20.1 需求分析

本实例使用 HTML 5+jQuery Mobile+PhoneGap 实现了一个经典的电话本管理工具，能够实现对设备内联系人信息的管理，包括添加新信息、删除信息、快速搜索信息、修改信息、更新信息等功能。在本节的内容中，将对本项目进行必要的需求性分析。

20.1.1 产生背景

随着网络与信息技术的发展，很多陌生人之间都有了或多或少的联系。如何更好地管理这些信息是每个人必须面临的问题，特别是那些很久没有联系的朋友，再次见面无法马上想起关于这个人的记忆，造成一些不必要的尴尬。基于上述种种原因，开发一套通讯录管理系统很重要。

另外，随着移动设备平台的发展，以 Android 为代表的智能手机系统已经普及到普通消费者用户。智能手机设备已经成为人们生活中必不可少的物品。在这种历史背景之下，手机通讯录变得越发重要，已经成为人们离不开的联系人系统。

正是因为上述两个背景，可以得出一个结论：开发一个手机电话本管理系统势在必行。本系统的主要目的是为了更好地管理每个人的通讯录，给每个人提供一个井然有序的管理平台，防止手工管理混乱而造成不必要的麻烦。

20.1.2 功能分析

通过市场调查可知，一个完整的电话本管理系统应该包括：添加模块、主窗体模块、信息查询模块、信息修改模块、系统管理模块。本系统主要实现设备内联系人信息的管理，包括添加、修改、查询和删除。整个系统模块划分如图 20-1 所示。

图 20-1　系统构成模块图

（1）系统管理模块

用户通过此模块来管理设备内的联系人信息，在屏幕下方提供了实现系统管理的 5 个按钮。

- 搜索：触摸按下此按钮后能够快速搜索设备内我们需要的联系人信息。
- 添加：触摸按下此按钮后能够向设备内添加新的联系人信息。
- 修改：触摸按下此按钮后能够修改设备内已经存在的某条联系人信息。
- 删除：触摸按下此按钮后删除设备内已经存在的某条联系人信息。
- 更新：触摸按下此按钮后能够更新设备的所有联系人信息。

（2）系统主界面

在系统主屏幕界面中显示了两个操作按钮，通过这两个按钮可以快速进入本系统的核心功能。

- 查询：触摸按下此按钮后能够来到系统搜索界面，快速搜索设备内我们需要的联系人信息。
- 管理：触摸按下此按钮后能够来到系统管理模块的主界面。

（3）信息添加模块

通过此模块能够向设备中添加新的联系人信息。

（4）信息修改模块

通过此模块能够修改设备内已经存在的联系人信息。

（5）信息删除模块

通过此模块能够删除设备内已经存在的联系人信息。

（6）信息查询模块

通过此模块能够修改搜索设备内我们需要的联系人信息。

20.2 创建 Android 工程

（1）启动 Eclipse，依次选中"File"→"New"→"Other"菜单，然后在向导的树形结构中找到 Android 节点。并点击 Android Project，在项目名称上填写 phonebook。

（2）点击"Next"按钮，选择目标 SDK，在此选择 4.3。点击"Next"按钮，在其中填写包名 com.example.web_dhb，如图 20-2 所示。

（3）点击"Next"按钮，此时将成功构建一个标准的 Android 项目。图 20-3 所示为当前项目的目录结构。

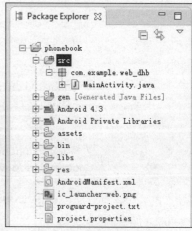

Application Name:	phonebook
Project Name:	phonebook
Package Name:	com.example.web_dhb
Minimum Required SDK:	API 8: Android 2.2 (Froyo)
Target SDK:	API 17: Android 4.2 (Jelly Bean)
Compile With:	API 18: Android 4.3
Theme:	Holo Light with Dark Action Bar

图 20-2　创建 Android 工程　　　　　　　　图 20-3　项目的目录结构

（4）修改文件 MainActivity.java，为此文件添加执行 HTML 文件的代码，主要代码如下。

```
public class MainActivity extends DroidGap {
    @Override
    public void onCreate(Bundle savedInstanceState) {
        super.onCreate(savedInstanceState);
        super.loadUrl("file:///android_asset/www/main.html");
    }
}
```

20.3 实现系统主界面

在本实例中，系统主界面的实现文件是 main.html，主要实现代码如下。

```
    <script src="./js/jquery.js"></script>
    <script src="./js/jquery.mobile-1.2.0.js"></script>
    <script src="./cordova-2.1.0.js"></script>

</head>
<body>
    <!-- Home -->
    <div data-role="page" id="page1" style="background-image: url(./img/bg.gif);" >
        <div data-theme="e" data-role="header">
```

```
                <h2>电话本管理中心</h2>
            </div>
            <div data-role="content" style="padding-top:200px;">
                <a data-role="button" data-theme="e" href="./select.html" id=
"chaxun" data-icon="search" data-iconpos="left" data-transition="flip">查询</a>
                <a data-role="button" data-theme="e" href="./set.html" id=
"guanli" data-icon="gear" data-iconpos="left"> 管理 </a>
            </div>
            <div data-theme="e" data-role="footer" data-position="fixed">
                <span class="ui-title">免费组织制作 v1.0</span>
            </div>


            <script type="text/javascript">
                //App custom javascript
              sessionStorage.setItem("uid","");

            $('#page1').bind('pageshow',function(){
                $.mobile.page.prototype.options.domCache = false;

            });
            // 等待加载 PhoneGap
            document.addEventListener("deviceready", onDeviceReady, false);

            // PhoneGap 加载完毕
            function onDeviceReady() {
                var db = window.openDatabase("Database", "1.0", "PhoneGap
myuser", 200000);
                db.transaction(populateDB, errorCB);
            }
            // 填充数据库
            function populateDB(tx) {
                tx.executeSql('CREATE TABLE IF NOT EXISTS `myuser` (`user_id`
integer primary key autoincrement ,`user_name` VARCHAR( 25 ) NOT NULL ,`user_phone`
varchar( 15 ) NOT NULL ,`user_qq` varchar( 15 ) ,`user_email` VARCHAR( 50 ),
`user_bz` TEXT)');

            }
            // 事务执行出错后调用的回调函数
            function errorCB(tx, err) {
                alert("Error processing SQL: "+err);
            }

            </script>
        </div>
    </body>
</html>
```

执行后的效果如图 20-4 所示。

图 20-4　执行效果

20.4　实现信息查询模块

信息查询模块的功能是快速搜索设备内我们需要的联系人信息。触摸按下图 20-4 中的"查询"按钮后会来到查询界面，如图 20-5 所示。

在查询界面上面的表单中可以输入搜索关键字，然后触摸按下"查询"按钮后会在下方显示搜索结果。信息查询模块的实现文件是 select.html，主要实现代码如下。

图 20-5　查询界面

```
        <script src="./js/jquery.js"></script>
        <script src="./js/jquery.mobile-1.2.0.js"></script>
        <!-- <script src="./cordova-2.1.0.js"></script> -->
    </head>
    <body>
    <body>

        <!-- Home -->
        <div data-role="page" id="page1">
            <div data-theme="e" data-role="header">
                <a data-role="button" href="./main.html" data-icon="back" data-
iconpos="left" class="ui-btn-left">返回</a>
                <a data-role="button" href="./main.html" data-icon="home" data-
iconpos="right" class="ui-btn-right">首页</a>
                <h3> 查询</h3>
                <div >
                    <fieldset data-role="controlgroup" data-mini="true">
                        <input name="" id="searchinput6" placeholder="输入联系人
姓名" value="" type="search" />
```

```
                    </fieldset>
                </div>
                <div>
                    <input type="submit" id="search" data-theme="e" data-icon=
"search" data-iconpos="left" value="查询" data-mini="true" />
                </div>
            </div>
            <div data-role="content">
                <div class="ui-grid-b" id="contents" >
                    </div >
            </div>
            <script>
              //App custom javascript
              var u_name="";
              <!-- 查询全部联系人  -->
              // 等待加载 PhoneGap
              document.addEventListener("deviceready", onDeviceReady, false);
              // PhoneGap 加载完毕
               function onDeviceReady() {
                   var db = window.openDatabase("Database", "1.0", "PhoneGap
myuser", 200000);
                   db.transaction(queryDB, errorCB);
                                  //调用 queryDB 查询方法，以及 errorCB 错误回调方法
               }
              // 查询数据库
              function queryDB(tx) {
                   tx.executeSql('SELECT * FROM myuser', [], querySuccess, errorCB);
              }
              // 查询成功后调用的回调函数
              function querySuccess(tx, results) {
                   var len = results.rows.length;
                   var str="<div class='ui-block-a' style='width:90px;'>姓名
</div> <div class='ui-block-b'>电话</div><div class='ui-block-c'>拨号</div>";
                   console.log("myuser table: " + len + " rows found.");
                   for (var i=0; i<len; i++){
                       //写入 logcat 文件
                       str +="<div class='ui-block-a' style='width:90px;'>"+results.
rows.item(i).user_name+"</div><div  class='ui-block-b'>"+results.rows.item(i).
user_phone
                            +"</div><div class='ui-block-c'><a href='tel:"+results.
rows.item(i).user_phone+"'  data-role='button' class='ui-btn-right' >拨打 </a>
</div>";
                   }
                   $("#contents").html(str);
               }
              // 事务执行出错后调用的回调函数
              function errorCB(err) {
                   console.log("Error processing SQL: "+err.code);
              }
              <!-- 查询一条数据  -->
```

```
                $("#search").click(function(){
                    var searchinput6 = $("#searchinput6").val();
                    u_name = searchinput6;
                    var db = window.openDatabase("Database", "1.0", "PhoneGap
myuser", 200000);
                    db.transaction(queryDBbyone, errorCB);
                });
                function queryDBbyone(tx){
                    tx.executeSql("SELECT * FROM myuser where user_name like '%"+
u_name+"%'", [], querySuccess, errorCB);
                }
            </script>
        </div>
    </body>
</html>
```

20.5 实现系统管理模块

　　系统管理模块的功能是管理设备内的联系人信息，触摸按下图 20-4 中的"管理"按钮后来到系统管理界面，如图 20-6 所示。

　　在图 20-6 所示的界面中提供了实现系统管理的 5 个按钮，通过这 5 个按钮分别实现系统管理模块 5 个功能。

　　系统管理模块的实现文件是 set.html，主要实现代码如下。

图 20-6　系统管理界面

```
    <body>
        <!-- Home -->
        <div data-role="page" id="set_1" data-dom-cache="false">
            <div data-theme="e" data-role="header" >
                <a data-role="button" href="main.html" data-icon="home" data-
iconpos="right" class="ui-btn-right"> 主页</a>
                <h1>管理</h1>
                <a data-role="button" href="main.html" data-icon="back" data-
iconpos="left" class="ui-btn-left">后退 </a>
                <div >
                <span id="test"></span>
                <fieldset data-role="controlgroup" data-mini="true">
                    <input name="" id="searchinput1" placeholder="输入查询人
的姓名" value="" type="search" />
                    </fieldset>
                </div>
                <div>
                    <input    type="submit"    id="search"    data-inline="true"
data-icon= "search" data-iconpos="top" value="搜索" />
                    <input type="submit" id="add" data-inline="true" data-icon=
"plus" data-iconpos="top"  value="添加"/>
```

```
                <input    type="submit"    id="modfiry"data-inline="true"
data-icon= "minus" data-iconpos="top" value="修改" />
                <input    type="submit"    id="delete"    data-inline="true"
data-icon= "delete" data-iconpos="top" value="删除" />
                <input type="submit" id="refresh" data-inline="true" data-
icon="refresh" data-iconpos="top" value="更新" />
            </div>
        </div>
        <div data-role="content">
          <div class="ui-grid-b" id="contents">
          </div >
        </div>
        <script type="text/javascript">

          $.mobile.page.prototype.options.domCache = false;
          var u_name="";
          var num="";


          var strsql="";
        <!-- 查询全部联系人 -->
        // 等待加载 PhoneGap
        document.addEventListener("deviceready", onDeviceReady, false);
        // PhoneGap 加载完毕
        function onDeviceReady() {
            var db = window.openDatabase("Database", "1.0", "PhoneGap
myuser", 200000);
            db.transaction(queryDB, errorCB);  //调用 queryDB 查询方法，以
及 errorCB 错误回调方法
            }
        // 查询数据库
        function queryDB(tx) {
            tx.executeSql('SELECT * FROM myuser', [], querySuccess, errorCB);
        }
        // 查询成功后调用的回调函数
        function querySuccess(tx, results) {
            var len = results.rows.length;
            var str="<div class='ui-block-a'>编号</div><div class='ui-
block-b'>姓名</div><div class='ui-block-c'>电话</div>";
            //console.log("myuser table: " + len + " rows found.");
            for (var i=0; i<len; i++){
                //写入 logcat 文件
                //console.log("Row = " + i + " ID = " + results.rows.item(i).
user_id + " Data =  " + results.rows.item(i).user_name);
                str +="<div class='ui-block-a'><input type='checkbox'
class= 'idvalue' value="+results.rows.item(i).user_id+" /></div><div class='ui-
block-b'> "+results.rows.item(i).user_name
                    +"</div><div class='ui-block-c'>"+results.rows.item(i).
user_phone+"</div>";
                }
```

```
                    $("#contents").html(str);
                }
                // 事务执行出错后调用的回调函数
                function errorCB(err) {
                    console.log("Error processing SQL: "+err.code);
                }

                <!-- 查询一条数据 -->
                $("#search").click(function(){
                    var searchinput1 = $("#searchinput1").val();
                    u_name = searchinput1;
                    var db = window.openDatabase("Database", "1.0", "PhoneGap
myuser", 200000);
                    db.transaction(queryDBbyone, errorCB);
                });
                function queryDBbyone(tx){
                    tx.executeSql("SELECT * FROM myuser where user_name like '%"+
u_name+"%'", [], querySuccess, errorCB);
                }
                $("#delete").click(function(){
                    var len = $("input:checked").length;
                    for(var i=0;i<len;i++){
                        num +=","+$("input:checked")[i].value;
                    }
                    num=num.substr(1);
                    var db = window.openDatabase("Database", "1.0", "PhoneGap
myuser", 200000);
                    db.transaction(deleteDBbyid, errorCB);
                });
                function deleteDBbyid(tx){
                    tx.executeSql("DELETE FROM `myuser` WHERE user_id in("+num+")",
[], queryDB, errorCB);
                }
                $("#add").click(function(){
                    $.mobile.changePage ('add.html', 'fade', false, false);
                 });
                $("#modfiry").click(function(){
                    if($("input:checked").length==1){
                        var userid=$("input:checked").val();
                        sessionStorage.setItem("uid",userid);
                        $.mobile.changePage ('modfiry.html', 'fade', false, false);
                    }else{
                        alert("请选择要修改的联系人，并且每次只能选择一位");
                    }

                });
                //=============与手机联系人 同步数据=====================
====================
                $("#refresh").click(function(){
                    // 从全部联系人中进行搜索
```

```
                    var options = new ContactFindOptions();
                    options.filter="";
                    var filter = ["displayName","phoneNumbers"];
                    options.multiple=true;
                    navigator.contacts.find(filter, onTbSuccess, onError, options);
                });
            // onSuccess: 返回当前联系人结果集的快照
            function onTbSuccess(contacts) {
                // 显示所有联系人的地址信息

                var str="<div class='ui-block-a'>编号</div><div class='ui-
block- b'>姓名</div><div class='ui-block-c'>电话</div>";
                var phone;
                var db = window.openDatabase("Database", "1.0", "PhoneGap
myuser", 200000);
                for (var i=0; i<contacts.length; i++){
                    for(var j=0; j< contacts[i].phoneNumbers.length; j++){
                        phone = contacts[i].phoneNumbers[j].value;
                    }

                    strsql +="INSERT INTO `myuser` (`user_name`,`user_phone`)
VALUES ('"+contacts[i].displayName+"','"+phone+");#";
                }
                db.transaction(addBD, errorCB);
            }
            // 更新插入数据
            function addBD(tx){

                strs=strsql.split("#");
                for(var i=0;i<strs.length;i++){
                    tx.executeSql(strs[i], [], [], errorCB);
                }
                var db = window.openDatabase("Database", "1.0", "PhoneGap
myuser", 200000);
                db.transaction(queryDB, errorCB);
            }
            // onError: 获取联系人结果集失败
            function onError() {
                console.log("Error processing SQL: "+err.code);
            }
        </script>
    </div>
</body>
```

20.6 实现信息添加模块

在图 20-5 所示的界面中提供了实现系统管理的 5 个按钮，如果触摸按下"添加"按钮则会来到信息添加界面，通过此界面可以向设备中添加新的联系人信息，如图 20-7 所示。

图 20-7　信息添加界面

信息添加模块的实现文件是 add.html，主要实现代码如下。

```
<body>
<!-- Home -->
    <div data-role="page" id="page1">
        <div data-theme="e" data-role="header">
            <a data-role="button" id="tjlxr" data-theme="e" data-icon="info"
data-iconpos="right" class="ui-btn-right">保存</a>
            <h3>添加联系人 </h3>
            <a data-role="button" id="czlxr" data-theme="e" data-icon=
"refresh" data-iconpos="left" class="ui-btn-left"> 重置</a>
        </div>
        <div data-role="content">
            <form action="" data-theme="e" >
                <div data-role="fieldcontain">
                    <fieldset data-role="controlgroup" data-mini="true">
                        <label for="textinput1">姓名: <input name="" id="textinput1"
placeholder="联系人姓名" value="" type="text" /></label>
                    </fieldset>
                    <fieldset data-role="controlgroup" data-mini="true">
                        <label for="textinput2">电话: <input name="" id="textinput2"
placeholder="联系人电话" value="" type="tel" /></label>
                    </fieldset>
                    <fieldset data-role="controlgroup" data-mini="true">
                        <label for="textinput3">QQ: <input name="" id="textinput3"
placeholder="" value="" type="number" /></label>
                    </fieldset>
                    <fieldset data-role="controlgroup" data-mini="true">
                        <label    for="textinput4">Emai :  <input  name=""  id=
"textinput4" placeholder="" value="" type="email" /></label>
                    </fieldset>
                    <fieldset data-role="controlgroup">
```

```
                    <label for="textarea1"> 备注: </label>
                    <textarea name="" id="textarea1" placeholder="" data-
mini="true"></textarea>
                </fieldset>
            </div>
            <div>
                <a data-role="button"  id="back" data-theme="e" >返回</a>
            </div>
        </form>
    </div>
    <script type="text/javascript">
    $.mobile.page.prototype.options.domCache = false;
    var textinput1 = "";
     var textinput2 = "";
     var textinput3 = "";
     var textinput4 = "";
     var textarea1  = "";
      $("#tjlxr").click(function(){

         textinput1 =  $("#textinput1").val();
         textinput2 =  $("#textinput2").val();
         textinput3 =  $("#textinput3").val();
         textinput4 =  $("#textinput4").val();
         textarea1  =  $("#textarea1").val();
        var db = window.openDatabase("Database", "1.0", "PhoneGap myuser",
200000);
         db.transaction(addBD, errorCB);
        });
        function addBD(tx){
         tx.executeSql("INSERT INTO `myuser` (`user_name`,`user_phone`,
`user_qq`,`user_email`,`user_bz`) VALUES ('"+textinput1+"','"+textinput2+"','"+textinput3+"',
'"+textinput4+"','"+textarea1+"')", [], successCB, errorCB);
        }
        $("#czlxr").click(function(){
          $("#textinput1").val("");
          $("#textinput2").val("");
          $("#textinput3").val("");
          $("#textinput4").val("");
          $("#textarea1").val("");
        });
        $("#back").click(function(){
          successCB();
        });
        // 等待加载 PhoneGap
        document.addEventListener("deviceready", onDeviceReady, false);
        // PhoneGap 加载完毕
        function onDeviceReady() {
```

```
                var db = window.openDatabase("Database", "1.0", "PhoneGap myuser",
200000);
                db.transaction(populateDB, errorCB);
            }
            // 填充数据库
            function populateDB(tx) {
                //tx.executeSql('DROP TABLE IF EXISTS `myuser`');
                tx.executeSql('CREATE TABLE IF NOT EXISTS `myuser` (`user_id`
integer primary key autoincrement , `user_name` VARCHAR( 25 ) NOT NULL , `user_phone`
varchar( 15 ) NOT NULL , `user_qq` varchar( 15 ) , `user_email` VARCHAR( 50 ),
`user_bz` TEXT)');
                //tx.executeSql("INSERT INTO `myuser` (`user_name`, `user_phone`,
`user_qq`,`user_email`,`user_bz`) VALUES ('刘',12222222,222,'nlllllull', 'null')");
                //tx.executeSql("INSERT INTO `myuser` (`user_name`,`user_phone`,
`user_qq`,`user_email`,`user_bz`) VALUES ('张山',12222222,222,'nlllllull','null')");
                //tx.executeSql("INSERT INTO `myuser` (`user_name`,`user_phone`,
`user_qq`,`user_email`,`user_bz`) VALUES ('李四',12222222,222,'nlllllull','null')");
                //tx.executeSql("INSERT INTO `myuser` (`user_name`,`user_phone`,
`user_qq`,`user_email`,`user_bz`)  VALUES  (' 李 四 搜 索 ',12222222,222,'nlllllull',
'null')");
                //tx.executeSql('INSERT  INTO  DEMO  (id, data) VALUES (2,
"Second row")');
            }
            // 事务执行出错后调用的回调函数
            function errorCB(tx, err) {
                alert("Error processing SQL: "+err);
            }

            // 事务执行成功后调用的回调函数
            function successCB() {
                $.mobile.changePage ('set.html', 'fade', false, false);
            }
        </script>
    </div>
</body>
```

20.7 实现信息修改模块

在图 20-6 所示的界面中，如果先选择一个联系人信息，然后触摸按下"修改"按钮后会来到信息修改界面，通过此界面可以修改这条被选中联系人的信息，如图 20-8 所示。

图 20-8　信息修改界面

信息修改模块的实现文件是 modfiry.html，主要实现代码如下。

```
<script type="text/javascript" src="./js/jquery.js"></script>
</head>
<body>
 <!-- Home -->
     <div data-role="page" id="page1">
         <div data-theme="e" data-role="header">
             <a data-role="button"  id="tjlxr" data-theme="e" data-icon="info"
data-iconpos="right" class="ui-btn-right">修改</a>
             <h3>修改联系人 </h3>
             <a data-role="button" id="back" data-theme="e"  data-icon="refresh"
data-iconpos="left" class="ui-btn-left"> 返回</a>
         </div>
         <div data-role="content">
             <form action="" data-theme="e" >
                 <div data-role="fieldcontain">
                     <fieldset data-role="controlgroup" data-mini="true">
                         <label  for="textinput1"> 姓名： <input  name=""  id=
"textinput1" placeholder="联系人姓名" value="" type="text" /></label>
                     </fieldset>
                     <fieldset data-role="controlgroup" data-mini="true">
                         <label for="textinput2">电话: <input name="" id="textinput2"
placeholder="联系人电话" value="" type="tel" /></label>
                     </fieldset>
                     <fieldset data-role="controlgroup" data-mini="true">
                         <label for="textinput3">QQ: <input name="" id="textinput3"
placeholder="" value="" type="number" /></label>
                     </fieldset>
                     <fieldset data-role="controlgroup" data-mini="true">
                         <label    for="textinput4">Emai  :  <input   name=""
id="textinput4" placeholder="" value="" type="email" /></label>
                     </fieldset>
                     <fieldset data-role="controlgroup">
                         <label for="textarea1"> 备注: </label>
```

```
                            <textarea name="" id="textarea1" placeholder="" data-
mini="true"></textarea>
                    </fieldset>
                </div>
            </form>
        </div>
        <script type="text/javascript">
        $.mobile.page.prototype.options.domCache = false;
        var textinput1 = "";
          var textinput2 = "";
          var textinput3 = "";
          var textinput4 = "";
          var textarea1 = "";
          var uid = sessionStorage.getItem("uid");
  //========================================================================
================
        $("#tjlxr").click(function(){

            textinput1 =   $("#textinput1").val();
            textinput2 =   $("#textinput2").val();
            textinput3 =   $("#textinput3").val();
            textinput4 =   $("#textinput4").val();
            textarea1 =    $("#textarea1").val();
          var db = window.openDatabase("Database", "1.0", "PhoneGap myuser",
200000);
            db.transaction(modfiyBD, errorCB);
        });
          function modfiyBD(tx){
            // alert("UPDATE `myuser`SET   `user_name`='"+textinput1+"',
`user_phone`="+textinput2+", `user_qq`="+textinput3
                // +", `user_email`='"+textinput4+"', `user_bz`= '"+textarea1+" '
WHERE userid="+uid);
                tx.executeSql("UPDATE `myuser`SET   `user_name`='"+textinput1+"',
`user_phone`="+textinput2+", `user_qq`="+textinput3
                        +", `user_email`='"+textinput4+"', `user_bz`=
'"+textarea1+"' WHERE user_id="+uid, [], successCB, errorCB);
          }
  //========================================================================
=======================
        $("#back").click(function(){
            successCB();
        });
        document.addEventListener("deviceready", onDeviceReady, false);
        // PhoneGap 加载完毕
        function onDeviceReady() {
        var db = window.openDatabase("Database", "1.0", "PhoneGap myuser",
200000);
          db.transaction(selectDB, errorCB);
        }
          function selectDB(tx) {
```

```
                                //alert("SELECT * FROM myuser where user_id="+uid);
                        tx.executeSql("SELECT * FROM myuser where user_id="+uid, [],
querySuccess, errorCB);
                    }
                // 事务执行出错后调用的回调函数
                function errorCB(tx, err) {
                    alert("Error processing SQL: "+err);
                }
                // 事务执行成功后调用的回调函数
                function successCB() {
                    $.mobile.changePage ('set.html', 'fade', false, false);
                }
                function querySuccess(tx, results) {
                var len = results.rows.length;
                for (var i=0; i<len; i++){
                //写入 logcat 文件
                //console.log("Row = " + i + " ID = " + results.rows.item(i).
user_id + " Data = " + results.rows.item(i).user_name);
                    $("#textinput1").val(results.rows.item(i).user_name);
                    $("#textinput2").val(results.rows.item(i).user_phone);
                    $("#textinput3").val(results.rows.item(i).user_qq);
                    $("#textinput4").val(results.rows.item(i).user_email);
                    $("#textarea1").val(results.rows.item(i).user_bz);
                }
            }
        </script>
    </div>
</body>
</html>
```

20.8 实现信息删除模块和更新模块

在图 20-6 所示的界面中，如果先选择一个联系人信息，然后触摸按下"删除"按钮后会删除这条被选择的联系人信息。信息删除模块的功能在文件 set.html 中实现，相关的实现代码如下。

```
                function deleteDBbyid(tx){
                    tx.executeSql("DELETE    FROM   `myuser`   WHERE   user_id
in("+num+")", [], queryDB, errorCB);
                }
```

在图 20-6 所示的界面中，如果触摸按下"更新"按钮则会更新整个设备内的联系人信息。信息更新模块的功能在文件 set.html 中实现，相关的实现代码如下。

```
                $("#refresh").click(function(){
                    // 从全部联系人中进行搜索
                    var options = new ContactFindOptions();
                    options.filter="";
                    var filter = ["displayName","phoneNumbers"];
                    options.multiple=true;
                    navigator.contacts.find(filter, onTbSuccess, onError, options);
                });
```